全国高等职业教育规划教材

局域网组网与管理

主　编　张　扬

副主编　李云平　郭　政

参　编　张　璇　何天兰

机械工业出版社

随着计算机网络技术的不断发展，局域网在人们工作和生活中的地位越来越突出，作用也越来越大。本书全面覆盖了局域网相关理论知识，并结合工作、生活、学习中的应用，以实例的方式进行阐述。全书分为7章，主要内容包括网络基础、局域网技术、局域网组建分析与设计、局域网组建、网络操作系统管理、局域网性能与安全管理和局域网故障排除与维护。本书每章都配有相应的实训项目及习题。

本书面向高职高专院校计算机及相关专业的学生，也可作为职业培训教材，还可以作为网络管理人员的参考书籍。

本书配套授课电子课件，需要的教师可登录 www.cmpedu.com 免费注册、审核通过后下载，或联系编辑索取（QQ：1239258369，电话：010－88379739）。

图书在版编目（CIP）数据

局域网组网与管理/张扬主编．—北京：机械工业出版社，2012.3（2015.8重印）
全国高等职业教育规划教材
ISBN 978－7－111－37457－2

Ⅰ.①局… Ⅱ.①张… Ⅲ.①局域网－高等职业教育－教材
Ⅳ.①TP393.1

中国版本图书馆 CIP 数据核字（2012）第022858号

机械工业出版社（北京市百万庄大街22号 邮政编码100037）
责任编辑：鹿 征 马 超
责任印制：张 楠
唐山丰电印务有限公司印刷

2015年8月第1版·第2次印刷
184mm×260mm·15.75印张·388千字
3001－4800册
标准书号：ISBN 978－7－111－37457－2
定价：33.00元

凡购本书，如有缺页、倒页、脱页，由本社发行部调换
电话服务
社服务中心：（010）88361066
销售一部：（010）68326294
销售二部：（010）88379649
读者购书热线：（010）88379203

网络服务
门户网：http://www.cmpbook.com
教材网：http://www.cmpedu.com
封面无防伪标均为盗版

全国高等职业教育规划教材

计算机专业编委会成员名单

出版说明

根据《教育部关于以就业为导向深化高等职业教育改革的若干意见》中提出的高等职业院校必须把培养学生动手能力、实践能力和可持续发展能力放在突出的地位，促进学生技能的培养，以及教材内容要紧密结合生产实际，并注意及时跟踪先进技术的发展等指导精神，机械工业出版社组织全国近60所高等职业院校的骨干教师对在2001年出版的“面向21世纪高职高专系列教材”进行了全面的修订和增补，并更名为“全国高等职业教育规划教材”。

本系列教材是由高职高专计算机专业、电子技术专业和机电专业教材编委会分别会同各高职高专院校的一线骨干教师，针对相关专业的课程设置，融合教学中的实践经验，同时吸收高等职业教育改革的成果而编写完成的，具有“定位准确、注重能力、内容创新、结构合理和叙述通俗”的编写特色。在几年的教学实践中，本系列教材获得了较高的评价，并有多个品种被评为普通高等教育“十一五”国家级规划教材。在修订和增补过程中，除了保持原有特色外，针对课程的不同性质采取了不同的优化措施。其中，核心基础课的教材在保持扎实的理论基础的同时，增加实训和习题；实践性较强的课程强调理论与实训紧密结合；涉及实用技术的课程则在教材中引入了最新的知识、技术、工艺和方法。同时，根据实际教学的需要对部分课程进行了整合。

归纳起来，本系列教材具有以下特点：

1）围绕培养学生的职业技能这条主线来设计教材的结构、内容和形式。

2）合理安排基础知识和实践知识的比例。基础知识以“必需、够用”为度，强调专业技术应用能力的训练，适当增加实训环节。

3）符合高职学生的学习特点和认知规律。对基本理论和方法的论述要容易理解、清晰简洁，多用图表来表达信息；增加相关技术在生产中的应用实例，引导学生主动学习。

4）教材内容紧随技术和经济的发展而更新，及时将新知识、新技术、新工艺和新案例等引入教材。同时，注重吸收最新的教学理念，并积极支持新专业的教材建设。

5）注重立体化教材建设。通过主教材、电子教案、配套素材光盘、实训指导和习题及解答等教学资源的有机结合，提高教学服务水平，为高素质技能型人才的培养创造良好的条件。

由于我国高等职业教育改革和发展的速度很快，加之我们的水平和经验有限，因此在教材的编写和出版过程中难免出现问题和错误。我们恳请使用这套教材的师生及时向我们反馈质量信息，以利于我们今后不断提高教材的出版质量，为广大师生提供更多、更适用的教材。

机械工业出版社

前　　言

随着计算机网络技术日趋普及，计算机网络应用不断延伸，组建大、中、小型计算机网络成为计算机从业人员必须掌握的专业技能。本书以组建网络的操作技术为主线，本着由浅到深和理论联系实际的原则，逐步深入地介绍组网方法，最终帮助读者全面掌握组建局域网的技术。全书理论知识深浅适度，重在学生操作能力的培养。

本书的内容安排以局域网组建技术为主体，突出实训，内容全，技术新，精心设计的实训项目贴近实际，易于实施。本书从计算机网络的基础知识入手，通过图解的方式演示具体实例，对家庭局域网、办公局域网、校园局域网和网吧局域网的组建技术进行了详细地介绍，使学生能在操作的过程中掌握局域网的网络规划、设备选购、硬件连接、网络设置和安全检测等技能。在本书编写过程中，突出了对学生职业能力的训练，理论知识的选取紧紧围绕完成实训项目的需要来进行，在实际教学过程中，教师可多安排一些实训操作课时，让学生在完成具体实训的过程中学会完成相应工作任务，掌握相关理论知识，发展职业能力，符合高职学院对学生的培养目标。

本书共7章，分为基础篇、组建篇和管理篇三部分。基础篇包括第1、2章概要介绍网络的基本概念、分类、网络的体系结构，以及IP地址的分配；局域网涉及的基础技术，包括局域网的特点、介质访问控制方法、以太网的分类、交换局域网、虚拟局域网、蓝牙技术的基本知识以及组网的初步认识。组建篇包括第3、4章，将以太网作为主线索，在第3章概要介绍局域网的规划设计原则、工程组网方法及网络绘图软件的使用；第4章详细介绍组网的设备与传输介质，包括网卡、交换机、路由器等设备的概念、分类、工作原理以及双绞线和光纤的概念，此外，以家庭局域网、办公局域网、校园局域网和网吧局域网为例分别介绍大、中、小型局域网的组建技术。管理篇包括第5、6、7章，以Windows Server 2008操作系统为平台，第5章详细介绍网络操作系统的基本操作和配置方法；第6章对网络的性能策略和安全策略进行了分析，包括本地安全策略的设置、性能监视的优化及防火墙的使用；第7章对主要分析网络常见故障的原因及解决办法。本书每章结尾配有实训和习题，以帮助读者学习和掌握相关知识内容。

本书第1章由李云平编写，第2、4、5章由张扬编写，第3章由何天兰编写，第6章由张璇编写，第7章由郭政编写。本书由郭政主审。由于编者水平有限，书中难免存在不妥之处，请读者指正，并提出宝贵意见。

编　者

目　录

基础篇

组 建 篇

管 理 篇

基础篇

第1章 网络基础

1.1 计算机网络概述

随着人类社会信息化进程的加快，以及信息种类和信息量的急剧增加，要求更有效地、正确地和大量地传输信息，这就促使人们将简单的通信形式发展成网络形式。计算机网络的建立和使用是计算机与通信技术发展结合的产物，它是信息高速公路的重要组成部分。计算机网络使人们不受时间和地域的限制，实现资源的共享。计算机网络是一门涉及多种学科和技术领域的综合性技术。

1.1.1 网络定义

由于计算机网络技术发展速度快，形式多样，网络概念也在不断地演变中，有关书籍和文献上的说法也不尽相同。现在一般认为：计算机网络是将地理上分散的且具有独立功能的多个计算机系统，通过通信线路和设备相互连接起来，在相应软件（网络操作系统、网络协议、网络通信、管理和应用软件等）支持下实现数据通信和资源（资源包括硬件、软件等）共享的系统。如图1-1所示为一个企业网络示意图。

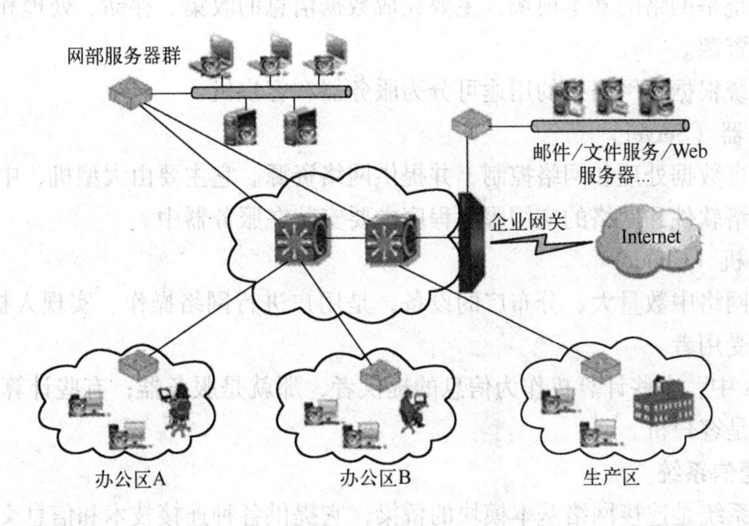

图1-1 企业网络示意图

对于网络的概念，可从以下几个方面进行理解：

1）计算机网络是多台计算机的集合系统。网络中的计算机最少是两台，大型网络可容纳几千台甚至几万台。目前，世界上最复杂且最大的网络是国际互联网，即因特网（Internet）。这些计算机可处在不同的地理位置，小到一个房间，大到全球范围内。网络中的各计算机具有独立功能，即没有主从关系，一台计算机的启动、运行和停止不受其他计算机的控制。

2）网络中的各计算机进行相互通信，需要有一条通道，即网络传输介质，它可以是有线的（如双绞线、同轴电缆和光纤等），也可以是无线的（如激光、微波和通信卫星等）。通信设备是在计算机与通信线路之间按照一定通信协议传输数据的设备。网络内的计算机通过一定的互连设备与通信技术连接在一起，通信技术为计算机之间的数据传递和交换提供了必要的手段。因此，网络中的计算机之间能够互相进行通信。

3）网络中的各计算机之间交换信息和资源共享，必须在完善的网络协议和软件支持下才能实现。

4）资源共享是指网络中的计算机都可以使用其他各计算机系统提供的资源，包括硬件、软件和数据信息等。

1.1.2 网络基本组成

计算机网络是现代通信技术与计算机技术紧密结合的产物，所以网络组成一定与通信技术和计算机技术都有关系；另外，网络的组成不但有计算机和通信设备等硬件系统，还必须配有网络软件系统。

根据网络的定义，无论网络在规模、结构、通信协议和通信系统、计算机硬件及软件配置方面有多大差异，也无论网络是简单还是复杂，从网络系统基本组成上讲，一个计算机网络主要包括计算机系统、数据通信系统、网络软件及协议三大部分。

1. 计算机系统

计算机系统是网络的基本模块，主要完成数据信息的收集、存储、处理和输出任务，并提供各种网络资源。

计算机系统根据在网络中的用途可分为服务器和客户机。

（1）服务器（Server）

服务器负责数据处理和网络控制，并提供网络资源。它主要由大型机、中小型机和高档微机组成，网络软件和网络的应用服务程序主要安装在服务器中。

（2）客户机（Client）

客户机是网络中数量大、分布广的设备，是用户进行网络操作、实现人机对话的工具，是网络资源的受用者。

在 Internet 中，有些计算机作为信息的提供者，那就是服务器；有些计算机作为信息的使用者，那就是客户机。

2. 数据通信系统

数据通信系统是连接网络基本模块的桥梁，它提供各种连接技术和信息交换技术，主要由通信控制设备、传输介质和网络互连设备等组成。

(1) 通信控制设备

通信控制设备主要负责服务器与网络的信息传输控制，它的主要功能是线路传输控制、差错检测与恢复、代码转换以及数据帧的装配与拆装等，这些设备构成了网络的通信子网。需要说明的是，在以交互式应用为主的局域网中，一般不需要配备通信控制设备，但需要安装网络适配器，用来担任通信部分的功能，它是一个可插入微机扩展槽中的网络接口卡（又称网卡）。

(2) 传输介质

传输介质是传输数据信号的物理通道，将网络中各种设备连接起来。网络中的传输介质是多种多样的，可分为有线传输介质和无线传输介质。常用的有线传输介质有双绞线、同轴电缆、光纤等，无线传输介质有无线电微波信号、通信卫星等。

(3) 网络互连设备

网络互连设备是用来实现网络中各计算机之间的连接、网与网之间的互连、数据信号的变换及路由选择等功能，主要包括集线器（Hub）、调制解调器（Modem）、网桥（Bridge）、路由器（Router）、网关（Gateway）和交换机（Switch）等。

3. 网络软件及协议

网络软件是计算机网络中不可缺少的重要部分。正像计算机是在软件的控制下工作的一样，网络的工作也需要网络软件的控制。网络软件一方面授权用户对网络资源的访问，帮助用户方便、安全地使用网络；另一方面管理和调度网络资源，提供网络通信和用户所需的各种网络服务。网络软件一般包括网络操作系统、网络协议、通信软件以及管理和服务软件等。

另外，从计算机网络的系统功能来看，主要完成两种功能，即网络通信和资源共享。把计算机网络中实现网络通信功能的设备及其软件的集合称为通信子网，而把网络中实现资源共享的设备和软件的集合称为资源子网。这样一个计算机网络就可分为通信子网和资源子网两大部分，如图 1-2 所示。

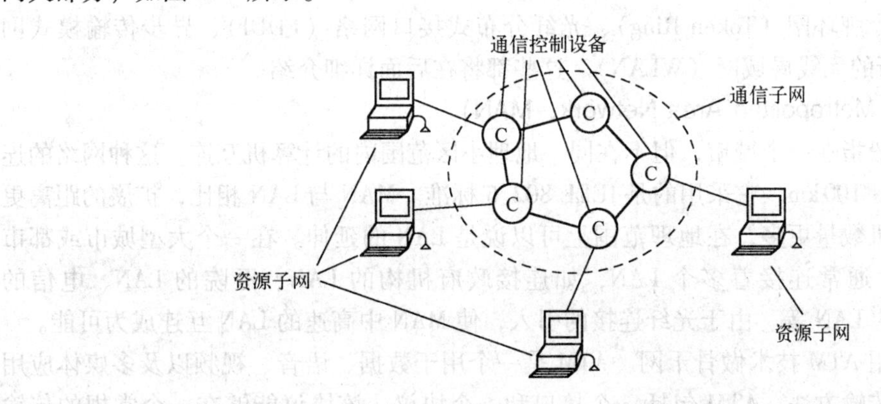

图 1-2 计算机网络的通信子网和资源子网

(1) 通信子网

通信子网主要负责全网的数据通信，为网络用户实现数据传输、转接、加工和变换等通信处理操作，它主要包括通信线路（即传输介质）、网络连接设备（如网络接口设备、通信控制处理机、网桥、路由器、交换机、网关、调制解调器、卫星地面接收站等）、网络通信协议、通信控制软件等。

（2）资源子网

资源子网主要负责全网的信息处理，为网络用户提供网络服务和资源共享功能等，它主要包括网络中所有的主计算机、I/O设备、终端、各种网络协议、网络软件和数据库等。

将计算机网络分为通信子网和资源子网，符合网络体系结构的分层思想，便于对网络进行研究和设计，在组网时，通信子网可以单独建立和设计，它可以是专用的数据通信网，也可以是公用的数据通信网。

1.1.3 网络分类

虽然网络类型的划分标准各种各样，但是从地理覆盖范围划分是一种大家都认可的通用网络划分标准。按这种标准可以把各种网络类型划分为局域网、城域网、广域网和互联网4种。局域网一般来说只能是一个较小区域内，城域网是不同地区的网络互连，不过要说明的是，这里的网络划分并没有严格意义上地理范围的区分，只是一个定性的概念。下面简要介绍这几种计算机网络。

1. 局域网（Local Area Network，LAN）

通常，“LAN”就是指局域网，这是一种最常见且应用最广的网络。目前，局域网随着整个计算机网络技术的发展和提高得到充分的应用和普及，几乎每个单位都有自己的局域网，甚至有的家庭中都有自己的小型局域网。很明显，所谓局域网，就是在局部地区范围内的网络，它所覆盖的地区范围较小。局域网在计算机数量配置上没有太多的限制，少的可以只有两台，多的可达几百台。一般来说，在企业局域网中，工作站的数量在几十到两百台左右，网络所涉及的地理距离范围一般可以是几米至10 km。局域网一般位于一个建筑物或一个单位内，不存在寻径问题，不包括网络层的应用。

这种网络的特点：连接范围窄、用户数少、配置容易、连接速率高。目前，局域网中拥有最快的传输速率是10 Gbit/s以太网。IEEE 802标准委员会定义了多种主要的LAN：以太网（Ethernet）、令牌环网（Token Ring）、光纤分布式接口网络（FDDI）、异步传输模式网（ATM）以及最新的无线局域网（WLAN）。这些都将在后面详细介绍。

2. 城域网（Metropolitan Area Network，MAN）

这种网络一般指在一个城市，但不在同一地理小区范围内的计算机互连。这种网络的连接距离范围为10～100 km，它采用的是IEEE 802.6标准。MAN与LAN相比，扩展的距离更长，连接的计算机数量更多，在地理范围上可以说是LAN的延伸。在一个大型城市或都市地区，一个MAN通常连接着多个LAN，如连接政府机构的LAN、医院的LAN、电信的LAN、公司企业的LAN等。由于光纤连接的引入，使MAN中高速的LAN互连成为可能。

城域网多采用ATM技术做骨干网。ATM是一个用于数据、语音、视频以及多媒体应用程序的高速网络传输方法。ATM包括一个接口和一个协议，该协议能够在一个常规的传输信道上，在比特率不变及变化的通信量之间进行切换。ATM也包括硬件、软件以及与ATM协议标准一致的介质。ATM提供一个可伸缩的主干基础设施，以便能够适应不同规模、速度及寻址技术的网络。ATM的最大缺点就是成本太高，所以一般在邮政、银行、医院等中应用。

3. 广域网（Wide Area Network，WAN）

这种网络也称为远程网，所覆盖的范围比MAN更广，它一般是在不同城市之间的LAN

或者 MAN 进行网络互连，地理范围可从几百到几千千米。因为距离较远，信息衰减比较严重，所以这种网络一般要租用专线，通过 IMP（接口信息处理）协议和线路连接起来，构成网状结构，解决寻径问题。这种城域网因为所连接的用户多，总出口带宽有限，所以用户的终端连接速率一般较低，通常为 9.6 kbit/s ~ 45 Mbit/s。

4. 互联网（Internet）

互联网因其英文单词“Internet”的谐音，又称为“因特网”。在互联网应用如此发展的今天，它已是人们每天都要打交道的一种网络，无论从地理范围，还是从网络规模来讲，它都是最大的一种网络，人们也常称其为“Web”、“WWW”和“万维网”等。从地理范围来说，它可以是全球计算机的互连。这种网络的最大的特点就是不定性，整个网络的计算机每时每刻都在不断地变化。当一台计算机连在互联网上的时候，可以算是互联网的一部分，一旦断开互联网的连接，这台计算机就不属于互联网了。它的优点也是非常明显的，就是信息量大，传播广，无论身处何地，只要连接互联网就可以对任何可以联网用户发出信息。因为这种网络的复杂性，所以实现的技术也是非常复杂的，这一点可以通过后面要介绍的几种互联网接入设备了解到。

上面介绍了网络的几种分类，其实在现实生活中用得最多的还是局域网，因为它可大可小，无论在单位还是在家庭实现起来都比较容易，所以在下面章节会对局域网及其主要技术做进一步的介绍。

1.1.4 网络功能

计算机网络发展迅速，具有许多单机无法实现的功能，归纳总结如下：

1. 数据通信

数据通信是计算机网络的基本功能，它使得网络中计算机与计算机之间能相互传输各种信息，对分布在不同地理位置的部门进行集中管理与控制。

2. 资源共享

资源共享是指网络上用户都可以在权限范围内共享网络中各计算机所提供的共享资源，包括软件（软件包括程序、数据和文档）、硬件设备；这种共享，不受实际地理位置的限制。资源共享使得网络中分散的资源能够互通有无，大大提高了资源的利用率。它是组建计算机网络的重要目的之一。

3. 均衡使用网络资源

在计算机网络中，如果某台计算机的处理任务过重，也就是太“忙”时，可通过网络将部分工作转交给较“空闲”的计算机来完成，以便均衡使用网络资源。

4. 分布处理

对于处理较大型的综合性问题，可按一定的算法将任务分配给网络中不同计算机进行分布处理，提高处理速度，有效利用设备。采用分布处理技术，往往能够将多台性能不一定很高的计算机连成具有高性能的计算机网络，使解决大型复杂问题的费用大大降低。

5. 数据信息的综合处理

通过计算机网络可将分散在各地的数据信息进行集中或分级管理，通过综合分析处理后得到有价值的数据信息资料。

6. **提高计算机网络的安全可靠性**

计算机网络中的计算机能够彼此互为备用，一旦网络中某台计算机出现故障，故障计算机的任务就可以由其他计算机来完成，不会出现由于单机故障使整个系统瘫痪的现象，增加了计算机网络的安全可靠性。

由于计算机网络的功能特点使其应用已经深入到社会生活的各个方面，如办公自动化、信息金融管理、网上教学、电子商务、远程医疗、网络通信等。社会的信息化、数据的分布处理、计算机资源的共享等各种应用的需求都推动了计算机技术朝着群体化方向发展，促使计算机技术与通信技术更紧密结合，它是当前计算机网络技术发展的重要方向。

1.1.5 拓扑结构

在计算机网络设计中，将通信子网中的通信控制设备抽象为与大小和形状无关的“点”，并将连接节点的通信介质抽象为“线”，而将这种点、线连接成的几何图形称为网络拓扑结构。拓扑结构隐去了网络的具体物理特性（如距离、位置等）而抽象出节点之间的关系加以研究。4 种主要的拓扑结构为：星形、总线型、环形、网状。每一种拓扑类型都各有利弊，当选择安装某种网络类型时必须慎重考虑。拓扑结构的特性将决定网络的运行，并影响到网络的安装和故障诊断等方面。下面分别介绍这 4 种拓扑结构的特征。

1. **星形拓扑**

星形结构以中央节点为中心，用单独的线路使中央节点与其他各站点直接相连，如图 1-3 所示。

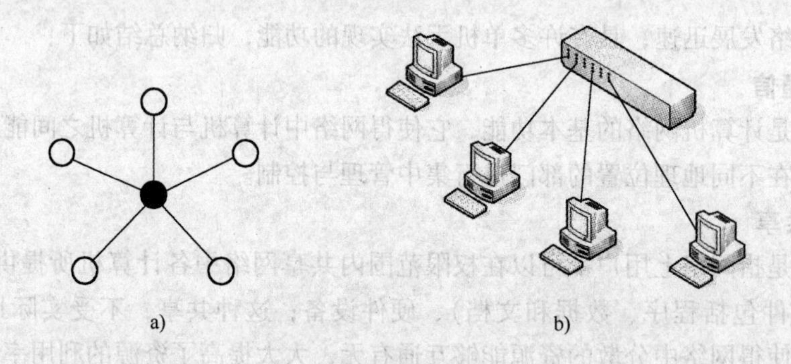

图 1-3　星形拓扑

a）星形拓扑图　b）星形网络示意图

各站点间的通信都要通过中央节点，中央节点执行集中式通信控制策略。因此，中央节点相当复杂，而其他各站的通信处理负担都很小。一个站点若要传送数据，首先向中央节点发出请求，要求与目的站点建立连接，连接建立后，该站点才向目的站点发送数据。由于这种拓扑采用集中式通信控制策略，所有的通信均由中央节点控制，所以中央节点必须建立和维持许多并行数据通路。因此，中央节点的结构显得非常复杂，而每个站点的通信处理负担很小，只需满足点到点链路简单的通信要求，结构很简单。

（1）星形拓扑的优点

1）配置方便。中央节点有一批集中点，可方便地提供服务和网络重新配置。

2）每个连接点只连接一个设备。在网络中，连接点往往容易产生故障，在星形拓扑中，单个连接点的故障只影响一个设备，不会影响全网。

3）集中控制和故障诊断容易。由于每个站点直接连到中央节点，因此，容易检测和隔离故障，可方便地将有故障的节点从系统中删除。

4）简单的访问协议。在星形网络中，任何一个连接只涉及中央节点和一个站点，因此，控制介质访问的方法很简单，访问协议也十分简单。

（2）星形拓扑的缺点

1）电缆长度较长，安装费用也较高。因为每个站点直接和中央节点相连，所以这种拓扑结构需要大量电缆。电缆维护、安装等过程中会产生一系列问题，因而费用较高。

2）扩展困难。要增加新的站点，就要增加到中央节点的连接，这就需要在初始安装时，放置大量冗余的电缆，要配置更多的连接点。

3）依赖于中央节点。若中央节点产生故障，则全网不能工作，所以对中央节点的可靠性和冗余度要求很高。

2. 总线型拓扑

总线型拓扑结构采用单根传输线作为传输介质，即所有的计算机都连接到一条公共传输介质（或称总线）上。任何一个站点发送的信号都可以沿着介质双向传播，而且能被其他所有站点接收（广播方式），如图 1-4 所示。

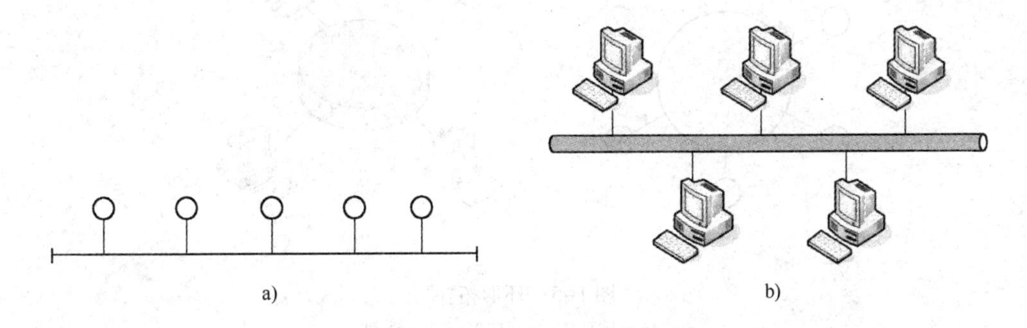

图 1-4　总线型拓扑
a）总线型拓扑图　b）总线型网络示意图

因为所有站点共享一条公用的传输链路，所以一次只能有一个设备传输信号，这就需要有一种访问控制策略，来决定下一次哪一个站点可以发送，通常采取分布式控制策略。

发送时，发送站点将报文分成分组，然后一个个地发送这些分组，有时要与其他站点来的分组交替地在介质上传输。当分组经过各站点时，目的站点将识别分组的地址，然后复制这些分组的内容。这种拓扑结构减轻了网络的通信处理负担，它仅仅是一个无源的传输介质，而通信处理分布在各站点进行。

（1）总线型拓扑的优点

1）电缆长度短，容易布线。因为所有的站点连接到一个公共数据通路，因此，所需电缆长度较短，减少了安装费用，易于布线和维护。

2）可靠性高。总线的结构简单，又是无源元件，从硬件的观点来看，可靠性很高。

3）易于扩充。增加新的站点时，只需在总线的任何节点处接入，如需增加长度，可通过中继器扩展一个附加段。

（2）总线型拓扑的缺点

1）故障诊断困难。虽然总线型拓扑简单，可靠性高，但故障检测却不容易，因为总线型拓扑的网络不是集中控制，故障检测需在网上各个站点进行。

2）故障隔离困难。在星形拓扑中，一旦检查出哪个站点有故障，只需简单地把该连接去除。而对于总线型拓扑，如果故障发生在某个站点，则只需将该站点从总线上去掉，如果传输介质有故障，则整个这段总线要切断。

3. 环形拓扑

环形拓扑结构的特点是计算机相互连接形成一个环。实际上，参与连接的不是计算机本身而是环接口，计算机连接到环接口上，环接口又逐段连接起来而形成环，如图 1–5 所示。

环接口一般由发送器、接收器、接收缓冲器、线控制器和线接收器组成。线接收器用于接收环上的信包，并送到接收缓冲器，每个结点对信息都有地址识别能力，在进行地址识别时，如果本结点为该信包的目标地址时，则将信包在缓冲区中暂存，然后送到结点处理机或终端进行处理。若地址不符，信包继续向下传送，对于已经接收的信包是继续转发还是终止，决定于环控制策略。线控制器是向环路发送信包的部件，具有再生放大作用。

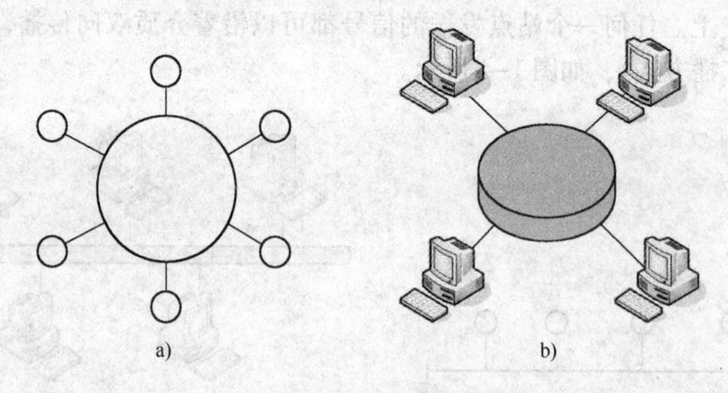

图 1–5　环形拓扑

a）环形拓扑图　b）环形网络示意图

由于多个设备共享一个环，因此需要对此进行控制，以便确定每个站点在什么时候可以把分组放在环上。这种功能是用分布控制的形式完成的，每个站点都有控制发送和接收的访问逻辑。

（1）环形拓扑的优点

1）电缆长度短。环形拓扑所需电缆长度和总线型拓扑相似，但比星形拓扑要短得多。

2）可用光纤。光纤传输速度高，环形拓扑是单方向传输，光纤传输介质十分适用。因为环形网是点到点的连接，可以在网络上使用各种传输介质，例如，用于工厂的网络，在办公室大楼内可用同轴电缆，而在生产车间可用光纤，以解决电磁干扰问题。

3）无须接线盒。因为环形拓扑是点到点连接，所以无须像星形拓扑那样配置接线盒。

（2）环形拓扑的缺点

1）结点故障引起全网故障。在环上的数据要通过接在环上的每一个结点，如果环中某一结点故障会引起全网故障。

2）诊断故障困难。因为某一结点故障会使全网不能工作，因此难于诊断故障，需要对每个结点进行检测。

3）不易重新配置网络。要扩充环的配置较困难。同样，要关掉一部分已接入网络的站点也不容易。

4）拓扑结构影响访问协议。环上每个站点接到数据后，要负责将它发送到环上，这意味着要同时考虑访问控制协议。站点发送数据前，必须事先知道它可用的传输介质。

4. 网状拓扑

真正的网状网络使用单独的电缆将网络上的设备两两相接，从而提供直接的通信途径，不采用路由，报文直接从发送端送到接收端，如图 1-6 所示。

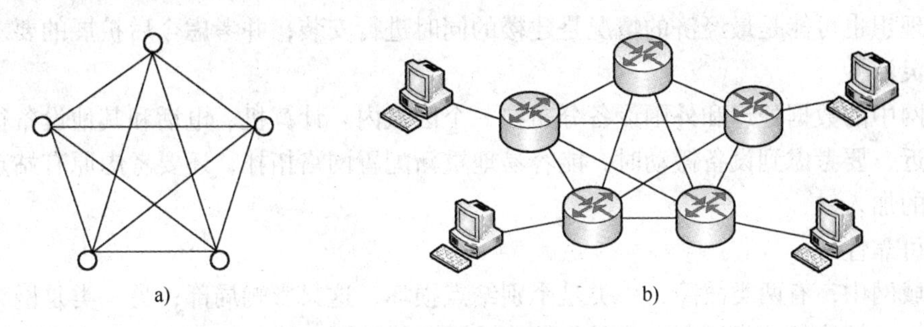

图 1-6　网状拓扑
a）网状拓扑图　b）网状网络示意图

真正的网状网络需要大量的电缆，随着站点的增加，可能很快变得混乱起来。实际上，许多网络使用混合网络拓扑，这些混合网络使用具有冗余链路的星形、环形或总线型拓扑，以提高容错能力，如图 1-7 所示。

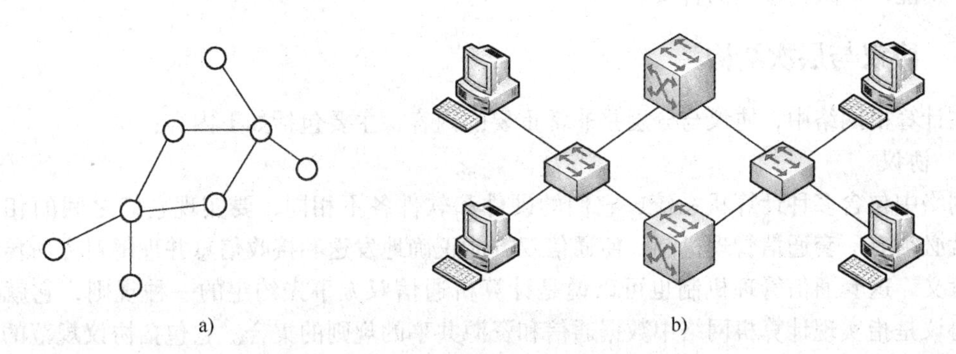

图 1-7　混合网状拓扑
a）混合网状拓扑图　b）混合网状网络示意图

（1）网状网络的优点

1）冗余的链路增强了容错能力。冗余的链路使得某电缆的中断只影响连接到该电缆的两台设备。

2）易于诊断故障。网状网络中的每个系统之间都有专用的链路，诊断电缆故障比较容易。如果两台设备不能进行通信，根本无须猜测哪一条电缆损坏，只要检查连接这两台设备的电缆即可。

3）混合网络。可以充分利用各个子拓扑结构的优点，并且相互补充，从而获得较高的拓扑性能。

（2）网状网络的缺点

1）安装和维护困难。大量的电缆和冗余的链路给安装和维护增加了难度。

2）提供冗余链路增加了成本。

5. 网络拓扑的选择

选择网络拓扑结构时，应考虑以下几点：

（1）成本

不管选用什么样的传输介质，都需要进行安装。例如，挖电缆沟、安电线管道等都会有成本。最理想也可能是最经济的情况是建楼的同时进行安装，并考虑今后扩展的要求。

（2）灵活性

局域网中的数据处理和外围设备分布在一个区域内。计算机、电话和其他设备往往安装在用户附近，要考虑到设备搬动时，能容易地重新配置网络拓扑，还要考虑原有站点的删除和新站点的加入。

（3）可靠性

在局域网中，有两类故障，一类是个别结点损坏，这只影响局部；另一类是网络本身无法运行。拓扑结构的选择原则应该是使故障检测和故障隔离较为方便。

1.2 网络体系结构

网络体系结构与网络协议是网络技术中最基本的两个概念，学习这些概念可以帮助理解分层、功能、协议与接口的含义。

1.2.1 协议与层次结构

在计算机网络中，协议与分层是非常重要的内容，主要包括如下内容：

1. 协议

网络中包含多种计算机系统，它们的硬件和软件各不相同，要实现它们之间的相互通信，就必须有一套通信管理机制，使通信双方能正确地发送和接收信息并理解对方所传输信息的含义。这套通信管理机制也可以说是计算机通信双方事先约定的一种规则，它就是协议。协议是指实现计算机网络中数据通信和资源共享的规则的集合。它包括协议规范的对象及应该实现的功能。一般来说，协议由语法、语义和同步三部分组成，即协议的三要素。

语法确定协议元素的格式，即规定数据与控制信息的结构和格式。语义确定协议元素的类型，即规定通信双方要发出何种控制信息、完成何种动作以及作出何种应答。同步规定事件实现顺序的详细说明，即确定通信过程中通信状态的变化，如通信双方的应答关系。

2. 实体

在网络分层体系结构中，每一层都由一些实体组成，这些实体抽象地表示了通信时的软件元素和硬件元素。换句话说，实体是通信时能发送和接收信息的任何软、硬件设施。不同机器上同一层的实体叫对等实体。

3. 分层

两个系统中实体间的通信是一个十分复杂的过程，为了减少协议设计和调试过程的复杂性，大多数网络的实现都按层次的方式来组织，每一层完成一定的功能，每一层又都建立在它的下层之上，层间接口向上一层提供一定的服务，而把这种服务的实现细节对上层加以屏蔽。

层次结构中的每一层都是一个“黑匣子”，便于抽象、理解、交流和标准化。层次结构可使人们更集中注意总体结构及其相互关系，有利于总体优化。层次结构中的层间接口清晰，层间传递的信息量少，便于模块划分和分工协作开发，且服务与实现无关，允许具体模块变动而不影响层间关系。

4．服务

实体完成一定的任务，称为该层的功能，上层利用下层提供的功能或者说下层为上层提供服务。

5．接口

接口能实现上下层之间交换信息的功能。一般使上下层之间传输的信息量尽可能地少，这样使得两层之间保持其功能的相对独立性。

6．网络体系结构

网络层次结构和各层协议的集合被称为网络体系结构。换句话说，体系结构就是用分层研究方法定义的计算机网络各层的功能、各层协议和接口的集合。体系结构的描述必须包含足够的信息，使实现者可以用来为每一层编写程序和设计硬件，并使之符合有关协议。

7．服务与协议的关系

服务是各层向其上层提供的一组操作。尽管服务定义了该层能够代表它的上层完成的操作，但丝毫也未提及这些操作是如何完成的。服务定义了两层之间的接口，上层是服务用户，下层是服务提供者。

协议是定义同层对等实体之间交换的帧、分组和报文的格式及意义的一组规则。实体利用协议来实现它们的服务定义。只要不改变提供给用户的服务，实体可以任意改变它们的协议。这样，服务和协议就被完全分离开来。

1.2.2　OSI 参考模型

1984 年，国际标准化组织（ISO）公布了一个作为未来网络协议指南的模型。该模型被称做开放系统互连（Open Systems Interconnection，OSI）参考模型，又称为 ISO/OSI 参考模型（以下简称 OSI 参考模型）。这里的“开放”表示任何两个遵守 OSI 参考模型的系统都可以互连，当一个系统能按照 OSI 参考模型与另一个系统进行通信时，就称该系统为互连系统。OSI 参考模型并不是一个真正具体的网络，它将整个网络的功能划分为 7 个层次，分别为物理层、数据链路层、网络层、传输层、会话层、表示层和应用层，如图 1-8 所示。

1．OSI 参考模型的主要特性

1）它是一种将异构系统互连的分层结构，提供了控制互连系统交互规则的标准框架，定义抽象结构，并非具体实现的描述。

2）对等层之间的虚通信必须遵循相应层的协议，如应用层协议、传输层协议、数据链路层协议等。

3）相邻层间接口定义了基本操作和低层向上层提供服务。

4）所有提供的公共服务是面向连接的或无连接的数据通信服务。

2．OSI 参考模型的信息流动

在 OSI 参考模型中，系统 A 的用户向系统 B 的用户传送数据时，首先系统 A 的用户把需要传输的信息告诉系统 A 的应用层，并发布命令，然后再由应用层加上应用层的头信息送到表示层，表示层再加上表示层的控制信息送往会话层，会话层再加上会话层的控制信息送往传输层，依此类推，最后送往物理层，物理层不考虑信息的实际含义，以比特流（0、1 代码）传送到物理信道，然后到达系统 B 的物理层，接着把系统 B 的物理层所接收的比特流送往网络层，以此向上层传送，直到传送到应用层，告诉系统 B 的用户。这样看起来好像是对方应用层直接发送来的信息，但实际上相应层之间的通信是虚通信，这个过程就像邮政信件的传送，如加信封、加邮袋、上邮车等，在各个邮送环节加封、传送，收件时再层层去掉封装。

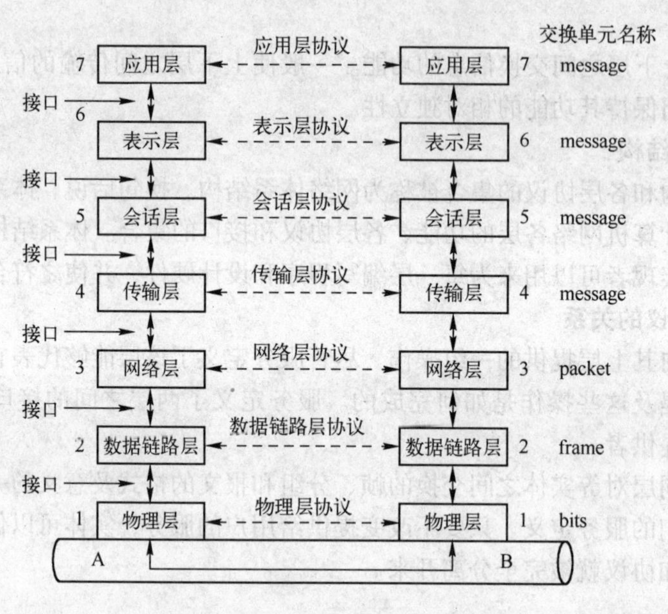

图 1-8　ISO/OSI 参考模型及协议

3. OSI 参考模型各层功能

（1）物理层（Physical Layer）

物理层是 OSI 参考模型的最底层。它直接与物理信道相连，起到数据链路层和传输媒体之间的逻辑接口的作用，并提供一些建立、维护和释放物理连接的功能，在物理层数据交换的单元为二进制位，为此要定义有关位（bit）在传输过程中的信息电平大小、线路传输中所采用的电气接口等。

物理层的功能是实现原始数据在通信信道上的传输，它直接面向实际承担数据传输的物理媒体，即通信信道。物理层的传输单位为比特（bit），实际的比特传输必须依赖于传输设备和物理媒体，但是，物理层不是指具体的物理设备，也不是指信号传输的物理媒体，而是指在物理媒体之上，为数据链路层提供一个能传输原始比特流的物理连接。物理层负责保证数据在目标设备以与源设备发送它的同样方式进行读取。

物理层的基本功能具体表现在以下几个方面：

- 在数据终端设备和数据电路端接设备之间提供数据传输访问接口。
- 在通信设备之间提供有关的控制信号。
- 为同步数据流提供时钟信号，并管理比特传输率。

• 提供电平地。

• 提供机械的电缆连接器（如连接器的插头、插座等）。

物理层特性表现在以下几个方面：

1）机械特性。

机械特性规定了物理连接时的接插件的规格尺寸、引脚数量和排列情况等，如ISO4093为15芯连接器的标准。

2）电气特性。

电气特性规定了在物理信道上传输比特流时信号电平的大小，以及数据的编码方式、阻抗匹配、传输速率和距离限制等。电气特性标准有新平衡电气标准V.11/X.27，以及非平衡接口标准V.28和EIA标准RS－232C、RS－422等。

3）功能特性。

功能特性是各种各样的，包括有关规定、目的要求、数据类型、控制方式等。功能特性说明接口信号引脚的功能和作用，以反映电路功能，如公用数据网DTE/DCE（数据终端设备/数据通信设备）电路交换标准V.24、X.24和EIA标准RS－232C、RS－266A。

4）规程特性。

规程特性定义了利用信号线进行比特流传输的一组操作规程，是指在物理连接建立、维护、交换信息后拆除时，DTE和DCE双方应答关系的动作顺序和数据交换的控制步骤。如公用数据网的DTE/DCE接口标准X.21、X.24、RS－232C、RS－499等。

在实际的网络通信中，被广泛使用的物理层接口标准有EIA RS－232C、EIA RS－499以及CCITT（国际电报电话咨询委员会）建议的X.21等标准，这里的EIA是美国电子工业协会（Electronic Industries Association）的英文缩写，RS（Recommended Standard）表示推荐标准，后面的232、499等为标识号码，而后缀（如RS－232C中的C）表示该推荐标准的修改次数。另外，CCITT也是一些相应的标准，例如，与EIA RS－232C兼容的CCITT V.24建议，与EIA RS－422兼容的CCITT V.10等。表1-1给出RS－232C和CCITT V.24主要接口连线功能。

该接口机械方面的技术指标：宽（47.04±.13）mm（螺钉中心间的距离），每个插座有25针插头，顶上一排针（从左到右）分别编号为1～13，下面一排针（也是从左到右）编号为14～25，还有其他一些严格的尺寸说明。

电气指标：用低于－3V的电压表示二进制1，用高于＋4V的电压表示二进制0；允许的最大数据传输速率为20kbit/s；最长可驱动电缆15m。

功能性指标规定了25针各与哪些电路连接，以及每个信号的含义，见表1-1。

过程性说明就是协议，即事件的合法顺序。协议是基于“行为—反馈”关系对的。例如，当终端请求发送时，如果调制解调器能够接收数据，则它设置允许发送标志。在其他的电路之间也存在相似的“行为—反馈”关系。

表1-1　RS－232C和CCITT V.24主要接口连线功能

引脚号	电路名	V.24等价电路	信号名称	说　明
1	AA	101	保护地（SHG）	屏蔽地线
7	AB	102	信号地（SIG）	公共地线

（续）

引脚号	电路名	V.24 等价电路	信号名称	说　明
2	BA	103	发送数据（TXD）	DTE 将数据传送给 DCE
3	BB	104	接收数据（RXD）	DTE 从 DCE 接收数据
4	CA	105	请求发送（RTS）	DTE→DCE 表示发送数据准备就绪
5	CB	106	允许发送（CTS）	DCE→DTE 表示准备接收要发送的数据
6	CC	107	数据传输设备就绪（DSR）	通知 DTE，DCE 已连到线路上准备发送
20	CD	108	数据终端就绪（DTR）	DTE 就绪，通知 DCE 连接到传输线路
22	CE	125	振铃指示（RI）	DCE 收到呼叫信号向 DTE 发 RI 信号
8	CF	109	接收线载波检测（DCD）	DCE 向 DTE 表示收到远端来的载波信号
21	CG	110	信号质量检测	DCE 向 DTE 报告误码率太高时为“OFF”
23	CH	111	数据信号速率选择器	DTE→DCE，DTE 选择数据速率
23	CI	112	数据信号速率选择器	DCE→DTE，DCE 选择数据速率
24	DA	113	发送信号码元定时 DTE（TXC）	DTE 提供给 DCE 的定时信号
15	DB	114	发送信号码元定时 DCE（TXC）	DCE 发出，作为发送数据时钟
17	DC	115	接收信号码元定时 DCE（RXC）	DCE 提供的接收时钟

（2）数据链路层（Data Link Layer）

数据链路层是 OSI 参考模型的第二层，它接受物理层提供的比特流服务。这一层的主要任务是在发送结点和接收结点之间进行可靠的、透明的数据传输，为网络层提供连接服务。数据链路层的传输单位是帧。一般的，帧是由地址段、数据段、标志段及校验段等字段组成的具有一定格式的数据传输单元。以帧为单位来考察数据的传输，就能解决以“位”为单位传输数据时出现的问题。数据链路层就是以帧为单位来实现数据传输的。

数据链路层的基本服务是将源机器的网络层数据传输到目的机器的网络层。

数据链路层被分为两个子层：介质访问控制（Media Access Control，MAC）子层和逻辑链路控制（Logic Link Control，LLC）子层。

MAC 子层负责物理寻址和对网络介质的物理访问。每次只能有一台设备可以在任一类型的介质上传输数据。如果多台设备试图传输数据，它们将会相互扰乱对方的信号。MAC 子层的具体功能包括以下主要内容。

1）链路管理。

在物理连接的基础上，当有数据传输时，建立数据链路连接；在结束数据传输时，及时释放数据链路的连接。

2）成帧。

将要发送的数据按照一定的格式进行分割后形成的具有一定大小的数据块称为一帧，以此可允许数据传输单元进行数据的发送、接收、应答和校验。数据一帧帧地传送，就可以在出现差错时，将有差错的帧重传一次，从而避免了将全部数据都重传的麻烦。

3）差错控制。

如果发送方只是不断地发出帧而不考虑它们是否能正确到达，这对可靠的、面向连接的服务来说肯定是不行的。

传送帧时可能出现的差错有：位出错、帧丢失、帧重复、帧顺序错。

为了保证可靠地传送，协议要求在接收端要对收到的数据帧进行差错校验，接收端向发送端提供有关接收情况的反馈信息。如发现差错，则必须重新发送出错的数据帧。

4）流量控制。

当发送方是在一个相对快速或负载较轻的机器上运行，而接收方是在一个相对慢速和负载较重的机器上运行时，怎样处理发送方的传送能力比接收方的接收能力大的问题呢？如果数据帧的发送速度不加控制的话，最终会“淹没”接收方。通常的解决办法是引入流量控制来限制发送方所发出的数据流量，使其发送速率不要超过接收方能处理的速率。这种限制通常需要某种反馈机制，使发送方能了解接收方是否能接收到。

大部分已知流量控制方案的基本原理都是相同的。例如，发送等待方法、预约缓冲法、滑动窗口控制方法、许可证法和限制管道容量方法等。协议中包括了一些定义完整的规则，这些规则描述了发送方在什么时候发送下一帧，在未获得接收方直接或间接允许之前，禁止发出帧。

LLC 子层建立和维护网络设备间的数据链路连接。它负责本层中的流量控制和错误纠正。根据数据链路层向网络层提供的服务质量、应用环境以及是否有连接，LLC 子层提供的服务可分为以下 3 种：

① 无确认的无连接服务。

在这种服务下，源主机可在任何时候发送独立的信息帧，而无须事先建立数据链路连接；接收主机的数据链路层将收到的数据直接送到网络层，并且不进行差错控制和流量控制，对于接收的有关情况也不做应答处理。此种服务的质量较低，适合于线路误码率很低以及传送实时性要求较高的信息（如语音等）。大多数局域网的数据链路层采用这种服务。

② 有确认的无连接服务。

和无确认的无连接服务相比，这种服务在接收端要对接收的数据帧进行差错检验，并向发送端给出接收情况的应答；发送端收到应答或在发出数据后的一段规定时间内没有收到应答信息时，根据情况做出相应的处理。此种服务适合于传输不可靠（误码率高）的信道，如无线电通信信道。

③ 有确认的面向连接的服务。

与前两种相比，这种服务的质量最好，是 OSI 参考模型的主要服务方式。在这种服务方式下，一次数据传输的过程由三个阶段组成。第一阶段是进行数据链路的连接，通过询问和应答使通信双方都同意并做好传送数据和接收数据的准备；第二阶段是进行数据传输，在双方之间发送、接收数据，进行差错控制并做出相应的应答；第三阶段是数据链路的拆除，数据传输完毕后，由任一方发出传输结束信号，经双方确认后，拆除连接，这一过程总是动态进行的。

下面介绍面向字符型数据链路规程。

面向字符协议是传统的数据链路层协议，至今在某些场合仍被使用。它主要是利用已定义的一种代码字符集的一个子集来执行通信控制功能。常用字符集有 ASCII 码和 EBCDIC 码等，面向字符的典型协议有 ISO1745——数据通信系统的基本型控制规程等，以及 IBM 公司的二进制同步通信（Binary Synchronous Communication，BSC）协议。

面向字符协议常用的控制字符和功能见表 1-2。

表 1-2　面向字符协议的控制字符和功能

控制字符	ASCII 码	功　能	英 文 名 称	EBCDIC 码
SOH	01	表示报头开始	Start of Head	01
STX	02	表示正文开始	Start of Text	02
ETX	03	表示正文结束	End of Text	03
EOT	04	通知对方，传输结束	End of Transmission	37
ENQ	05	询问对方，要求回答	Enquiry	2D
ACK	06	肯定应答	Acknowledge	2E
NAK	15	否定应答	Negative Acknowledge	3D
DLE	10	转义字符，与后继字符一起组成控制功能	Data Link Escape	10
SYN	16	同步字符	Synchronous Idle	32
ETB	17	正文信息组结束	End of Transmission Block	26

其中，各传输控制字符的功能详细介绍如下。

SOH：标题开始，用于表示报文（块）的标题信息或报头的开始。

STX：文始，标志标题信息的结束和报文（块）文本的开始。

ETX：文终，标志报文（块）文本的结束。

EOT：送毕，用以表示一个或多个文本块的结束，并拆除链路。

ENQ：询问，用以请求远程站点给出响应，响应可能包括远程站点的身份或状态。

ACK：确认，由接收方发出一肯定确认，作为对接收来自发送方的报文（块）的响应。

NAK：否认，由接收方发出的否定确认，作为对未正确接收来自发送方的报文（块）的响应。

DLE：转义，用以修改紧跟其后的有限个字符的意义。用于在 BSC 中实现透明方式的数据传输，或者当 10 个传输控制字符不够用时提供新的转义传输控制字符。

SYN：同步字符，在同步协议中，用以实现结点之间的字符同步，或用于在无数据传输时保持该同步。

ETB：块终，用以表示当报文分成多个数据块时，一个数据块的结束。

面向字符协议的报文有数据报文和控制报文，格式如图 1-9 所示。

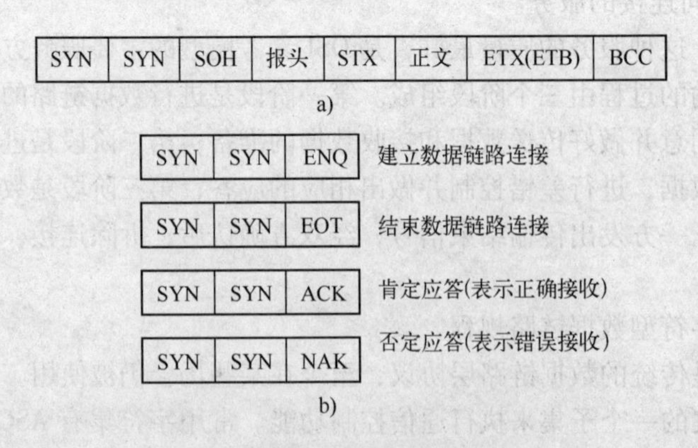

图 1-9　面向字符协议的报文格式

a）数据报文格式　b）控制报文格式

由于面向字符协议与通信双方所选用的字符集有密切的关系，所以面向字符协议存在一定的缺陷。例如，在正文信息中可能会出现一些控制字符，而且在控制字符上都要加转义字符，形成双字符序列，以便与数据字符区别，为此增加了硬件和软件实现时的负担，同时也减少了传输的信息。

下面介绍面向比特型数据链路规程。

20 世纪 70 年代初，出现了面向比特型数据链路规程，它比面向字符协议有更大的灵活性和更高的效率，成为数据链路层的主要协议。其特点是以位来定位各个字段，而不是用控制字符，各字段内均由 bit 组成，并以帧为统一的传输单位。高级数据链路控制规程（High-level Data Link Control，HDLC）协议是 IBM 公司制定的面向比特型数据链路层协议。为了能适应不同配置、不同操作方式和不同传输距离的数据通信链路，HDLC 定义了 3 种类型的通信站、两种链路结构和 3 种操作模式。

3 种类型的通信站分别是主站、从站和复合站。主站负责链路的控制，包括对次站的恢复、组织传送数据以及恢复链路差错。从站在主站控制下进行操作，接收主站发来的命令帧，并发回响应帧，配合主站控制链路。复合站同时具有主站和从站的双重功能。

两种链路结构分别是平衡链路结构和非平衡链路结构。平衡链路结构中链路两端的通信站均是组合站，则链路结构是一个平衡系统；若链路两端均具有主站和从站功能，且配对通信，则称为对称平衡链路结构。非平衡链路结构中链路的一端为主站，另一端为一个或多个从站，它适应点到点连接和多点连接的链路。

3 种操作模式分别是正常响应模式、异步响应模式和异步平衡模式。正常响应模式适用于非平衡多点链路结构，特点是当从站收到主站询问后，才能发送信息。异步响应模式适用于平衡和非平衡的点到点链路结构，特点是从站不必等主站询问即可发送信息。异步平衡模式适用于通信双方均为组合站的平衡链路结构，特点是链路两端的组合站是平等的，任一组合站无须取得另一组合站的同意即可发送信息。

HDLC 协议使用统一结构的帧进行同步传输。HDLC 的帧结构如图 1-10 所示。每个字段占的 bit 数由协议规定。

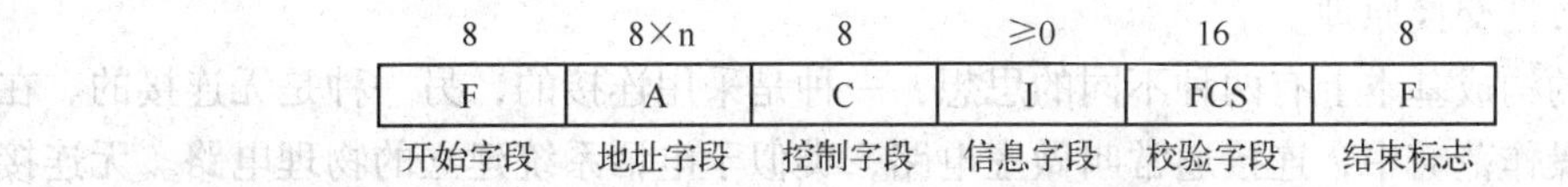

图 1-10　HDLC 的帧结构

所有的帧都必须以标志字段开头和结尾。地址字段用于标识站的地址。控制字段主要是一些控制信息，包括帧的类型、接收和发送帧的序号、命令和响应等。信息字段包含要发送的数据，其长度没有规定，但实际应用时往往规定了最大长度。校验字段含有对除标志 F 以外的所有字段进行 CRC 的有关信息。

HDLC 协议规定了 3 种类型的帧，即信息帧、管理帧和无编号帧。

信息帧用于数据传输，还可以同时用来对已收到的数据进行确认和执行轮询等功能。管理帧用于数据流控制，帧本身不包含数据，但可执行对信息帧确认、请求重发信息帧和请求暂停发送信息帧等功能。无编号帧主要用于控制链路本身，它不使用发送或接收帧序号。某些无编号帧可以包含数据。

(3) 网络层（Network Layer）

OSI 参考模型的第 3 层是网络层。网络层是通信子网与网络高层的界面。它主要负责控制通信子网的操作，实现网络上不相邻的数据终端设备之间在穿过通信子网逻辑信道上的准确数据传输。网络层协议决定了主机与子网间的接口，并向传输层提供两种类型服务，即数据报服务和虚电路服务，以及从源结点出发选择一条通路通过中间的结点，将报文分组传输到目标结点，其中涉及路由选择、流量控制和拥塞控制等。

网络层从源主机接收报文，将报文转换成数据包，并确保这些数据包直接发往目标设备。网络层还负责决定数据包通过网络的最佳路径，它通过查看目标设备是否在另一个网络中来完成这一任务。如果目标设备在另一个网络中，网络层必须决定数据包将发送至何处，以使它们到达最终目的地。另外，如果网络中同时存在太多功能数据包，它们会互相争抢通路，形成瓶颈。网络层可控制这样的阻塞。

下面介绍网络层的功能和提供的服务。

网络层的功能是在数据链路层提供的若干相邻结点间数据链路连接的基础上，支持网络连接的实现并向传输层提供各种服务，具体包括如下功能：

- 路由选择和中继功能。利用路由选择算法从源结点通过具有中继功能的中间结点到目的结点并建立网络连接。
- 对数据传输过程实施流量控制、差错控制、顺序控制和多路复用。
- 根据传输层的要求来选择网络服务质量。
- 对于非正常情况的恢复处理及向传输层报告未恢复的差错。

在通信子网中，网络层向传输层提供与网络无关的逻辑信道通信服务，即提供透明的数据传输，其提供的服务包括：

1）地址服务。它是网络层向传输层提供服务的接口标志，传输层实体就是通过网络地址向网络层提出请求网络连接服务。网络地址由网络层提供，它与数据链路层的寻址无关。

2）网络连接。它为传输实体之间进行数据传输提供了网络连接，并为此连接提供建立、维持和释放的各种手段，网络连接是逻辑上的点到点的连接。

下面介绍数据交换原理。

通信子网的构成基本上有两种不同的思想，一种是采用连接的，另一种是无连接的。在通信子网内部操作范畴中，连接通常叫做虚电路，类似于电话系统建立的物理电路。无连接组织结构中的独立分组称为数据报，与电报类似。

端点之间的通信是依靠通信子网中结点之间的通信来实现的，在 OSI 参考模型中，网络层是网络结点中的最高层，所以网络层将体现通信子网向端系统所提供的网络服务。

在分组交换网中，通信子网向端系统提供虚电路和数据报两种网络服务，而通信子网内部的操作方式也有虚电路和数据报两种。

1）数据报（Datagram）。在数据报方式中，每个分组独立地进行处理，如同报文交换网络中每个报文独立地处理那样。但是，由于网络的中间交换结点对每个分组可能选择不同的路由，因而到达目的地时，这些分组可能不是按发送的顺序到达，因此目的站点必须设法把它们按顺序重新排列。在这种技术中，独立处理的每个分组称为“数据报”。

在数据报服务中，网络层接到传输层送来的信息后，将该信息分成一个个报文分组并作为孤立的信息单元独立传输至目标结点，再递交给目标主机。在传输过程中，通信子网不对信息进行差错处理和顺序控制，即允许信息丢失和不按原顺序递交主机。因此，通信子网提供数据报服务时，主机传输层就必须进行差错的检测和恢复，并对收到的报文分组进行再排序。数据报服务没有建立连接和释放连接的过程，报文分组仍采用存储—转发传输方式，只要存储它的转发结点有空闲的输出线，即可转发，直至目的结点，每个报文分组头上含有完整的目的地址，所以开销较大。数据报服务类似于邮政系统中的信件投递，信件是一封封单独发出和投递的，丢失与否，邮政局也是无法知道的，收件人收到信件的次序也不一定和发信的次序相同。

2）虚电路（Virtual Circuit）。在虚电路方式中，在发送任何分组之前，需要先建立一条逻辑连接。即在源站点和目的站点之间的各个结点上事先选定一条网络路由，然后，两个站点便可以在这条逻辑连接（即虚电路）上交换数据。每个分组除了包含数据之外还得包含一个虚电路标识符。在预先建立好的路由上每个结点都必须按照既定的路由传输这些分组，无须重新选择路由。当数据传输完毕后，由其中的任意一个站点发出拆除连接的请示分组，终止本地连接。虚电路方式的传输过程与线路交换方式类似，也是分成3个阶段进行的。但无论何时，每个站点都能与任何站点建立多个虚电路，也能同时和多个站点建立虚电路。

因此，虚电路方式的主要特点是在传输数据之前建立站点之间的路由。应当注意，这并不像线路交换那样有一条专用的通路。分组信息还要暂存于每个结点进行排队，等待转发。与数据报方式不同之处在于，结点无须为每个分组进行路由选择，每个连接只需进行一次路由选择。

在虚电路服务中，网络层向传输层提供一条无差错且按顺序传输的较理想的信道。为了建立端系统之间的虚电路，源端系统的传输层首先向网络层发出连接请求，网络层则通过虚电路网络访问协议向网络结点发出呼叫分组；在目的端，网络结点向端系统的网络层传送呼叫分组，网络层再向传输层发出连接指示；最后，接收方传输层向发送方发回连接响应，从而使虚电路建立起来，以后，两个端系统之间就可以传送数据，数据由网络层拆成若干个分组送给通信子网，由通信子网将分组传送到数据接收方。虚电路服务很像公共电话系统，用户通话时必须先拨号（建立虚电路），然后通话（传输数据），最后挂断电话（释放虚电路）。

网络层向传输层提供虚电路服务还是数据报服务，或者是两者兼有，一般由通信子网与主机接口决定。当通信子网提供相对简单的数据报服务时，传输层则要增加对报文分组的差错控制和顺序控制功能，以便给高层的用户进程提供虚电路服务。表1-3给出虚电路和数据报的特点比较。

表1-3　虚电路和数据报的特点比较

比较项目	虚电路	数据报
目的地址	开始建立时需要	每个信息包都要
错误处理	对主机透明（由通信子网负责）	由主机负责
端—端流量控制	由通信子网负责	不由通信子网负责
报文分组顺序	按发送顺序递交主机	按到达顺序（与发送顺序无关）交给主机
建立和释放连接	需要	不需要
其他	若结点损坏，则虚电路被破坏。适合传送较长信息	结点的影响小，适合传送较短的信息

下面介绍路由选择算法。

通信子网为网络源结点和目标结点的数据传送提供了多条传输路径的可能性。网络结点在收到一个分组后，要确定向一下结点传送的路径，这就是路由选择。在数据报方式中，网络结点要为每个分组路由作出选择；而在虚电路方式中，只需在连接建立时确定路由。确定路由选择的策略称为路由选择算法。

设计路由选择算法时要考虑诸多技术要素。首先是路由算法所基于的性能指标，一种是选择最短路由，另一种是选择最优路由；其次要考虑通信子网是采用虚电路还是数据报方式；再次，决定是采用分布式路由算法，即每结点均为到达的分组选择下一步的路由，还是采用集中式路由算法，即由中央结点或始发结点决定整个路由；然后，要考虑关于网络拓扑、流量和延迟等网络信息的来源；最后，确定是采用动态路由选择策略，还是选择静态路由选择策略。

静态路由选择策略不用测量也无须利用网络信息，这种策略按某种固定规则进行路由选择。静态路由选择策略可分为泛射路由选择、固定路由选择和随机路由选择 3 种算法。

结点的路由选择要依靠网络当前状态信息来决定的策略称为动态路由选择策略，这种策略能较好地适应网络流量、拓扑结构的变化，有利于改善网络的性能。但由于算法复杂，会增加网络的负担，有时会因反应太快引起振荡或反应太慢不起作用。动态路由选择策略可分为独立路由选择、集中路由选择和分布路由选择 3 种算法。

（4）传输层（Transport Layer）

传输层是资源子网与通信子网的界面和桥梁，负责完成资源子网中两结点间的直接逻辑通信，实现通信子网端到端的可靠传输。传输层的下面 3 层属于通信子网，完成有关的通信处理，向传输层提供网络服务；传输层的上面 3 层提供面向数据处理的功能。传输层在七层网络模型中起到承上启下的作用，是整个网络体系结构中的关键部分。

由于通信子网向传输层提供通信服务的可靠性有差异（如可靠的虚电路服务或不可靠的数据报服务），所以无论通信子网提供的服务可靠性如何，经传输层处理后都应向上层提供可靠的、透明的数据传输。为此，传输层协议要复杂得多。也就是说，如果通信子网的功能完善、可靠性高，则传输层的任务就比较简单；若通信子网提供的质量很差，则传输层的任务就复杂，以填补会话层所要求的服务质量和网络层所能提供的服务质量之间的差别，如图 1-11 所示。

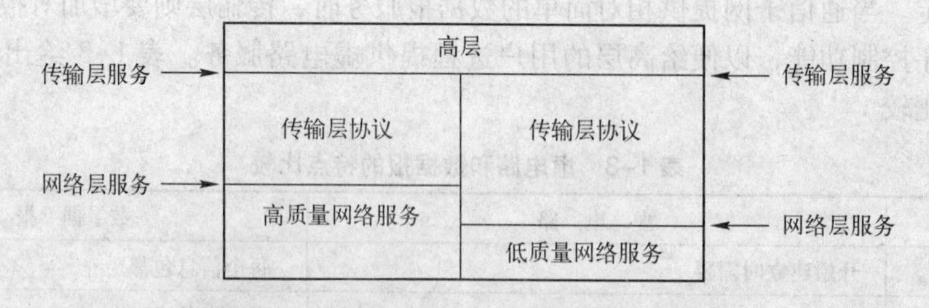

图 1-11　传输层协议对网络服务的依赖关系

1）传输层的基本功能和提供的服务。

传输层的基本功能是从会话层接收数据，必要时把它分成较小单位，传递给网络层，并确保到达对方的各段信息正确无误，而且，这些任务都必须高效率地完成。从某种意义上讲，传输层使会话层不受硬件技术变化的影响。

通常，会话层每请求建立一个连接，传输层就为其创建一个独立的网络连接。如果传输连接需要较高的信息吞吐量，传输层也可以为之创建多个网络连接，让数据在这些网络连接上分流，以提高吞吐量。如果创建或维持一个网络连接不合算，传输层可以将几个传输连接复用到一个网络连接上，以降低费用。然而，在任何情况下，都要求传输层能使多路复用对会话层透明。具体地说，传输层的主要功能有：

- 建立、维护和拆除传输层连接。
- 传输层地址到网络层地址的映射。
- 多个传输层连接对网络层连接的复用。
- 在单一连接上端到端的顺序控制和流量控制。
- 端到端的差错控制及恢复。

传输层也要决定向会话层提供什么样的服务。正如存在两种类型的网络服务一样，传输服务也有两种类型。面向连接的传输服务在很多方面类似于面向连接的网络服务，二者的连接都包括 3 个阶段：建立连接、数据传输和释放连接。传输层和网络层的寻址和流量控制方式也类似。无连接的传输服务与无连接的网络服务也很类似。虽然看起来传输层与网络层的服务很相似，但实质上，传输层的存在使传输服务远比其低层的网络服务更可靠。分组丢失、数据残缺均会被传输层检测到并采取相应的补救措施。另外，网络层原语的设计随网络不同而不同，而传输层采用一个标准的原语集来编写，不必担心不同的子网接口和不可靠的数据传输。从另一个角度来看，可以将传输层的主要功能看做是增强网络层提供的服务质量。如果网络服务很完备，传输层的工作就很容易。但是，如果网络服务质量很差，那么传输层就必须弥补传输用户的要求与网络层所提供的服务之间的差别。

2）传输层协议。

传输层有两种主要的协议：一种是面向连接的协议 TCP，另一种是无连接的协议 UDP。

传输控制协议（Transmission Control Protocol，TCP）是专门设计用于在不可靠的 Internet 上提供可靠的、端到端的字节流通信的协议。Internet 不同于单独的网络，不同部分可能具有不同的拓扑结构、带宽、延迟、分组大小及其他特性。TCP 被设计成能动态地满足 Internet 的要求，并且能面对多种出错情况。

每台支持 TCP 的机器均有一个 TCP 传输实体，或者是用户进程，或者负责管理 TCP 流以及与 IP（网络）层接口的核心。TCP 实体从本地进程接收用户的数据流，并将其分为不超过 64 KB 的数据片段，并将每个数据片段作为单独的 IP 数据报发出去。当包含 TCP 数据的 IP 数据报到达某台相连的机器后，它们又被送给该机器内的 TCP 实体，被重新组合为原来的字节流。

IP 层并不能保证将数据报正确地传送到目的端，因此，TCP 实体需要判定是否超时并且根据需要重发数据报。到达的数据报也可能是按错误的顺序传到的，这也需要由 TCP 实体按正确的顺序重新将这些数据报组装为报文。简单地说，TCP 提供了用户所要的可靠性，而这是 IP 层未提供的。

UDP（User Datagram Protocol）是在传输层上与 TCP 并行的一个独立协议。UDP 建立在 IP 上，它除了增加多端口外，几乎没有增加其他新的功能。因此，UDP 是一个不可靠的无连接协议。

TCP/IP 在传输层上另外建立一个 UDP 是由于 UDP 传输效率高，适合于某些应用程序服务的场合。在一些简单的交互应用场合，如应用层的简单文件传送（TFTP），便是建立在UDP上的。TFTP不验证用户而且只用于传送单个文件，它只是两主机间一对一的复制，没有更多的交互。对这类来回只有一次或有限次的交互建立一个连接开销太大，即使出错重传也比面向连接的方式效率高。

（5）会话层（Session Layer）

会话层利用传输层提供的端到端的服务，向表示层或会话用户提供会话服务。在ISO/OSI环境中，所谓一次会话，就是两个用户进程之间为完成一次完整的数据交换的过程，包括建立、维护和结束会话连接。为了提供这种会话服务，会话协议的主要目的就是提供一个面向用户的连接服务，并对会话活动提供有效的组织和同步所必需的手段，对数据传送提供控制和管理。

会话层服务之一是为两用户进程之间的会话提供建立会话连接、进行数据传送和释放会话连接的功能。当两用户希望建立会话连接时，通过会话连接服务建立一个会话连接并协商好本次会话期间所选用的会话参数。数据传送期间要维护连接、交换数据和控制信息，在此期间的服务有常规数据传送、加速数据传送、特权数据传送等。根据会话中出现的具体情况，释放会话连接分为正常结束会话的有序释放和由于某种故障而引起的异常释放。

另一种会话服务是同步。如果网络平均每小时出现一次大故障，而两台计算机之间要进行长达两小时的文件传输时该怎么办？每一次传输中途失败后，都不得不重新传输这个文件。而当网络再次出现故障时，又可能“半途而废”了。为了解决这个问题，会话层提供了一种方法，即在数据流中插入检查点，每次网络崩溃后，仅需要续传最后一个检查点以后的数据。

会话服务用户之间的交互作用叫做对话，用户的会话由对话单元组成，一个对话单元是基本的交换单位且每个对话单元都是单向、连续的。会话用户可按对话单元交互传送，不同的对话单元可以不是一个方向，主同步点就是在数据流中标出对话单元，一个主同步点表示前一个对话单元的结束和下一个对话单元的开始。在一个对话单元内部即两个主同步点之间可以设置次同步点，用于对话单元数据的结构化。主次同步点的区别有两点：其一是它们对数据交换过程的影响不同，当会话用户发出一个主同步点请求时，在发送实体收到对这个主同步点的确认之前不能再发出协议数据单元（PDU），与此相反，次同步点不等待确认可以继续发出PDU，直到受下层流量控制的限制而不得不暂停发送；其二是对退回过程的影响不同，发送方决不会退回到最近确认过的主同步点之前，而对次同步点就没有这个限制，后退一个不行，就再后退一个，直到重新取得同步。

会话服务中所涉及的还有一种会话管理手段是令牌（Token）管理。令牌是某种权力的代表，它也是会话连接的某种属性，只能每次动态地分配给一个会话用户。拥有该令牌的用户才能调用与该属性相关的会话服务。可以说，令牌是互斥使用会话服务的手段。

会话用户之间信息流动的方向对应有3种对话模式，即单方向对话、双向交替对话和双向同时对话。单方向对话模式比较简单，不需要特别的管理，数据只在一个方向流动。在会话的建立连接中，需要会话双方同时进行协商以建立会话连接，这时需要双向同时对话，在数据传送期间接收方也同时要发送应答和其他控制信息。双向同时对话模式就是通常的全双工操作，这种模式在会话期间也不需要特别的管理。

（6）表示层（Presentation Layer）

表示层主体是标准的例行程序，其工作与用户数据的表示和格式有关，而且与程序所使用的数据结构有关。该层涉及的主要问题是数据的格式和结构。表示层完成数据格式转换，确保一个主机系统应用层发送的信息能被另外一个系统的应用层识别，另外还负责文件的加密和压缩。

表示层以下的各层只关心如何可靠地传输比特流，而表示层关心的是所传输的信息的语法和语义。

表示层服务的一个典型的例子是用一种大家一致同意的标准方法对数据编码。大多数用户程序之间并不是交换随机的比特流，而是诸如人名、日期、货币数量和发票之类的信息。这些对象是用字符串、整型、浮点数的形式，以及由几种简单类型组成的数据结构来表示的。不同的机器用不同的代码来表示字符串（如 ASCII 和 Unicode）和整型（如二进制反码和二进制补码）等。为了让采用不同表示法的计算机之间能进行通信，交换中使用的数据结构可以用抽象的方式来定义，并且使用标准的编码方式。表示层管理这些抽象数据结构，并且在计算机内部表示法和网络的标准表示法之间进行转换。

下面介绍表示层的功能。

1）语法变换。

不同的计算机有不同的数据内部表示方式，用户传送数据时，应用层实体需将数据按一定表现形式交给其表示层实体，这一定的表现形式为抽象语法。表示层接收到其应用层实体以抽象语法形式送来的数据后，要对每层实体间传送的数据提供公共语法表示，在表示层实体间传送的这种公共语法表示称为传送语法。表示层实体实现了抽象语法间的转换，如代码转换、字符集转换、数据格式转换等。

2）传送语法的选择。

应用层中存在多种应用协议，相应的存在多种传送语法，即使是一种应用协议，也可能有多种传送语法对应。因此必须对传送语法进行选择，并提供选择和修改的手段。

3）常规的功能。

常规的一些功能，如表示层对等实体间的连接的建立、传送、释放等。

(7) 应用层（Application Layer）

应用层是 OSI 参考模型的最高层，是直接面向用户的一层，是计算机网络与最终用户间的界面，它包含系统管理员管理网络服务涉及的所有基本功能。应用层以下各层提供可靠的传输，但对用户来说，它们并没有提供实际的应用。应用层是在其下 6 层提供的数据传输和数据表示等各种服务的基础上，为网络用户或应用程序提供完成特定网络服务功能所需的各种应用协议。应用层仅包含允许用户软件使用网络服务的技术，而不包括用户软件包本身。

应用层包含两类不同性质的协议。第一类是一般用户能直接调用或使用的协议，如超文本传输协议（HTTP），远程登录协议（TELNET），文件传输协议（FTP）和简单邮件传输协议（SMTP）；第二类是为系统本身服务的协议，如域名系统（DNS）协议等。

以上介绍了 OSI 参考模型的 7 层结构，下面用一个两设备间连接的例子说明这 7 层的工作过程。

假设一位用户在其计算机上运行某聊天程序，该程序使他能够与另一个用户的计算机相连，并通过网络与该用户聊天。图 1-12 为该例子中使用的协议栈。用户将消息“Good morning”输入聊天程序，应用层将该数据从用户的应用程序传递至表示层，在表示层数据被转换并加密，然后数据被传递至会话层，在这一层建立一个全双工通信方式的对话，传输层将数据分割成数据段，接收设备的名称被解析成相应的 IP 地址，添加校验和，以进行差错校验。

图 1-12　协议栈

接着，网络层将数据打包成数据报，在检查完 IP 地址后，发现目标设备在远程网络中，然后，中间设备的 IP 地址作为下一个目标设备被添加，数据被传递至数据链路层，在这一层数据被打包成帧格式，设备的物理地址在这一层被解析，该地址实际上属于中间设备，该设备将把数据发送到真正的目的地。可以判断网络的访问类型为以太网。

数据接着被传递到物理层，在本层数据被打包成位，并通过传输介质从网络适配器发送出去。中间设备在物理层读取网络介质上传送的位，数据链路层将数据打包成帧，目标设备的物理地址被解析成它的 IP 地址，网络层将数据打包成数据报。可以确定数据到达了其最终目的地，在那里数据以正确的顺序被记录下来。

接着数据被传递到传输层。数据被编译成数据段，并进行差错校验，比较校验和，以确定数据是否有差错。会话层确认已接收到数据，在表示层数据被转换和解密。应用层将数据由表示层传递至接收用户的聊天应用程序中，消息“Good morning”就出现在接收用户的屏幕上了。

1.2.3 TCP/IP 参考模型

传输控制协议/互联网络协议（Transmission Control Protocol/Internet Protocol，TCP/IP），当初是为美国国防部研究计划局设计的，其目的在于能够让各种各样的计算机都可以在一个共同的网络环境中运行。

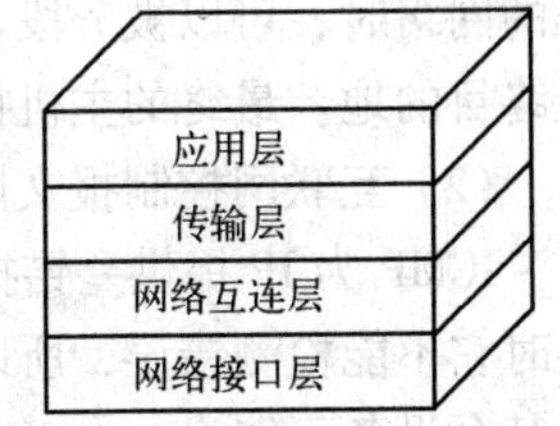

图 1-13 TCP/IP 参考模型

在 TCP/IP 参考模型中，去掉了 OSI 参考模型中的会话层和表示层，同时将 OSI 参考模型中的数据链路层和物理层合并为网络接口层，如图 1-13 所示。下面分别介绍各层的主要功能。

1. 网络接口层

实际上，TCP/IP 参考模型没有真正描述这一层的实现，只是要求能够提供给其上层——网络互连层一个访问接口，以便在其上传递 IP 分组。由于这一层次未被定义，所以其具体的实现方法将随着网络类型的不同而不同。

2. 网络互连层

网络互连层是整个 TCP/IP 协议栈的核心。其功能是把分组发往目标网络或主机。同时为了尽快地发送分组，可能需要沿不同的路径同时进行分组传递。因此，分组到达的顺序和发送的顺序可能不同，这就需要上层必须对分组进行排序。

网络互连层定义了分组格式和协议，即 IP（Internet Protocol）。网络互连层除了需要完成路由的功能外，也可以完成将不同类型的网络互连的任务。除此之外，网络互连层还需要完成拥塞控制的功能。

3. 传输层

在 TCP/IP 参考模型中，传输层的功能是使源端主机和目标端主机上的对等实体可以进行会话。在传输层定义了两种服务质量不同的协议，即传输控制协议（TCP）和用户数据报协议（UDP）。

TCP 是一个面向连接的、可靠的协议。UDP 是一个不可靠的、无连接协议，主要适用于不需要对报文进行排序和流量控制的场合。

4. 应用层

TCP/IP 参考模型将 OSI 参考模型中的会话层和表示层的功能合并到应用层实现。

5. TCP/IP 协议组的内容

除了 TCP 和 IP 以外，互联网协议中还包括很多其他的协议，TCP/IP 参考模型与协议组的关系如图 1-14 所示。

应用层	Telnet	FTP	SMTP	DNS	其他协议
传输层	TCP		UDP		
网络互连层	IP				
		ARP	RARP		
网络接口层	Ethernet	Token Ring		其他协议	

图 1-14 TCP/IP 参考模型与协议组的关系

（1）互联网协议（IP）

IP 是一种无连接协议，处于 OSI 参考模型的网络层。IP 的任务是对数据包进行相应的寻址和路由，使之通过网络。IP 报头附加在每个数据报上，并加入源地址、目标地址和接收主机使用的其他信息。IP 的另一项工作是分段和重编那些在传输层被分割的数据报。一些类型的网络比另一些类型的网络支持较大的数据报，数据报被传送到不支持当前数据报大小的网络时，可以被分段。数据报被分割，然后每一段得到一个新的 IP 报头，并被传送至最终目的地。最终的主机接收到数据报后，IP 将所有的片段组合起来形成原始的数据。

（2）互联网控制报文协议（ICMP）

ICMP 为 IP 提供差错报告。由于 IP 是无连接的，且不进行差错检验，当网络上发生错误时它不能检测错误，所以向发送 IP 数据报的主机汇报错误就是 ICMP 的责任。例如，如果某台设备不能将一个 IP 数据报送至其下一个网络，它向数据报的来源发送一个报文，并用 ICMP 解释这个错误。ICMP 能够报告的一些普通错误类型，如目标无法到达、阻塞、回波请求和回波应答。

（3）传输控制协议（TCP）

TCP 是一种面向连接的协议，对应于 OSI 参考模型的传输层。TCP 打开并维护网络上两个通信主机间的连接。当在两者之间传送 IP 数据报时，一个包含流量控制、排序和差错校验的 TCP 报头被附加在数据报上。到主机的每一个虚拟连接皆被赋予一个端口号，使发送至主机的数据报能够传送至正确的虚拟连接。

端口类似于一个邮箱。数据通过网络传输至一台计算机时，它必须被发送给该计算机中的一个进程。一台计算机上可以执行多个进程，如 Internet Web 服务、邮件服务和文件共享服务等。每一个需要从网络中获得数据的服务都需要将本身登录至一个端口号。网络数据报的报头中含有数据要到达的端口号。

（4）用户数据报协议（UDP）

UDP 是一种无连接传输协议，在无须 TCP 开销时使用这种协议。UDP 仅负责传输数据报。类似于 TCP，UDP 也使用端口号，但不需要对应一个虚拟连接，而只是对应其他主机的一个进程。例如，一个数据报可能被送至远端主机的 53 号端口，由于 UDP 是无连接的，不需建立虚拟连接，但是在远端主机确实存在一个进程，在 53 号端口进行“监听”。

（5）地址解析协议（ARP）

ARP 是指当有一台计算机需要与网络上的另一台计算机进行通信，源计算机有了目标计算机的 IP 地址，但不是在 OSI 参考模型的物理层通信所需的 MAC 地址时，通过发出一个发现数据报来处理这种地址转换。与 ARP 相对的是 RARP（逆向地址解析协议）。

（6）域名系统（DNS）

DNS 将 IP 地址转换成用户易于理解的名称。它是一个分布式数据库，由不同的组织分层维护。

（7）文件传输协议（FTP）

FTP 是 TCP/IP 环境中最常用的文件共享协议。这个协议允许用户从远端登录至网络中的其他计算机，并可以浏览、下载和上传文件。目前，FTP 仍然十分流行，主要因为它是操作平台独立的。

（8）简单邮件传输协议（SMTP）

SMTP 负责保证交付邮件。SMTP 仅处理邮件至服务器和服务器之间的交付。它不处理将邮件交付至电子邮件的最终客户应用程序。

(9) 动态主机配置协议 (DHCP)

DHCP 接管了网络中分配地址和配置计算机的工作。系统管理员在 DHCP 服务器上一次为整个网络进行配置，而不是手工配置每一台设备。DHCP 被指定一个 IP 地址范围，并将这些地址分发给网络设备。还应为网络配置 IP 地址的范围，不然它们也会被用完。当一台计算机出现在网络中时，它发出一个 DHCP 请求，最近的 DHCP 服务器答复这台计算机，以便在这台新的客户机上设置 TCP/IP。

1.2.4　OSI 参考模型与 TCP/IP 参考模型比较

图 1-15 给出了 TCP/IP 参考模型的分层结构及其与 OSI 参考模型的对应关系。

1. 分层结构的比较

OSI 参考模型有 7 层，而 TCP/IP 参考模型只有 4 层。两者都有网络层（网络互连层）、传输层和应用层，但其他层是不同的。TCP/IP 参考模型没有划分出物理层与数据链路层。从通信方式上讲，在网络层上，OSI 参考模型支持无连接和面向连接的方式，而 TCP/IP 参考模型只支持无连接通信模式；在传输层上，OSI 参考模型仅支持面向有连接的通信，而 TCP/IP 参考模型支持两种通信方式，给用户选择的机会。

2. 对两种模型的评价

OSI 参考模型有 3 个明确的概念：服务、接口、协议，而 TCP/IP 参考模型最初没有明确区分这三者，这是 OSI 参考模型最大的贡献。但 OSI 参考模型层次数量与内容选择不是很理想，会话层很少用到，表示层几乎是空的；寻址、流量控制与差错控制在每一层都重复出现，降低了系统效率；数据安全性、加密与网络管理在模型设计初期被忽略了；模型的设计更多是被通信的思想所支配，不适合计算机与软件的工作方式。

1.2.5　IEEE 802 局域网参考模型

1980 年 2 月，IEEE 成立 IEEE 802 委员会，专门研究局域网的体系结构和相关标准，在此基础上产生了局域网的参考模型。

IEEE 802 局域网参考模型如图 1-16 所示，它说明了局域网的体系结构以及与 OSI 参考模型的关系。IEEE 802 参考模型主要涉及 OSI 参考模型的物理层和数据链路层。

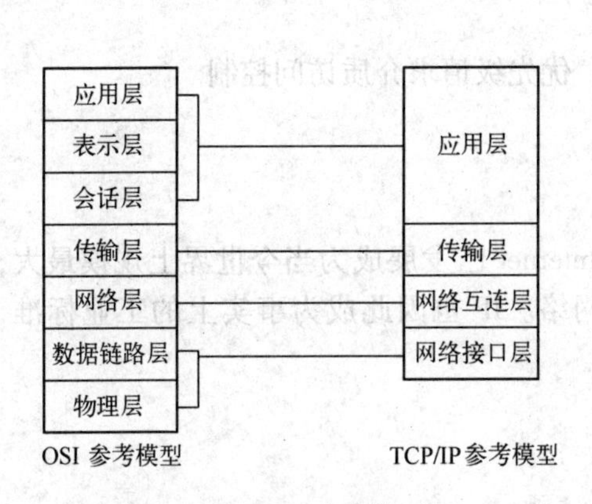

图 1-15　OSI 参考模型与 TCP/IP 参考模型对比图

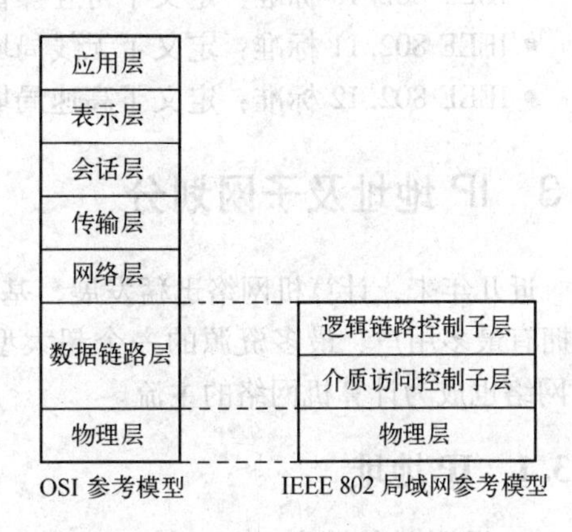

图 1-16　OSI 参考模型与 IEEE 802 局域网参考模型对比图

和OSI参考模型相比，IEEE 802局域网的参考模型就只相当于OSI参考模型的最低的两层。

1. 物理层主要功能

物理连接以及按位在媒介上传输数据。

2. 数据链路层主要功能

与接入各种传输媒介有关的问题都放在介质访问控制（MAC）子层。MAC的主要功能：

- 将上层交下来的数据封装成帧进行发送。
- 实现和维护MAC协议。
- 位差错检测。
- 寻址。

数据链路层中与媒介接入无关的部分都集中在逻辑链路控制（LLC）子层。LLC的主要功能：

- 建立和释放数据链路层的逻辑连接。
- 提供与高层的接口。
- 差错控制。
- 给帧加上序号。

所有的高层协议要和各种局域网的MAC交换信息，必须通过同样的一个LLC子层。

3. IEEE 802标准

- IEEE 802.1A标准：定义了系统结构。
- IEEE 802.1B标准：定义了网络管理和网际互连。
- IEEE 802.2标准：定义了逻辑链路控制（LLC）协议。
- IEEE 802.3标准：定义了CSMA/CD总线访问控制方法及物理层技术规范。
- IEEE 802.4标准：定义了令牌总线访问控制方法及物理层技术规范。
- IEEE 802.5标准：定义了令牌环网访问控制方法及物理层规范。
- IEEE 802.6标准：定义了城域网访问控制方法及物理层技术规范
- IEEE 802.7标准：定义了宽带网络介质访问控制和物理层的规范。
- IEEE 802.8标准：定义了光纤技术的介质访问控制和物理层的规范。
- IEEE 802.9标准：定义了综合语音与数据局域网技术。
- IEEE 802.10标准：定义了可互操作的局域网安全性规范。
- IEEE 802.11标准：定义了无线局域网技术。
- IEEE 802.12标准：定义了高速局域网技术、优先级请求介质访问控制。

1.3 IP地址及子网划分

近几年来，计算机网络迅猛发展，基于IP的Internet已发展成为当今世界上规模最大，并拥有最多用户、最多资源的一个超大型计算机网络。IP也因此成为事实上的工业标准，IP网络也成为计算机网络的主流。

1.3.1 IP地址

1. IP地址的概念

为了能把多个物理网络在逻辑上抽象成一个互联网，在互联网上允许任何一台主机与任何其他主机进行通信，TCP/IP 为每台主机分配了一个唯一的地址。IP 就是使用这个地址在主机之间传递信息，这是 Internet 能够运行的基础。众所周知，在电话通信中，电话用户是靠电话号码来识别的。同样，在网络中为了区别不同的计算机，也需要给计算机指定一个号码，这个号码就是“IP 地址”。

IP 地址对网上的某个结点来说是一个逻辑地址。它独立于任何特定的网络硬件和网络配置，不论物理网络的类型如何，它都有相同的格式。IP 地址的长度为 32 位，分为 4 段，每段 8 位，用十进制数字表示，每段数字范围为 0 ~ 255，段与段之间用小圆点隔开，如 159.226.1.3。IP 地址就像家庭住址一样，如果你要写信给一个人，你就要知道他的地址，这样邮递员才能把信送到，计算机发送信息就好比是邮递员，必须知道唯一的“家庭地址”才不至于把信送错。只不过人们的地址是用文字来表示的，而计算机的地址用十进制数字表示。

IP 地址由两部分组成，一部分为网络号，另一部分为主机号。网络号的位数直接决定了可以分配的网络数；主机号的位数则决定了网络中最大的主机数。然而，由于整个互联网所包含的网络规模可能比较大，也可能比较小，因此可将 IP 地址空间划分成不同的类别，每一类具有不同的网络号位数和主机号位数。IP 地址分成 5 类，即 A 类、B 类、C 类、D 类和 E 类。常用的是 A、B、C 三类。图 1-17 说明了 IP 地址的分类原则。

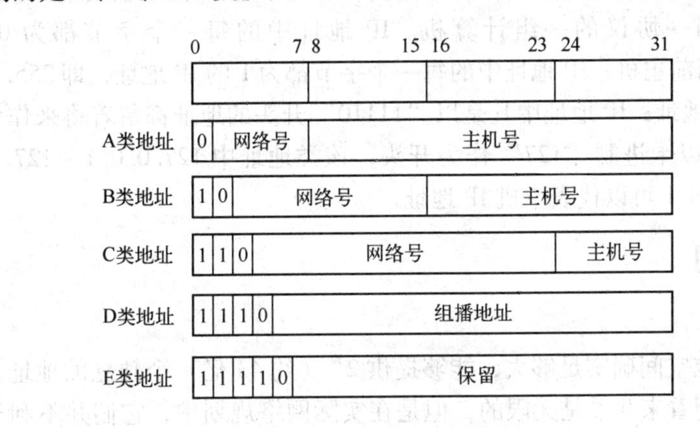

图 1-17　32 位 IP 地址空间的划分

其中 A、B、C 三类在全球范围内统一分配，见表 1-4，D、E 类为特殊地址。

表 1-4　常用 IP 地址的分配

网络类别	最大网络数	第一个可用网络号	最后一个可用网络号	每个网络中最大主机数
A	126	1	126	16777214
B	16382	128.0	191.255	65534
C	2097150	192.0.0	223.255.255	254

一个 A 类 IP 地址是指，在 IP 地址的 4 段号码中，第 1 段号码为网络号，剩下的 3 段号码为本地计算机号。如果用二进制表示 IP 地址的话，A 类 IP 地址就由 1B 的网络号和 3B 主机号组成，网络号的最高位必须是“0”。A 类 IP 地址中网络的标识长度为 8 位，主机标识的长度为 24 位，A 类网络地址数量较少，可以用于主机数达 1600 多万台的大型网络。A 类

IP 地址范围是 1. 0. 0. 1 ~126. 255. 255. 254。

一个 B 类 IP 地址是指，在 IP 地址的 4 段号码中，前两段号码为网络号，剩下的两段号码为本地计算机号。如果用二进制表示 IP 地址的话，B 类 IP 地址就由 2B 的网络号和 2B 主机号组成，网络号的最高位必须是“10”。B 类 IP 地址中网络的标识长度为 16 位，主机标识的长度为 16 位，B 类网络地址适用于中等规模的网络，每个网络所能容纳的计算机数为 6 万多台。B 类 IP 地址范围是 128. 0. 0. 1 ~191. 255. 255. 254。

一个 C 类 IP 地址是指，在 IP 地址的 4 段号码中，前 3 段号码为网络号，剩下的 1 段号码为本地计算机号。如果用二进制表示 IP 地址的话，C 类 IP 地址就由 3B 的网络号和 1B 主机号组成，网络号的最高位必须是“110”。C 类 IP 地址中网络的标识长度为 24 位，主机标识的长度为 8 位，C 类网络地址数量较多，适用于小规模的局域网络，每个网络最多只能包含 254 台计算机。C 类 IP 地址范围是 192. 0. 0. 1 ~223. 255. 255. 254。

2. 特殊的 IP 地址

除了以上 3 种类型的 IP 地址外，还有几种特殊类型的 IP 地址。TCP/IP 规定，凡 IP 地址中的第一个字节以“1110”开始的地址都叫多点广播（Multicast）地址。因此，任何第一个字节大于 223 且小于 240 的 IP 地址是多点广播地址。它是一个专门保留的地址。它并不指向特定的网络，目前这一类地址被用在多点广播中。多点广播地址用来一次寻址一组计算机，它标识共享同一协议的一组计算机。IP 地址中的每一个字节都为 0 的地址，即 0. 0. 0. 0，对应于当前主机；IP 地址中的每一个字节都为 1 的 IP 地址，即 255. 255. 255. 255，是当前子网的广播地址；IP 地址中凡是以“11110”开头的地址都留着将来作为特殊用途使用；IP 地址中不能以十进制“127”作为开头，该类地址中 127. 0. 0. 1 ~127. 1. 1. 1 用于回路测试，如 127. 0. 0. 1 可以代表本机 IP 地址。

1. 3. 2 划分子网

1. 子网的引入

IP 地址的 32 位空间确实足够大，能够提供 2^{32}（约 43 亿）个独立的地址。这样的地址空间在 Internet 早期看来几乎是无限的，但是在实际网络规划中，它们并不利于有效地分配有限的地址空间。对于 A、B 类地址，很少有这么大规模的公司能够使用，而 C 类地址所容纳的主机数又相对太少。所以，有类别的 IP 地址并不利于有效地分配有限的地址空间，不适用于网络规划。因此使用 A 类、B 类或 C 类 IP 地址的单位可以把它们的网络划分成几个部分，每个部分称为一个子网。每个子网对应于一个下属部门或一个地理范围（如一座或几座办公楼），或者对应一种物理通信介质（如以太网、点到点连接线路或 X. 25 网），它们通过网关互连或进行必要的协议转换。

将一个网络划分子网，采用借位的方式，从主机位最高位开始借位变为新的子网位，所剩余的部分则仍为主机位。这使得 IP 地址的结构分为三级地址结构，即网络号、子网号和主机号。这种层次结构便于 IP 地址的分配和管理。它的使用关键在于选择合适的层次结构，即如何既能适应各种现实的物理网络规模，又能充分地利用 IP 地址空间。

2. 子网掩码（Subnet Mask）

某单位划分子网后，每个子网看起来就像一个独立的网络。对于远程的网络而言，它们不知道这种子网的划分，也不关心某台主机究竟在哪个子网上，但在该单位内部必须设置本地网关，让这些网关知道所用的子网划分方案。也就是说，在单位网络内部，IP 软件识别所有以子网作为目的地的地址，将 IP 分组通过网关从一个子网传输到另一个子网。

当一个 IP 分组从一台主机送往另一台主机时，它的源和目标地址被一个称做子网掩码的数码屏蔽。简单地说，掩码用于说明子网域在一个 IP 地址中的位置。子网掩码主要用于说明如何进行子网的划分。子网掩码和 IP 地址一样长，用 32 位组成，其中的 1 表示与 IP 地址中网络号和子网号对应的比特，0 表示与 IP 地址中主机号对应的比特。将子网掩码与 IP 地址逐位相“与”，得全 0 部分为主机号，前面非 0 部分为网络号。因此，使用 4 位子网号的 B 类地址的子网掩码是 255. 255. 240. 0。使用 8 位子网号的 B 类地址的子网掩码是 255. 255. 255. 0。

对于 A、B、C 三类 IP 地址来说，都有默认子网掩码。A 类 IP 地址的默认子网掩码为 255. 0. 0. 0，B 类的为 255. 255. 0. 0，C 类的为 255. 255. 255. 0。

3. 子网划分方法

子网划分是通过借用 IP 地址的若干主机位来充当子网地址从而将原网络划分为若干子网而实现的。划分子网时，随着子网地址借用主机位数的增多，子网的数目随之增加，而每个子网中的可用主机数逐渐减少。以 C 类网络为例，原有 8 位主机位，即 256（2^8）个主机地址，默认子网掩码 255. 255. 255. 0。借用 2 位主机位，产生 2 个子网，即子网部分全 0 和全 1 的 IP 不能使用，每个子网有 62 个主机地址；借用 3 位主机位，产生 6 个子网，每个子网有 30 个主机地址，以此类推。每个子网中，第一个 IP 地址（即主机部分全部为 0 的 IP 地址）和最后一个 IP 地址（即主机部分全部为 1 的 IP 地址）不能分配给主机使用。根据子网 ID 借用的主机位数，可以计算出划分的子网数、子网掩码、每个子网主机数，见表 1–5。

表 1–5　C 类 IP 地址划分子网方法

子网位数	划分子网数	子网掩码（十进制）	每个子网主机数
2	2	255. 255. 255. 192	62
3	6	255. 255. 255. 224	30
4	14	255. 255. 255. 240	14
5	30	255. 255. 255. 248	6
6	62	255. 255. 255. 252	2

在进行子网划分时，应根据对子网数及主机数的需求来确定子网的位数，从而得出相应的子网掩码及有效的主机 IP 地址范围。

4. 子网划分捷径

根据子网划分的方法，总结出以下关于子网计算的简单结论。

结论 1：所选的子网掩码将会产生 2^n-2 个子网（n 代表掩码位，即二进制为 1 的部分，减 2 表示去掉全 0 和全 1 的子网）

结论 2：每个子网能有 2^m-2 台主机（m 代表主机位，即二进制为 0 的部分，减 2 表示去掉全 0 和全 1 的主机）

结论 3：每个子网的有效主机范围是忽略子网内全为 0 和全为 1 的主机地址剩下的区间。

结论 4：每个子网的子网地址是主机位全为 0 的地址。

结论 5：每个子网的子网广播地址是主机位全为 1 的地址。

根据上述结论，介绍划分子网的具体实例。

实例 1：网络地址 192.168.10.0，子网掩码为 255.255.255.192，则

1）子网数 $=2^2-2=2$。

2）主机数 $=2^6-2=62$

3）有效主机范围：第一个子网的主机地址范围是 192.168.10.65 ~ 192.168.10.126；第二个子网的主机地址范围是 192.168.10.129 ~ 192.168.10.190。

4）广播地址：分别是 192.168.10.127 和 192.168.10.191。

实例 2：网络地址 172.16.0.0，子网掩码 255.255.192.0，则

1）子网数 $=2^2-2=2$。

2）主机数 $=2^{14}-2=16382$。

3）有效主机范围：第一个子网的主机地址范围是 172.16.64.1 ~ 172.16.127.254；第二个子网的主机地址范围是 172.16.128.1 ~ 172.16.191.254。

4）广播地址：分别是 172.16.127.255 和 172.16.191.255。

5. 划分子网的注意事项

在划分子网时，不仅要考虑目前需要，还应了解将来需要多少子网和主机。对子网掩码使用比需要更多的主机位，可以得到更多的子网，节约了 IP 地址资源，若将来需要更多子网时，不用再重新分配 IP 地址，但每个子网的主机数量有限；反之，子网掩码使用较少的主机位，每个子网的主机数量允许有更大的增长，但可用子网数量有限。一般来说，一个网络中的结点数太多，网络会因为广播通信而饱和，所以，网络中的主机数量的增长是有限的，也就是说，在条件允许的情况下，会将更多的主机位用于子网位。

综上所述，子网掩码的设置关系到子网的划分。子网掩码的设置不同，所得到的子网不同，每个子网能容纳的主机数目不同。若设置错误，可能导致数据传输错误。

1.4 本章实训

实训 1 认识计算机网络

【实训目的】

1）了解计算机网络的发展和应用。

2）了解计算机网络的软、硬件组成。

3）认识计算机网络中的常用设备。

【实训条件】

已经联网并能正常运行的网络实训室和校园网。

【实训内容】

1. 参观计算机网络实训室

观察所在网络实训室的网络结构，了解并熟悉该网络的软、硬件结构，分析该计算机网络的功能和类型，并列出网络实训室所使用的软件和硬件清单。

2. 参观校园网

参观所在学校的网络中心和校园网，了解并熟悉校园网的软、硬件结构，分析校园网的功能和类型，并列出校园网所使用的软件和硬件清单。

3. 参观其他计算机网络

根据具体的条件，参观或网上查询某企业的计算机网络，了解并熟悉该网络的软、硬件结构，分析该网络的功能和类型，并列出该网络所使用的软件和硬件清单。

实训 2　IP 地址的分配

【实训目的】

1）掌握 IP 地址的分配方法。

2）熟练掌握子网划分的方法。

【实训条件】

计算机（4 台），操作系统为 Windows XP。

【实训内容】

某电子信息职业技术学院新院区建成后，学院申请了一个 B 类网络地址 172.34.0.0，学院现分成 5 大部门：行政管理部门、电子系、经管系、机电系、软件学院，现需划分为单独的网络，即划分为 5 个子网。

假设你是学院信息中心的一名网络管理员，如何确定子网掩码来划分网络？新的子网地址各是多少？每个子网包含多少主机地址？如何在操作系统中分配 IP 地址？

【实训步骤】

步骤 1：确定子网掩码。

申请的 B 类地址，主机部分为后两个字节，因此在主机部分的高字节起通过借位来实现子网的划分。

因为划分为 5 个子网，即 $2^n-2\geqslant 5$，$n\geqslant 3$，取 n 为 3，则可以划分出 6 个子网，满足学院的需要，所以确定从主机位借 3 位，因此，子网掩码为 11111111.11111111.11100000.00000000，转换为十进制：255.255.224.0。

步骤 2：确定子网地址。

由上一步可知取 3 位划分子网，共 $2^3-2=6$ 种可用子网，即 001、010、011、100、101、110，取前 5 个分给行政管理部门、电子系、经管系、机电系、软件学院，得到的子网地址分别如下。

子网 1（行政管理部门）：10111101.00100010.00100000.00000000

　　转换为十进制：172.34.32.0

子网 2（电子系）：10111101.00100010.01000000.00000000

　　转换为十进制：172.34.64.0

子网 3（经管系）：10111101.00100010.01100000.00000000

　　转换为十进制：172.34.96.0

子网 4（机电系）：10111101.00100010.10000000.00000000

　　转换为十进制：172.34.128.0

子网 5（软件学院）：10111101. 00100010. 10100000. 00000000

转换为十进制：172. 34. 160. 0

步骤 3：确定每个子网的主机地址。

子网 1 可用主机地址范围：10111101. 00100010. 00100000. 00000001 ~ 10111101. 00100010. 00111111. 11111110

转换为十进制：172. 34. 32. 1 ~ 172. 34. 63. 254

同理可得其他子网的可用主机地址范围。

子网 2 可用主机地址范围：172. 34. 64. 1 ~ 172. 34. 95. 254

子网 3 可用主机地址范围：172. 34. 96. 1 ~ 172. 34. 127. 254

子网 4 可用主机地址范围：172. 34. 128. 1 ~ 172. 34. 159. 254

子网 5 可用主机地址范围：172. 34. 160. 1 ~ 172. 34. 191. 254

步骤 4：设置 IP 地址。

1）鼠标右键单击桌面的“网上邻居”图标，在弹出的快捷菜单中选择“属性”命令，如图 1-18 所示。

2）在打开的“网络连接”窗口中右键单击“本地连接”，在弹出的快捷菜单中选择“属性”命令，如图 1-19 所示。

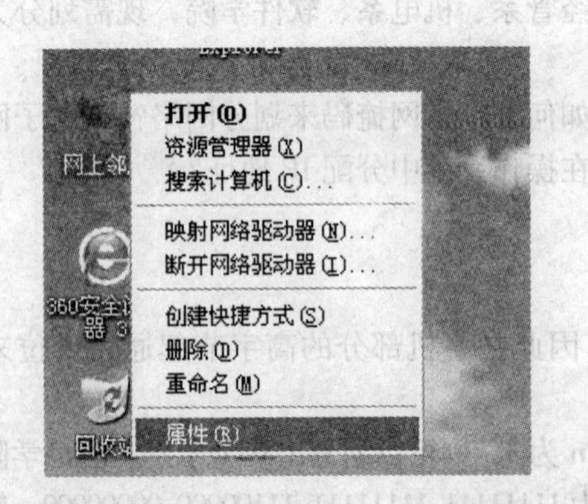

图 1-18　选择“网上邻居”的“属性”命令

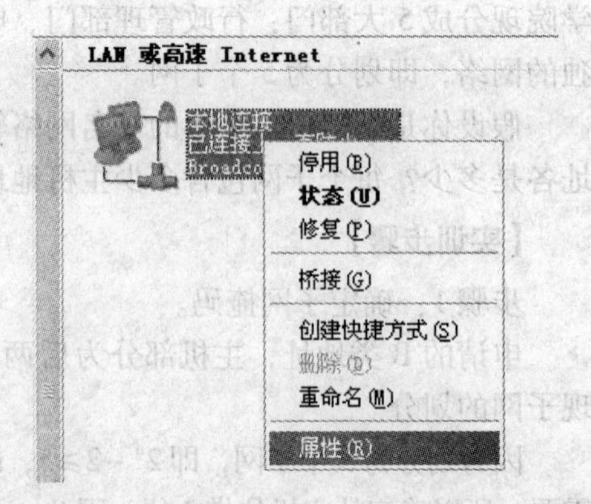

图 1-19　选择“属性”命令

3）在打开的对话框中，双击“Internet 协议（TCP/IP）”，如图 1-20 所示。

4）在打开的对话框内单击“使用下面的 IP 地址”单选按钮，在下面的文本框中输入 IP 地址和子网掩码，如图 1-21 所示。

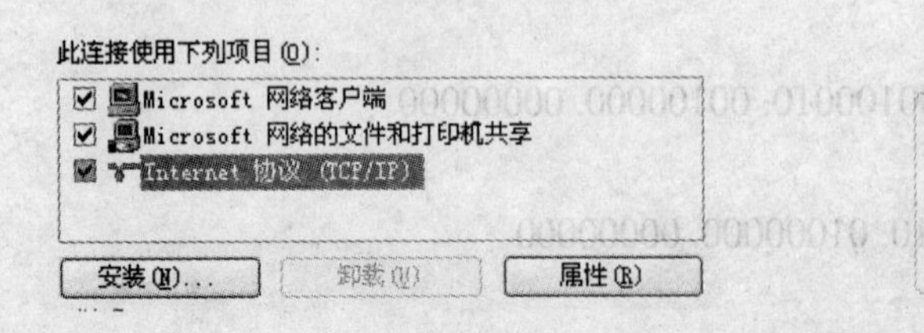

图 1-20　双击对应选项

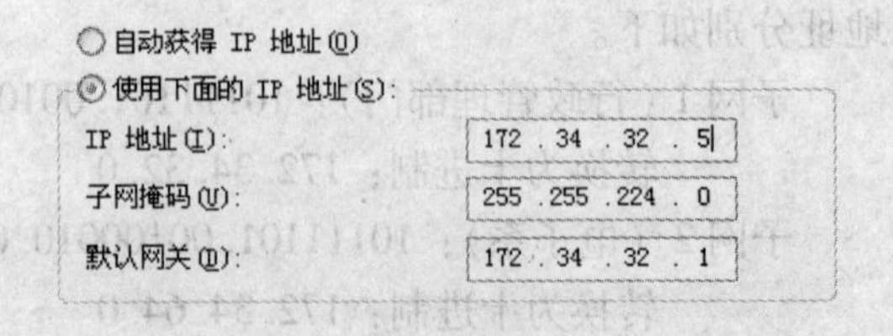

图 1-21　设置项目

5）测试 IP 地址的连通性。打开“开始”菜单，选择“程序”→“附件”，在打开的菜单中选择“命令提示符”，打开如图 1-22 所示的窗口。

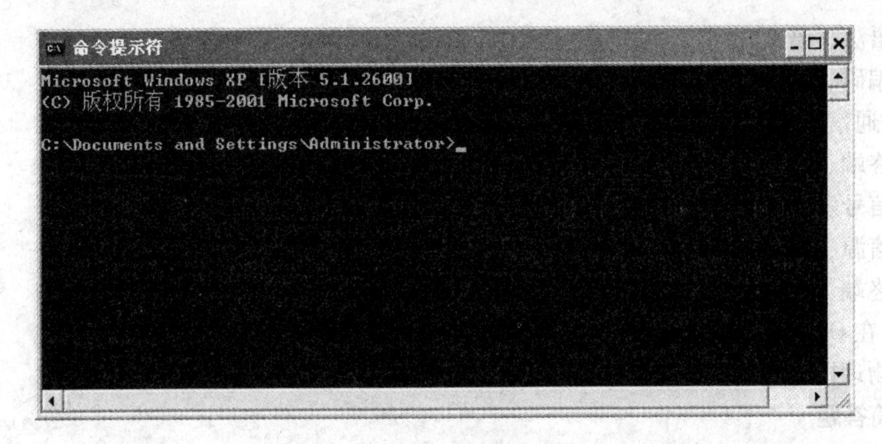

图 1-22　命令界面

在命令提示符下输入“ipconfig”命令，会显示本地计算机的 IP 地址、子网掩码、默认网关，如图 1-23 所示。

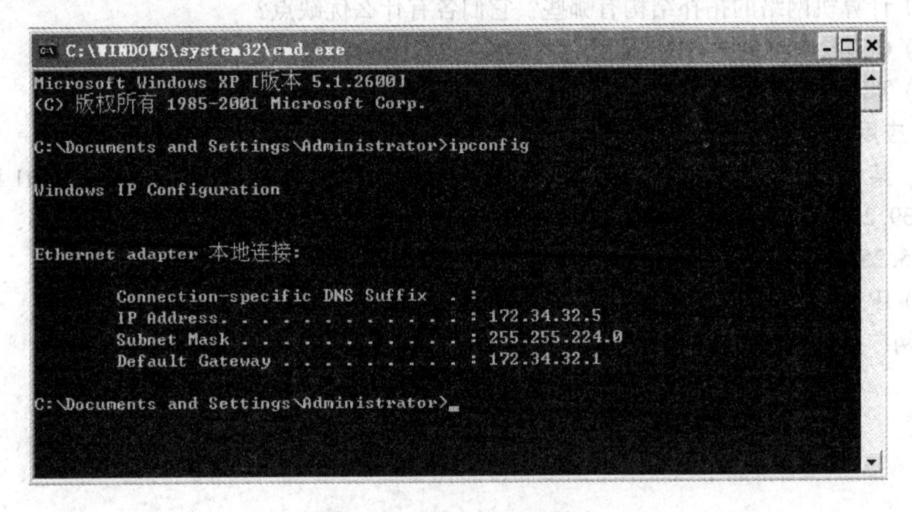

图 1-23　本地 IP 地址测试

1.5　本章习题

1. 单选题

(1) 计算机网络中可以共享的资源包括（　　）。

A. 硬件、软件、数据、通信信道

B. 主机、外设、软件、通信信道

C. 硬件、程序、数据、通信信道

D. 主机、程序、数据、通信信道

(2) 网络协议基本要素为（　　）。

A. 数据格式、编码、信号电平

B. 数据格式、控制信息、速度匹配

C. 语法、语义、同步

D. 编码、控制信息、同步

(3) 通信系统必须具备的3个基本要素是（　　）。

A. 终端、电缆、计算机

B. 信号发生器、通信线路、信号接收设备

C. 信源、通信媒体、信宿

D. 终端、通信设施、接收设备

(4) 在OSI七层结构模型中，处于数据链路层与传输层之间的是（　　）。

A. 物理层　　　B. 网络层　　　C. 会话层　　　D. 表示层

2. 简答题

(1) 什么是计算机网络？建立计算机网络的主要目的是什么？

(2) 计算机网络分为哪些子网？各有什么特点？

(3) 计算机网络是如何分类的？

(4) 计算机网络的拓扑结构有哪些？它们各有什么优缺点？

(5) OSI参考模型共分为哪几层？简要说明各层的功能。

(6) TCP/IP参考模型分为几层？各层功能是什么？每层包含什么协议？

3. 应用题

(1) 某单位的网络划分为多个子网，其中有两台主机的IP设置如下所示：Host1 IP地址为210.39.240.39，子网掩码为255.255.255.224；Host2 IP地址为210.39.240.116，子网掩码为255.255.255.224。上述两台主机能否直接通信？为什么？

(2) IP地址为128.36.199.3，子网掩码为255.255.240.0。计算出网络地址、子网地址、子网广播地址、有效的主机IP地址范围及主机数。

第2章　局域网技术

2.1　局域网概述

局域网技术是当前计算机网络技术领域中非常重要的一个分支。局域网作为一种重要的基础网络，在企业、机关、学校等各种单位和部门都得到广泛的应用。局域网还是建立互联网络的基础网络。

在较小的地理范围内，利用通信线路将多种数据设备连接起来，实现相互间的数据传输和资源共享的系统称为局域网（Local Area Networks，LAN）。

目前局域网的主要用途：

1）共享打印机、扫描仪等外部设备。

2）通过公共数据库共享各类信息并进行处理。

3）向用户提供诸如电子邮件之类的高级服务。

2.1.1　局域网特点

1. 从功能角度介绍

从功能的角度来看，局域网具有以下几个特点：

1）共享传输信道。在局域网中，多个系统连接到一个共享的通信媒体上。

2）地理范围有限，用户个数有限。通常局域网仅为一个单位服务，只在一个相对独立的局部范围内连网，如一座楼或集中的建筑群内。一般来说，局域网的覆盖范围约为10 km以内。

3）传输速率高。局域网的数据传输速率一般为10 Mbit/s或100 Mbit/s，能支持计算机之间的高速通信，所以时延较低。

4）误码率低。因近距离传输，所以误码率很低。

5）多采用分布式控制和广播式通信。在局域网中各站点是平等关系而不是主从关系，可以进行广播或组播。

2. 从体系结构及传输控制角度介绍

从网络的体系结构和传输控制过程来看，局域网也有自己的特点：

1）低层协议简单。在局域网中，由于距离短、时延小、成本低、传输速率高、可靠性高，因此信道利用率已不是人们考虑的主要因素，所以低层协议较简单。

2）不单独设立网络层。局域网的拓扑结构多采用总线型、环形和星形等共享信道，网内一般不需要中间转接，流量控制和路由选择功能大为简化，通常在局域网不单独设立网络层。因此，局域网的体系结构仅相当于OSI参考模型的最低两层。

3）采用多种媒体访问控制技术。由于采用共享广播信道，而信道又可用不同的传输媒体，所以局域网面对的问题是多源、多目的的链路管理。由此引发出多种媒体访问控制技术。

在 OSI 的体系结构中，一个通信子网只有最低的3层。而局域网的体系结构也只有 OSI 的下两层，没有第3层以上的层次。所以说局域网只是一种通信网。

2.1.2 局域网分类

从不同角度观察，局域网有多种划分方法。

1. 按网络的拓扑结构划分

分为星形网络、总线型网络、环形网络和树形网络等。目前常用的是星形网络和总线型网络。

2. 按线路中传输的信号形式划分

分为基带网络和宽带网络。基带网络传输数字信号，信号占用整个频带，传输距离较短；宽带网络可传输模拟信号，距离较远，达几千米以上。目前使用最多的是基带网络。

3. 按网络的传输介质划分

分为双绞线网络、同轴电缆网络、光纤网络和无线局域网等。目前使用最多的是双绞线网络和光纤网络。

4. 按网络的介质访问方式划分

分为以太网（Ethernet）、令牌环网和令牌总线网等。目前使用最多的是以太网。

5. 按局域网基本工作原理划分

分为共享媒体局域网、交换局域网和虚拟局域网3种。

2.2 介质访问控制方法

所谓介质访问控制方法是指控制多个结点利用公共传输介质发送和接收数据的方法。本小节主要介绍局域网介质访问方法中几种常用的共享介质访问控制方法，包括带有冲突检测的载波侦听多路访问（CSMA/CD）控制、令牌环访问控制和令牌总线访问控制。

2.2.1 载波侦听多路访问/冲突检测（CSMA/CD）控制

载波侦听多路访问冲突检测（CSMA/CD）控制是目前应用最广的以太网核心技术，用来解决多结点如何共享公用总线的问题。

在以太网中，采用的是总线型拓扑结构，所有计算机都共享同一条总线。任何结点都没有可预约的发送时间，它们的发送是随机的，并且网络中不存在集中控制的结点，网络中结点都必须平等地争用发送时间，这种介质访问控制属于随机争用型方法。如果一个结点要发送数据，就以“广播”方式把数据通过总线发送出去，连在总线上的所有结点都能“收听”到这个数据信号，如图2-1所示。由于网络中所有结点都可以利用总线发送数据，并且网络中没有控制中心，因此将不可避免地产生冲突。为了有效地实现分布式多结点访问公共传输介质的控制策略，以太网采用 CSMA/CD 机制。

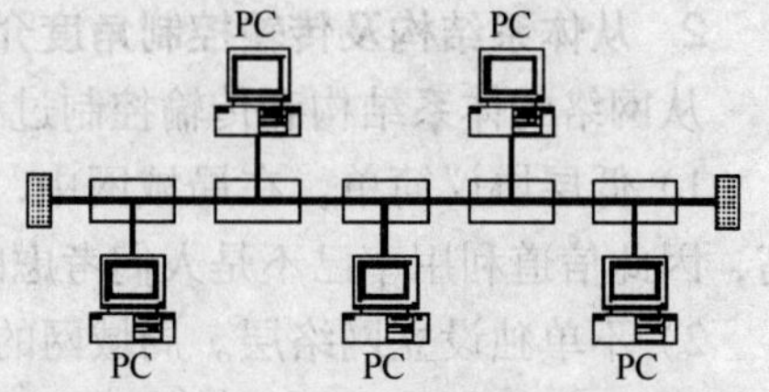

图2-1 以太网的总线型拓扑结构

1. **以太网数据的发送**

发送过程可以简单地概括为“先听后发，边听边发，冲突停止，延迟重发”，其具体工作过程如下：

1）先侦听总线，如果总线空闲则发送信息。

2）如果总线忙，则继续侦听，直到总线空闲时立即发送。

3）发送信息后进行冲突检测，如发生冲突，立即停止发送，并向总线上发出一串阻塞信号（连续几个字节全1)，通知总线上各站点冲突已发生，使各站点重新开始侦听与竞争。

4）已发出信息的各站点收到阻塞信号后，等待一段随机时间，重新进入侦听发送阶段。

图2-2为以太网结点的发送流程。

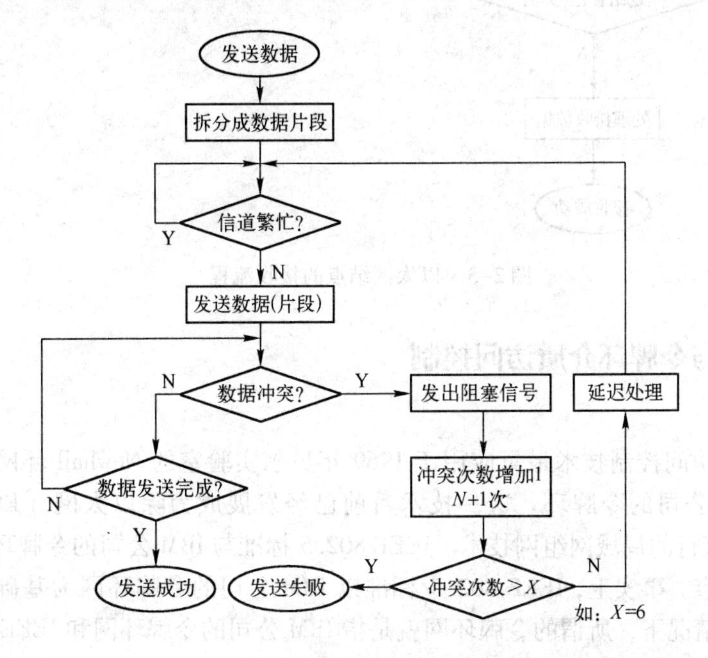

图2-2　以太网结点的发送流程

2. **以太网数据的接收**

在接收过程中，以太网中的各结点同样需要监测信道的状态。如果发现信号畸变，说明总线上有两个或多个结点同时发送数据，冲突发生，这时必须停止接收，并将接收到的数据废弃；如果在整个接收过程中没有发生冲突，接收结点在收到一个完整的数据后即可对数据进行接收处理。图2-3为以太网结点的接收流程。

所谓冲突检测，就是发送结点在发送数据的同时，将它发送的信号波形与从总线上收到的信号波形进行比较。如果总线上同时出现两个或两个以上结点的发送信号，那么它们叠加后的信号将不同于任何结点发送的信号波形，表明冲突已产生。

从CSMA/CD的工作流程可以看出，其结构简单，在轻负载下延迟小，但由于需要对冲突进行检测并随机延迟后重新发送，导致实时性较差，因此适用于负载较轻的网络。

CSMA/CD广泛应用于局域网的MAC子层，是IEEE 802.3的核心协议，也是著名的以太网采用的协议。

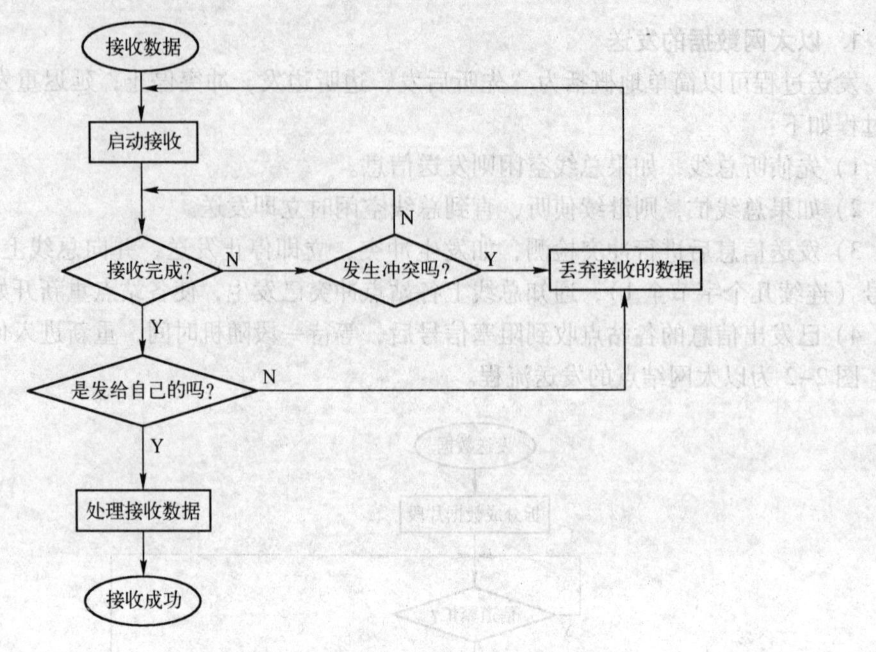

图 2-3　以太网结点的接收流程

2.2.2　FDDI 与令牌环介质访问控制

1. 控制令牌

令牌环介质访问控制技术最早应用于 1969 年贝尔实验室的 Newhall 环网，最具影响的令牌环网是 IBM 公司的令牌环。这一技术目前已经发展成为除以太网（Ethernet）/IEEE 802.3 之外最为流行的局域网组网技术。IEEE 802.5 标准与 IBM 公司的令牌环网几乎完全相同，并且相互兼容。事实上，IEEE 802.5 标准以 IBM 公司的令牌环网为基础，并随其发展进行调整。通常情况下，所谓的令牌环网就是指 IBM 公司的令牌环网和 IEEE 802.5 网络。

令牌环网采用令牌环介质访问控制方法。在令牌环中，结点通过环接口连成物理环形。令牌是一种特殊的 MAC 控制帧，令牌帧中有一位标识令牌的“忙”或“闲”。当令牌环工作正常时，令牌总是沿着物理环单向逐站传送，传送顺序与结点在环中排列顺序相同。令牌环的基本工作过程如图 2-4 所示。

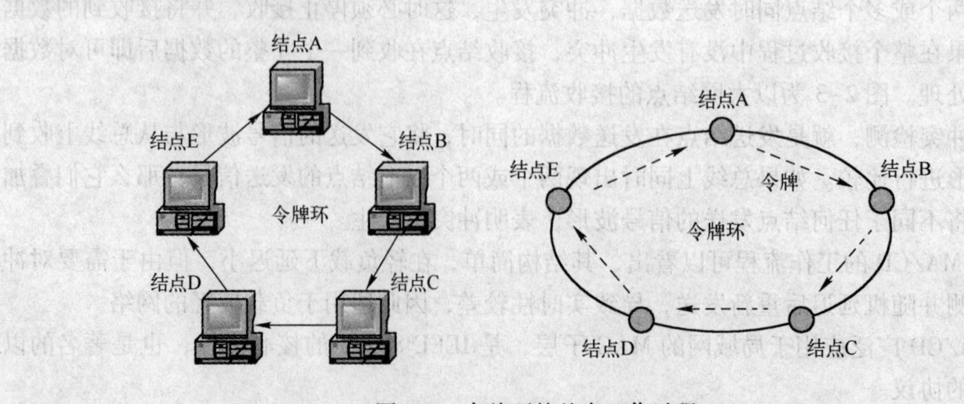

图 2-4　令牌环的基本工作过程

如果结点 A 希望发送数据帧，必须首先等待空闲令牌的到来。当结点 A 获得空闲令牌后，它将令牌标志位由“闲”变为“忙”，然后传送数据帧。结点 B、C、D、E 依次收到数据帧后，无论数据帧的目的地址是不是自己，都将对其进行转发。如果该数据帧的目的地址是结点 C，则结点 C 在正确接收该数据帧后，在帧中标志出帧已被正确接收和复制，然后对其进行转发。当结点 A 重新接收到自己发出的、已被目的结点正确接收的数据帧时，它将回收已经发送的数据帧，并将忙令牌改成空闲令牌，再将空闲令牌向它的下一结点传送，以便其他结点使用。

从令牌环的工作过程可以看出，一旦环出现物理故障，将导致环中断或令牌丢失，因此对环的管理和维护尤为重要。通常采用分布式管理方法。而令牌环实时性较强，结点访问延迟确定，适用于负载较重的网络。

2. FDDI

光纤分布式数据接口（Fiber Distributed Data Interface，FDDI）是由 ANSI X39T9.5 委员会于 1990 年标准化的一种环形共享介质网络，它是物理层和数据链路层标准，规定了光纤媒体、光发送器和接收器、信号传送速率和编码、媒体接入协议、帧格式、分布式管理协议和允许使用的网络拓扑结构等规范。FDDI 是目前高速网络中最成熟的商品化技术之一，由于它的成本不断降低，其应用也不断地得到普及和扩展，在网络市场上，特别是在高速数字通信主干网上，占有率不断扩大。

（1）FDDI 主要特性

- 协议特性。FDDI 是使用类似于 IEEE 802.5 令牌环标准的令牌传递媒介访问控制（MAC）协议，但两者不尽相同。
- 传输介质为光纤，具有保密、抗干扰等优点。
- FDDI 网特性。FDDI 网是一个使用光纤作为传输媒介的、高速的、通用的令牌环形网。其运行速度为 100 Mbit/s，最大距离为 200 km，最多连接站点数为 1000 个，网络结构采用双环结构，具有很高的可靠性和很强的容错能力。
- 传输特性。FDDI 具有动态分配带宽的能力，带宽为 100 Mbit/s，能同时提供同步和异步数据服务。
- FDDI 可采用树形结构，适应多种环境，容易扩展和管理。

FDDI 广泛应用于对可靠性要求较高的场合，如作为 ISP（Internet 服务提供者）主干网等。表 2-1 给出了 FDDI 的主要技术指标。

表 2-1　FDDI 技术指标

项　目	技术指标
传输速率	100 Mbit/s（双环传输为 200 Mbit/s）
最大环长度	100 km
最大结点数	500
网络拓扑结构	环形、星形和树形
介质访问控制	定时令牌协议
应用范围	局域网、城域网、主干网

（2）FDDI 网络的结构

FDDI 采用的方式类似于 IEEE 802.5 令牌环，站点在发送数据前必须首先得到令牌。

FDDI 的帧长度在 17 ~ 4500 B 之间。FDDI 是基于双环结构的，主环传递数据，次环用于备份以提供系统容错性，这是 FDDI 和 IEEE 802.5 令牌环的一个重要区别。在正常情况下，主环传输数据，次环处于空闲状态。双环设计的目的是提供高可靠性和稳定性。如图 2-5 所示，两个环路的数据传输方向是相反的，次环路在正常情况下是没有数据传输的，只有当系统有故障时才会启动。网络设备如工作站、网桥、路由器等连接在环路上工作，其连接方式有两种：一种是只连在其中主环路上，如图 2-5 中的结点 B；另一种是同时跨连在两个环路上，如图 2-5 中的结点 A。

结点 A 由于同时跨连在两条环路上因而提供了很好的容错性和稳定性。环路的断裂在大多数情况下不能中止 A 类站的工作。唯一能中止 A 类站工作的情况是其两侧的两对光缆都发生了断裂，这在 FDDI 的应用环境中是非常罕见的。而结点 B 的可靠性就相对差一些。例如，由于某种原因，主环发生了断裂，此时跨连在两个环路上的 A 类站采用反向的次环路仍然可以通信，而 B 类站则无法实现通信，另一种常见故障是在某一点正反向的两条光纤环路都发生了断裂，如图 2-6 所示，这种情况下结点 A 仍可以通信，它们将数据由次环绕过断裂点，从而将主环、次环结合成了一个单独环路。这被称为 FDDI 环的自愈。

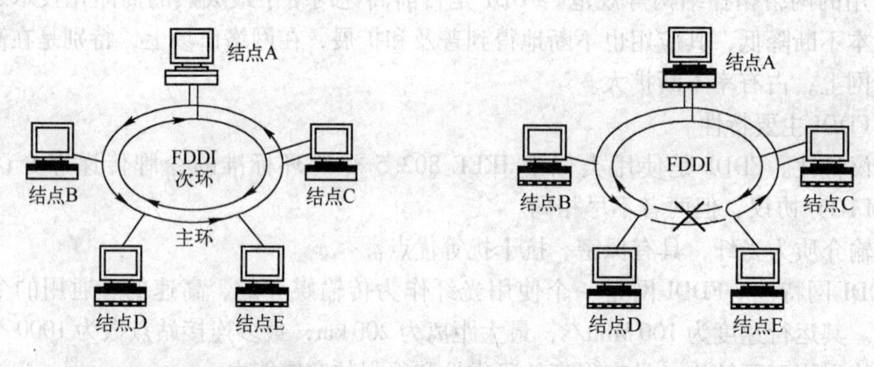

图 2-5　FDDI 双环结构图　　　图 2-6　FDDI 环的自愈

2.2.3　令牌总线介质访问控制

令牌总线介质访问控制是在综合了以上两种介质访问控制优点的基础上形成的一种介质访问控制方法，IEEE 802.4 提出的就是令牌总线介质访问控制方法的标准。

在采用令牌总线访问控制的局域网中，任何一个结点只有在取得令牌后才能使用共享总线发送数据帧。令牌用来控制结点对总线的访问权。如图 2-7 所示为正常的稳态操作时令牌总线的工作过程。

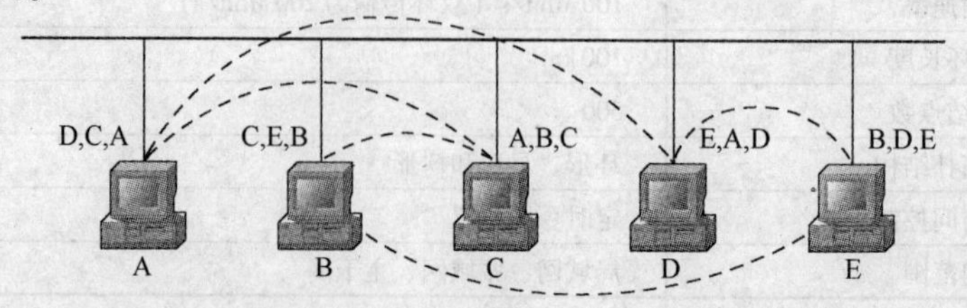

图 2-7　令牌总线工作过程

注：结点表示格式：上结点，下结点，本地结点。

所谓正常的稳态操作，是指在网络已经完成初始化后，各结点进入正常传递令牌与数据帧，并且没有结点要加入或撤出，没有发生令牌丢失或网络故障。

从物理结构上看，令牌总线网是一种总线型 LAN，各工作站共享总线传输信道，但从逻辑上看，它又是一种环形 LAN。连接在总线上的各工作站组成一个逻辑环，这种逻辑环通常按工作站的地址递减或递增顺序排列，与工作站的物理位置并无固定关系，因此，令牌总线网上每个站都设置了标识寄存器（TS、PS、NS），在正常的稳态操作时，每个结点有本站地址（TS），并且知道上一结点地址（PS）与下一结点地址（NS）。令牌传递规定由高地址向低地址，最后由最低地址向最高地址依次循环传递，从而在一个物理总线上形成一个逻辑环（图 2-7 的逻辑环为 A→C→B→E→D→A）。环中令牌的传递顺序与结点在总线上的物理位置无关。因此，令牌总线网在物理上是总线网，而在逻辑上是环网。令牌帧含有一个目的地址，接收到令牌帧的结点可以在令牌持有最大时间内发送一个或多个数据帧。

2.3 以太网技术

以太网（Ethernet）最初是由美国 Xerox 公司于 1975 年研制开发，并且在 1980 年由 DEC 公司、Intel 公司和 Xerox 公司联合提出了 10 Mbit/s 以太网的第一个版本 DIX Ethernet V1。1982 年又修改为第二版本 DIX Ethernet V2。传统的以太网采用的是 CSMA/CD 访问方式，并且 IEEE 802.3 标准与 DIX Ethernet V2 只有很小的差别，故 IEEE 802.3 标准也被称为以太网。

根据传输速率的不同，以太网可以分为 10 Mbit/s 以太网、100Base - T 以太网、千兆以太网和万兆以太网。

2.3.1 10 Mbit/s 以太网

10 Mbit/s 以太网又称为传统以太网，遵循 IEEE 802.3 标准。常用的传输介质有 4 种，即细缆、粗缆、双绞线和光缆。因此，根据使用的传输介质不同，传统以太网可以分为 4 类，即以细缆作为主干电缆的 10Base - 2 以太网，以粗缆作为主干电缆的 10Base - 5 以太网，以双绞线作为主干电缆的 10Base - T 以太网，以光缆作为主干电缆的 10Base - F 以太网。

1. 10Base - 2 以太网

10Base - 2 以太网使用总线型拓扑结构，以细同轴电缆作为传输介质，最大传输速率为 10 Mbit/s，最大网段长度为 185 m，每个网段上的最大站点数为 30 个，连接器类型为 BNC 接头，如图 2-8 所示。

10Base - 2 以太网通过 BNC - T 形头直接连接主机网卡的 BNC 连接器插口，将主机直接接入网络。在主干的终端应加上 BNC 终端匹配器，防止因电缆裸露在外而产生游离信号，使网络无法正常工作。如果现有的细缆不够长，可以使用 BNC 的柱形头来连接两根较短的电缆。细缆与主机的连接较为容易，细缆较粗缆便宜，并且相对柔软，布线时转弯较为容易。

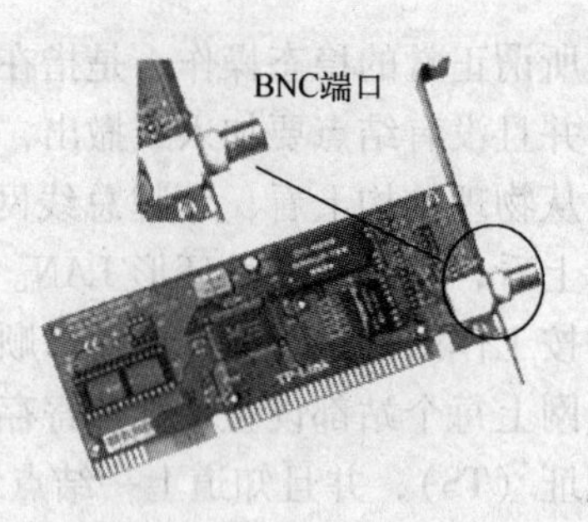

图 2-8 BNC 接头及网卡

2. 10Base－5 以太网

10Base－5 以太网使用总线型拓扑结构，以粗同轴电缆作为传输介质，最大传输速率为 10 Mbit/s，最大网段长度为 500 m，每个网段上的最大站点数为 100 个，连接器类型为 DB－15 型连接器。10Base－5 以太网通过收发器电缆将主机连接到主干电缆，收发器电缆又称为 AUI 电缆，一头是收发器，与主干电缆连接，另外一头连接到主机网卡的 DB－15 型连接器。

10Base－5 和 10Base－2 以太网的共同缺点是主干电缆一旦发生故障，将使整个网络瘫痪。

3. 10Base－T 以太网

10Base－T 以太网是目前选用较多的网络类型。它采用星形拓扑结构，使用无屏蔽双绞线连接，最大传输速率为 10 Mbit/s，最大网段长度为 100 m。

在 10Base－T 以太网中，通过集线器组成逻辑以太网段。每台计算机都与集线器的一个端口通过双绞线相连，双绞线与主机和集线器连接使用 RJ－45 连接器。RJ－45 “水晶头”及网卡如图 2-9 所示。连接到集线器端口上的每台设备共享 10 Mbit/s 以太网段的带宽和冲突竞争机制。多个集线器可以级联在一起，将多台物理设备组成一个逻辑以太网段。这样，某一网段或某个结点出现故障时，均不影响其他结点，简化了网络故障诊断过程，缩短了故障诊断时间，提高了网络故障检测和冲突控制效率。与前两种网络相比，10Base－T 以太网的组网、管理和维护更加容易，但传输距离更为有限。

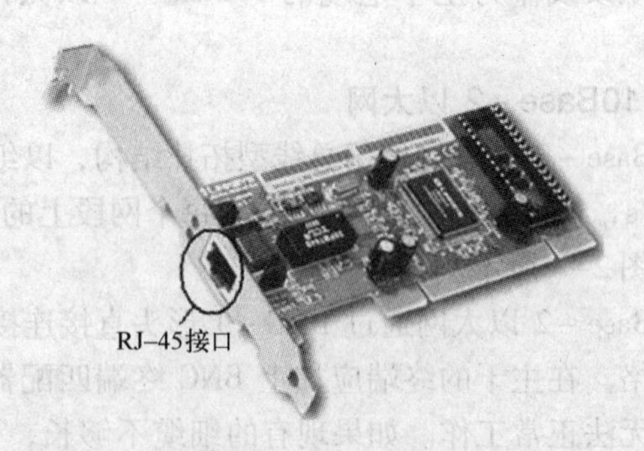

图 2-9 RJ－45 “水晶头”及网卡

4. 10Base－F 以太网

10Base－F 是 IEEE 802.3 制定的使用光纤作为传输介质的标准，F 代表光纤。由于使用了光纤作为传输介质，故传输距离较长。10Base-2 和 10Base-5 能够提供比 10Base-T 更远的传输距离，但它们必须以总线型拓扑进行布线，这种结构和令牌环一样，存在一旦出现电缆故障网络就将失效的问题。10Base-T 能在容错的拓扑结构上提供一个较高速数据传输速率，然而它的传输距离却很有限，10Base-5 能连接较远的距离，但它的数据传输速率只限于 10 Mbit/s。10Base-F 作为一个校园网络布线方案，用它进行长距离数据传输是最好的选择，但与其他几个标准相比，价格较高。

在组建局域网时，以上几种类型的以太网具有共同的特点，如结构简单、灵活，便于扩充，易于实现；工作可靠，单个工作站发生故障不会影响整个网络；可通过总线对各工作站进行检测和诊断，便于维护和故障恢复等。正是由于这些特点使得以太网一开始就取得了很大的成功，并在以后的发展中占有很大的优势。

2.3.2 100Base-T 以太网

100Base-T 以太网又称快速以太网，是从 10Base-T 以太网标准发展而来的。它不仅保留了相同的帧格式，而且还保留了用于以太网的 CSMA/CD 介质访问方式，使 10Base-T 和 100Base-T 站点间进行数据通信时不需要进行协议转换。只要更换网卡，再配上一个 100 Mbit/s 的交换机，就可以很方便地由 10Base-T 以太网直接升级到 100 Mbit/s 以太网，而不必改变网络的拓扑结构。

1. 100Base-T 协议结构

100Base-T 以太网采用以 100Base-T 交换机为中心的星形拓扑结构，传输 100 Mbit/s 的基带信号，遵循 IEEE 802.3u 标准，该标准是对现行的 IEEE 802.3 标准的补充。

IEEE 802.3u 标准在 LLC 子层使用 IEEE 802.2 标准，在 MAC 子层使用 CSMA/CD 介质访问方法，只是在物理层进行了一些必要的调整，定义了新的物理层标准。100Base-T 标准定义了介质专用接口 MII（Media Independent Interface），将 MAC 子层与物理层分隔开来。这样，物理层在实现 100 Mbit/s 传输速率时所使用的传输介质和信号编码方式不会影响 MAC 子层。

2. 100Base-T 技术标准

100Base-T 标准可以支持多种传输介质。目前有以下 3 种传输介质的标准。

（1）100Base-TX

100Base-Tx 采用两对 5 类 UTP 双绞线或两对 1 类 STP 双绞线作为传输介质，其中一对用于发送，另一对用于接收，最大网段长度为 100 m。对于 5 类 UTP，使用 RJ-45 连接器；对于 1 类 STP，使用 DB-9 连接器。100Base-T 传输带宽为 125 MHz。

（2）100Base-FX

100Base-FX 采用两对光纤作为传输介质，适用于高速主干网、有电磁干扰环境和要求通信保密性好、传输距离远等应用场合。100Base-FX 可选用标准 FDDIMIC 连接器、ST 连接器和 SC 连接器。100Base-FX 的传输距离为 450 m，如果采用全双工方式，传输速率可达 200 Mbit/s。

（3）100Base-T4

100Base-T4 采用 4 对 3 类、4 类和 5 类 UTP 双绞线作为传输介质。4 对线中，3 对用于传输数据，1 对用于碰撞检测的接收信道。使用 RJ-45 连接器，最大网段长度为 100 m。

3. 100Base－T 的组网方法

目前大部分以太网系统都配置了一台或多台服务器，在采用以太网技术升级网络时，可以将原来的以太网服务器的网卡更换为 100Base－TX 网卡，并利用 5 类非屏蔽双绞线（UTP）通过 RJ－45 接入 100 Mbit/s 交换机的 100 Mbit/s 高速端口上。对于那些对宽带要求较高的数据库服务器、工作站及打印机等，可单独直接连接到 10 Mbit/s 或 100 Mbit/s 交换机的端口上，组成多级的快速以太网，其连接方法如图 2-10 所示。

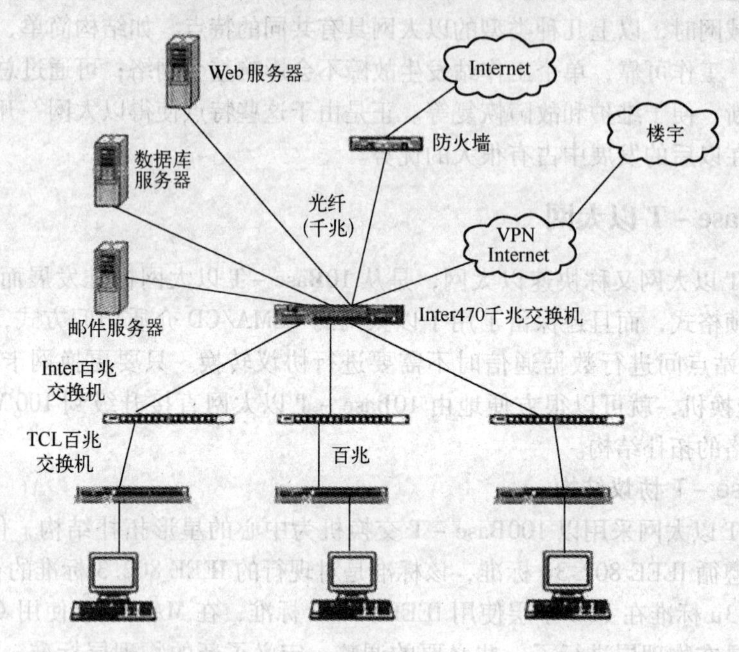

图 2-10　100Base－T 连接方法

2.3.3　千兆以太网

千兆以太网技术采用与 10 Mbit/s 以太网相同的帧格式、全/半双工工作方式、CSMA/CD 介质访问控制方式及流量控制模式。由于该技术不改变传统以太网的帧结构、网络协议、桌面应用、操作系统及布线系统，因此具有较好的市场前景，成为主流网络技术。

千兆以太网可很好地与现存的 10 Mbit/s 或 100 Mbit/s 的以太网设备及电缆基础设施配合工作，并且由于它还是基于以太网技术，所以升级到千兆以太网不必改变网络应用程序、网络管理部件和网络操作系统。采用这种自然的升级途径能够对现有网络设备投资实现最大限度的保护。

1. 千兆以太网协议结构

千兆以太网标准的制定工作是从 1995 年开始的。1995 年 11 月，IEEE 802.3 委员会成立了高速网研究组。1996 年 8 月，成立了 802.3 工作组，主要研究使用多模光纤和屏蔽双绞线的千兆以太网物理层标准。1997 年年初，成立了 802.3 ab 工作组，主要研究使用单模光纤与非屏蔽双绞线的千兆以太网物理层标准。1998 年 2 月，IEEE 802.3 委员会正式批准了千兆以太网标准——IEEE 802.3z。

IEEE 802.3z 标准在 LLC 子层使用 IEEE 802.2 标准，在 MAC 层使用 CSMA/CD 介质访

问方法，只是在物理层进行了一些必要的调整，定义了新的物理层标准。1000Base - T 标准定义了千兆介质专用接口（Gigabit Media Independent Interface，GMII），将 MAC 子层与物理层分隔开来。这样，物理层在实现 1000 Mbit/s 传输速率时所使用的传输介质和信号编码方式不会影响 MAC 子层。

2. 千兆以太网技术标准

1000Base - T 标准可以支持多种传输介质。目前有以下 4 种传输介质标准。

（1）1000Base - CX

CX 表示铜线。它针对低成本、优质的屏蔽双绞线或同轴电缆的短途铜线而制定，传输距离为 25 m。

（2）1000Base - SX

SX 表示短波。它针对工作于多模光纤上的短波长（850 nm）激光收发器而制定，使用纤芯直径不同的多模光纤，传输距离为 275 m 和 550 m。

（3）1000Base - T

它使用 4 对 5 类非屏蔽双绞线，传输距离为 100 m。

（4）1000Base - LX

LX 表示长波。它针对工作于单模或多模光纤的长波长（1300 nm）激光收发器而制定，使用多模光纤，传输距离为 550 m，使用单模光纤，传输距离为 5 km。

3. 千兆以太网应用实例

千兆以太网多用于提高交换机与交换机之间或交换机与服务器之间的连接带宽。在交换机之间增加一个千兆的连接会立即提升网络的带宽，10 Mbit/s 或 100 Mbit/s 交换机之间的千兆连接使网络可以支持更多的交换或共享式的 10 Mbit/s 或 100 Mbit/s 的网段。也可以通过在服务器中增加千兆位网卡，可以显著提升服务器与交换机之间的数据传输速率，如图 2-11 所示。

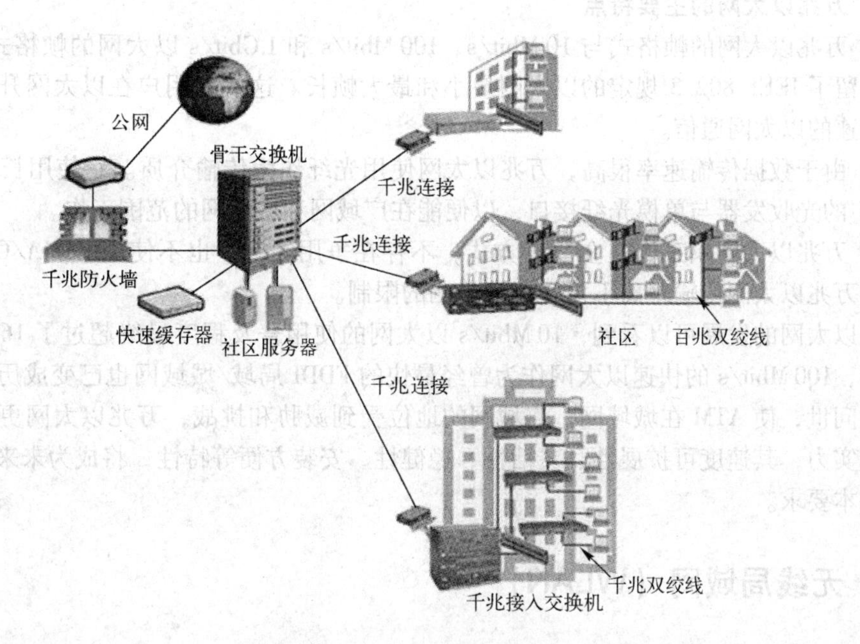

图 2-11 千兆以太网应用实例

2.3.4 万兆以太网

万兆以太网技术的研究始于 1999 年年底，后来 IEEE 制定了万兆以太网的标准 IEEE 802.3ae，即 10Gbit/s 以太网。

万兆以太网并非将千兆以太网的速率简单地提高 10 倍，其中有许多技术问题要解决。使用万兆以太网技术，不用路由器，即可建立覆盖直径 80 km 以内的城域网，连接多个企业网、园区网。目前，局域网这一级几乎完全是以太网，但骨干网、传输网却完全被同步光纤网和同步数字序列占领，若在汇聚层乃至骨干层统一使用以太网技术，能大大降低网络成本，使网络简化，提高网络可扩展性，消除网络层次，简化管理，使网络扩容变得较为容易。

1. 万兆以太网的主要技术

1）全双工通信方式，不存在争用问题，摆脱了 CSMA/CD 的距离限制。

2）定义了局域网和广域网的物理层，广域网物理层中兼容 SONET/SDH。

3）帧格式与以前的以太网相同，大大地提高了带宽利用率。

4）传输介质使用光纤，在物理层定义了 5 种连接方式，见表 2-2。

表 2-2 万兆以太网连接方式

接口类型	光纤类型	传输距离	应用领域
850 nm LAN 接口	50/125 μm 多模	65 m	数据中心、存储网络
1310 nm 宽频波分复用 LAN 口	62.5/125 μm 多模	300 m	企业网、园区网
1310 nm WAN 接口	单模	1000 m	城域网、园区网
1550 nm LAN 接口	单模	4000 m	城域网、园区网
1550 nm WAN 接口	单模	4000 m	城域网、广域网

2. 万兆以太网的主要特点

1）万兆以太网的帧格式与 10 Mbit/s、100 Mbit/s 和 1 Gbit/s 以太网的帧格式完全相同，并且保留了 IEEE 802.3 规定的以太网最小和最大帧长。这就使用户在以太网升级后，仍然能和低速的以太网通信。

2）由于数据传输速率很高，万兆以太网使用光纤作为传输介质。它使用长距离（超过 40 km）的光收发器与单模光纤接口，以便能在广域网和城域网的范围工作。

3）万兆以太网只工作在全双工方式，不存在争用问题，也不使用 CSMA/CD 协议。这就使得万兆以太网传输距离不再受碰撞检测的限制。

从以太网的发展可以看到，10 Mbit/s 以太网的使用普及程度最终超过了 16 Mbit/s 的令牌环网，100 Mbit/s 的快速以太网作为曾经最快的 FDDI 局域/城域网也已变成历史，千兆以太网的问世，使 ATM 在城域网、广域网的地位受到威胁和挑战，万兆以太网更加证明了以太网的实力，其速度可扩展性、灵活性、稳健性、安装方便等特性，将成为未来网络技术发展的基本要求。

2.4 无线局域网（WLAN）

无线局域网是计算机网络与无线通信技术相结合的产物，是实现移动网络的关键技术之一。它既可以满足各类便携机的入网要求，也可以实现计算机局域网互连、远端接入等多种功能，为用户提供了方便。

无线局域网是指以无线电波、激光、红外线等无线媒介来代替有线局域网中的部分或全部传输媒介而构成的网络。它不仅可以作为有线数据通信的补充和延伸，而且还可以与有线网络环境互为备份。

2.4.1 WLAN 协议标准

由于 WLAN 是基于计算机网络与无线通信技术，在计算机网络结构中，逻辑链路控制子层及其之上的应用层对不同的物理层的要求可以是相同的，也可以是不同的，因此，WLAN 标准主要是针对物理层和介质访问控制子层，涉及所使用的无线频率范围、空中接口通信协议等技术规范与技术标准。

图 2-12 给出了 IEEE 802.11 工作组开发的 WLAN 基本结构模型。无线局域网的最小构成模块是基本服务集（Basic Service Set，BSS），它包括使用相同 MAC 协议的站点。一个 BSS 可以是独立的，也可以通过一个访问点连接到主干网上，访问点的功能就像一个网桥。

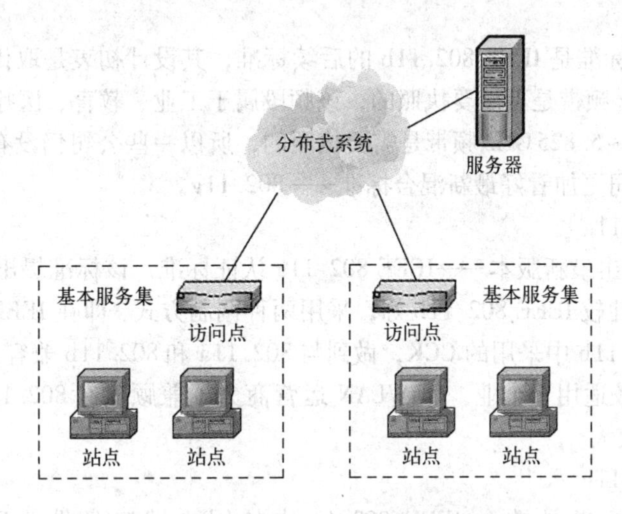

图 2-12　IEEE 802.11 基本结构模型

1. IEEE 802.11X 系列标准

(1) IEEE 802.11

1990 年，IEEE 802 标准化委员会成立 IEEE 802.11WLAN 标准工作组。IEEE 802.11 是在 1997 年 6 月由大量的局域网以及计算机专家审定通过的标准，该标准定义物理层和介质访问控制规范。物理层定义了数据传输的信号特征和调制，定义了两个 RF 传输方法和一个红外线传输方法，RF 传输标准是跳频扩频和直接序列扩频，工作在 2.4000 ~ 2.4835 GHz 频段。

IEEE 802.11 是 IEEE 最初制定的一个无线局域网标准，主要用于解决办公室局域网和校园网中用户与用户终端的无线接入问题。业务主要限于数据访问，传输速率最高只能达到 2 Mbit/s。由于它在传输速率和传输距离上都已不能满足人们的需要，所以 IEEE 802.11 标准被 IEEE 802.11b 取代了。

（2）IEEE 802.11b

1999 年 9 月 IEEE 802.11b 被正式批准。该标准规定 WLAN 工作频段在 2.4 ~ 2.4835 GHz，数据传输速率达到 11 Mbit/s，传输距离控制在 15 ~ 50 m。该标准是对 IEEE 802.11 的一个补充，采用补偿编码键控调制方式，采用点对点模式和基本模式，在数据传输速率方面可以根据实际情况在 11 Mbit/s、5.5 Mbit/s、2 Mbit/s、1 Mbit/s 的不同速率间自动切换，它改变了 WLAN 设计状况，扩大了 WLAN 的应用领域。

IEEE 802.11b 已成为当前主流的 WLAN 标准，被多数厂商采用，推出的产品广泛应用于办公室、家庭、宾馆、车站、机场等众多场合。

（3）IEEE 802.11a

1999 年，IEEE 802.11a 标准制定完成，该标准规定 WLAN 工作频段在 5.15 ~ 5.825 GHz，数据传输速率达到 54 Mbit/s 和 72 Mbit/s，传输距离控制在 10 ~ 100 m。该标准也是 IEEE 802.11 的一个补充，扩充了标准的物理层，采用正交频分复用的独特扩频技术，采用 QFSK 调制方式，可提供 25 Mbit/s 的无线 ATM 接口和 10 Mbit/s 的以太网无线帧结构接口，支持多种业务如语音、数据和图像等，一个扇区可以接入多个用户，每个用户可带多个用户终端。

IEEE 802.11a 标准是 IEEE 802.11b 的后续标准，其设计初衷是取代 802.11b 标准，然而，工作于 2.4 GHz 频带是不需要执照的，该频段属于工业、教育、医疗等专用频段，是公开的，工作于 5.15 ~ 5.825 GHz 频带是需要执照的，所以一些公司仍没有表示对 802.11a 标准的支持，一些公司更加看好最新混合标准——802.11g。

（4）IEEE 802.11g

目前，IEEE 推出最新版本——IEEE 802.11g 认证标准，该标准提出拥有 IEEE 802.11a 的传输速率，安全性较 IEEE 802.11b 好，采用两种调制方式，即在 IEEE 802.11a 中采用的 OFDM 与 IEEE 802.11b 中采用的 CCK，做到与 802.11a 和 802.11b 兼容。

虽然 802.11a 较适用于企业，但 WLAN 运营商为了兼顾现有 802.11b 设备投资，选用 802.11g 的可能性较大。

（5）IEEE 802.11i

IEEE 802.11i 标准是结合 IEEE 802.1x 中的用户端口身份验证和设备验证，对 WLAN MAC层进行修改与整合，定义了严格的加密格式和鉴权机制，以改善 WLAN 的安全性。IEEE 802.11i 新修订标准主要包括两项内容：“Wi - Fi 保护访问”（Wi - Fi Protected Access，WPA）技术和“强健安全网络”（RSN）。Wi - Fi 联盟计划采用 802.11i 标准作为 WPA 的第二个版本，并于 2004 年初开始实行。

IEEE 802.11i 标准在 WLAN 建设中是相当重要的，数据的安全性是 WLAN 设备制造商和 WLAN 网络运营商应该首先考虑的问题。

（6）IEEE 802.11e/f/h

IEEE 802.11e 标准对 WLAN MAC 层协议提出改进，以支持多媒体传输及所有 WLAN 无线广播接口的服务质量（QoS）保证机制。

IEEE 802.11f，定义访问结点之间的通信，支持 IEEE 802.11 的接入点互操作协议（IAPP）。

IEEE 802.11h 用于 802.11a 的频谱管理技术。

2. HomeRF 标准

HomeRF 工作组是由美国家用射频委员会于 1997 年成立的，其主要工作任务是为家庭用户建立具有互操作性的语音和数据通信网，2001 年 8 月推出 HomeRF 2.0 版，集成了语音和数据传送技术，工作频段在 10 GHz，数据传输速率达到 10 Mbit/s，在 WLAN 的安全性方面主要考虑访问控制和加密技术。

HomeRF 是针对现有无线通信标准的综合和改进：当进行数据通信时，采用 IEEE 802.11 规范中的 TCP/IP 传输协议；进行语音通信时，则采用数字增强型无线通信标准。

3. 中国 WLAN 规范

中华人民共和国原信息产业部制定了 WLAN 的行业配套标准，包括《公众无线局域网总体技术要求》和《公众无线局域网设备测试规范》。该配套标准涉及的技术体制包括 IEEE 802.11X 系列和 HIPERLAN2。原信息产业部通信计量中心承担了相关标准的制定工作，并联合设备制造商和国内运营商进行了大量的试验工作。

此外，由原信息产业部科技司批准成立的“中国宽带无线 IP 标准工作组”在移动无线 IP 接入、IP 的移动性、移动 IP 的安全性、移动 IP 业务等方面进行标准化工作。2003 年 5 月，国家首批颁布了由中国宽带无线 IP 标准工作组负责起草的 WLAN 两项国家标准：《信息技术系统间远程通信和信息交换局域网和城域网特定要求第 11 部分：无线局域网媒体访问控制和物理层规范》、《信息技术系统间远程通信和信息交换局域网和城域网特定要求第 11 部分：无线局域网媒体访问控制和物理层规范：2.4 GHz 频段较高速物理层扩展规范》。这两项国家标准所采用的依据是 ISO/IEC8802.11 和 ISO/IEC8802.11b，两项国家标准的发布，将规范 WLAN 产品在我国的应用。

2.4.2 WLAN 结构分析

WLAN 有 3 种网络类型：对等网络、基础结构网络和中继结构网络。

1. 对等网络

对等网络由一组带无线接口卡的计算机组成。这些计算机以相同的工作组名、服务区别号（ESSID）和密码等对等的方式相互直接连接，在 WLAN 的覆盖范围内，进行点对点与点对多点之间的通信。

2. 基础结构网络

在基础结构网络中，具有无线接口卡的无线终端以无线接入点 AP 为中心，通过无线网桥（AB）、无线接入网关（AG）、无线接入控制器（AC）和无线接入服务器（AS）等将无线局域网与有线网网络连接起来，以星形拓扑为基础，可以组建多种复杂的无线局域网并接入网络，实现无线移动办公的接入。

3. 中继结构网络

中继结构是建立在基础结构网络之上的，是两个访问结点之间点对点的连接，由于独享信道，比较适合于两个局域网的远距离互连。在这种模式下，MAC 帧使用 4 个地址，即源地址、目的地址、中转发送地址和中转接收地址。

在上述 3 种网络类型中，基础结构和中继结构网络支持 TCP/IP 和 IPX 等多种网络协议，是 IEEE 802.11 重视且极力推广的无线网络主要的应用方式。

2.4.3 WLAN的实现

1. 无线局域网的组网器件

（1）无线网卡

无线网卡同有线网络中的网卡一样，是接入无线局域网的重要硬件设备。它提供与有线网卡一样丰富的系统接口，包括PCMCIA、Cardbus、PCI和USB等。在有线局域网中，网卡是网络操作系统与网线之间的接口。在无线局域网中，它们是操作系统与天线之间的接口，用来创建透明的网络连接。

（2）接入点（AP）

接入点的作用相当于局域网集线器。它在无线局域网和有线网络之间接收、缓冲存储和传输数据，以支持一组无线用户设备。接入点通常是通过标准以太网线连接到有线网络上，并通过天线与无线设备进行通信。在有多个接入点时，用户可以在接入点之间切换。接入点的有效范围是20~500m。根据技术、配置和使用情况，一个接入点可以支持15~250个用户，通过添加更多的接入点，可以比较轻松地扩充无线局域网，从而减少网络拥塞并扩大网络的覆盖范围。如图2-13所示为一个小型办公网使用的USB无线接入点。

图2-13 USB无线接入点

2. 无线局域网的传输介质

IEEE 802.11标准定义了3种物理传输介质。

1）数据传输速率为1Mbit/s和2Mbit/s，波长在850~950nm之间的红外线。

2）运行在2.4GHz ISM频带上的直接序列扩展频谱。它能够使用7条信道，每条信道的数据传输速率为1Mbit/s或2Mbit/s。

3）运行在2.4GHz ISM频带上的跳频的扩频通信，数据传输速率为1Mbit/s或2Mbit/s。IEEE 802.11采用分布式基础无线网的介质访问控制方法。IEEE 802.11协议的介质访问控制（MAC）层又分为两个子层：分布式协调功能子层与点协调功能子层。

3. 搭建家庭无线局域网方案

无线AP的加入，丰富了组网的方式，并在功能及性能上满足了家庭无线组网的各种需求。WLAN技术的发展，令AP已不再是单纯的连接“有线”与“无线”的桥梁。带有各种附加功能的产品层出不穷，这就给目前多种多样的家庭宽带接入方式提供了有力的支持。以下介绍家庭无线局域网的组网方案。

(1) 方案一：普通电话线拨号上网

如果家庭采用 Modem 拨号上网方式，无线局域网的组建必须依靠两台以上装备了无线网卡的计算机完成，如图 2-14 所示，因为目前还没有自带普通 Modem 拨号功能的无线 AP 产品。其中一台计算机充当网关，用来拨号，其他的计算机则通过接收无线信号来达到“无线”的目的。在这种方式下，如果计算机的数量只有两台，无线 AP 可以省略，两台计算机的无线网卡直接相连即可连通局域网。当然，网络的共享还需在接入 Internet 的那台计算机上安装 WinGate 等网关类软件。这种无线局域网的组建与有线网络非常相似，都是用一台计算机作为网关，唯一的不同就是用无线传输替代了传统的有线传输。

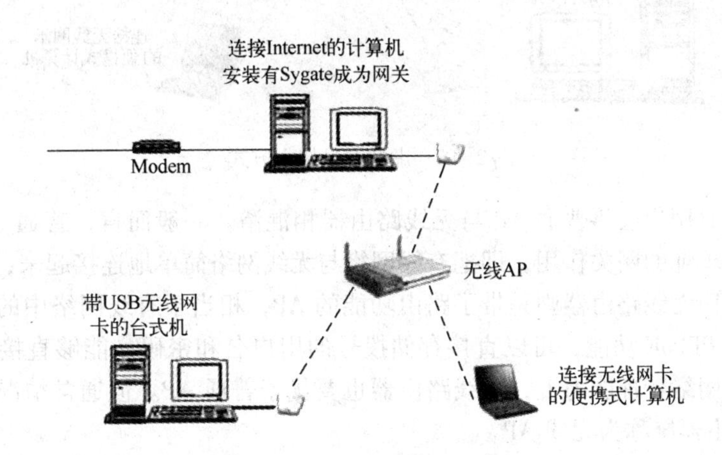

图 2-14　传统 Modem 接入方式

(2) 方案二：以太网宽带接入

以太网宽带接入方式是目前许多居民小区所普遍采用的，其方式为所有用户都通过一条主干线接入 Internet，每个用户均配备个人的私有 IP 地址，用户只需将小区所提供的接入端插入计算机中，设置好小区所分配的 IP 地址、网关及 DNS 后即可连入 Internet，如图 2-15 所示。这种接入方式的过程十分简单，一般情况下只需将 Internet 接入端插入 AP 中，设置无线网卡为“基站模式”，分配好相应的 IP 地址、网关、DNS 即可。

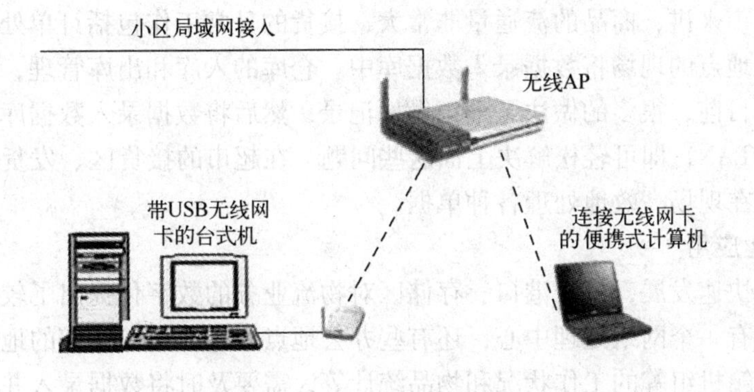

图 2-15　以太网接入方式

(3) 方案三：虚拟拨号方式

这类宽带的接入方式与以太网宽带非常类似，ISP 将网线直接连接到用户家中。不同的是用户需要用虚拟拨号软件进行拨号，从而获得公有 IP 地址方可连接 Internet。对于这种宽带接入方式，最理想的无线组网方案是采用一个无线路由器作为网关进行虚拟拨号，如图 2-16所示，所有的无线终端都通过它来连接 Internet，使用起来十分方便。

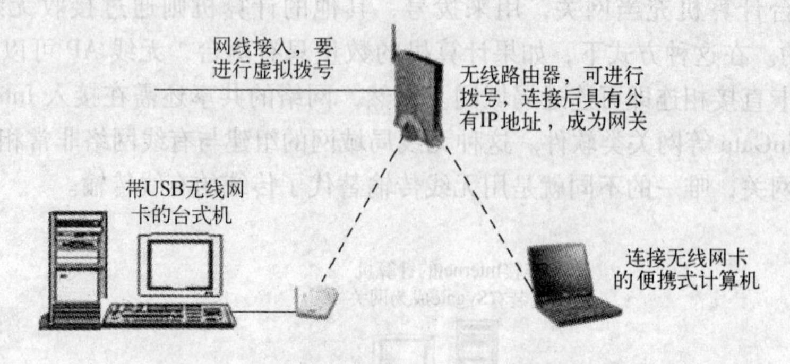

图 2-16　虚拟拨号接入方式

通常在选购时用户会将普通 AP 与无线路由器相混淆。一般而言，普通 AP 没有路由功能，它只能起到单纯的网关作用，即把有线网络与无线网络简单地连接起来，其本身也不带交换机的功能。而无线路由器则是带了路由功能的 AP，相当于有线网络中的交换机，并且带有虚拟拨号的 PPPoE 功能，可以直接存储拨号的用户名和密码，能够直接和 DSL Modem 连接。另外，在网络管理能力上，无线路由器也要优于普通 AP。但通常情况下，人们把普通 AP 和无线路由器统称为无线 AP。

2.4.4　WLAN 的应用

作为有线网络的无线延伸，WLAN 可以广泛应用在生活社区、游乐园、旅馆、机场车站等区域以实现上网功能；可以应用在校园、企事业等单位实现移动办公，方便开会及上课等；可以应用在医疗、金融证券等方面，实现医生在路途中网上诊断，实现金融证券室外网上交易。对于难于布线的环境，如老式建筑、沙漠区域等，对于频繁变化的环境，如各种展览大楼；对于临时需要的宽带接入，流动工作站等，建立 WLAN 是理想的选择。

1. 销售行业应用

对于大型超市来讲，商品的流通量非常大，接货的日常工作包括订单处理、送货单、入库等需要在不同地点的现场将数据录入数据库中。仓库的入库和出库管理，物品的搬动，数据在不断变化，目前，很多的做法是手工做好记录，然后将数据录入数据库中，这样费时而且易错，采用 WLAN，即可轻松解决上面这些问题。在超市的接货区、发货区、仓库等中利用 WLAN，可以在现场高效地处理各种单据。

2. 物流行业应用

随着经济的快速发展，各个港口、存储区对物流业务的数字化提出了较高的要求。一个物流公司一般都有一个网络处理中心，还有些办公地点分布在比较偏僻的地方，对于那些传输车辆、装卸装箱机组等的工作状况和物品统计等，需要及时将数据录入并传输到网络处理中心。部署 WLAN 是现代物流业发展过程中必不可少的基础设施。

3. 电力行业应用

WLAN 能对遥远的变电站进行遥测、遥控、遥调。WLAN 能监测并记录变电站的运行情况，给中心监控机房提供实时的监测数据，也能够将中心机房的调控命令传入到各个变电站。

4. 服务行业应用

由于PC的移动终端化、小型化，在服务行业的应用也在不断扩大。一个旅客在进入一个酒店的大厅时想要及时处理邮件，这时酒店大堂的Internet WLAN接入是必不可少的；客房Internet无线上网服务也是需要的，尤其是星级比较高的酒店，客人可能在床上躺着上网，希望无线上网无处不在。由于WLAN的移动性、便捷性等特点，受到了一些大中型酒店的青睐。

5. 教育行业应用

WLAN可以让教师和学生在教学过程中保持互动。学生可以在教室、宿舍、图书馆利用移动终端机向老师问问题、提交作业；教师可以利用WLAN给学生上辅导课。WLAN可以成为一种多媒体教学的辅助手段。

6. 证券行业应用

WLAN能够让用户随时查看行情，随时进行交易。

7. 展厅应用

一些大型展览的展厅内，一般都有WLAN，服务商、参展商、客户走入大厅内可以随时接入Internet。WLAN的可移动性、可重组性、灵活性为会议厅和展会中心等具有临时租用性质的服务行业提供了盈利的无限空间。

8. 中小型办公室/家庭办公应用

WLAN可以让人们在中小型办公室或者家里任意的地方上网办公，收发邮件，随时随地可以连接上Internet。有了WLAN，人们的自由空间增大了。

9. 企业办公楼之间办公应用

对于一些中大型企业，有一个主办公楼，还有其他附属的办公楼，楼与楼之间、部门与部门之间需要通信，如果搭建有线网络，需要支付较高的月租费和维护费，而WLAN不需要花费很高，也不需要综合布线，一样能够实现有线网络的功能。

2.5 交换式局域网

从介质访问控制方法的角度划分，可以把局域网分为共享介质局域网和交换式局域网两种。在共享介质局域网中，所有结点共享一条公共的通信传输介质，平均分配整个带宽。随着网络规模的扩大，网络中结点数不断增加，每个结点平均分配得到的带宽将越来越少。同时，由于网络负荷的加重，冲突与重发现象将大量出现，网络性能将急剧下降。为了克服网络规模和网络性能之间的矛盾，人们提出将共享介质改为交换方式，从而促进了交换式局域网的发展。

2.5.1 交换式局域网的提出

交换式局域网是相对于共享介质局域网而言的。交换技术在高性能局域网实现技术中占据了重要的地位。

在传统的共享介质局域网中，所有结点共享一条共用传输介质，因此不可避免地会发生冲突。随着局域网规模的扩大，网络中结点数量不断增加，网络通信负荷加重，网络效率就会急剧下降。随着网络技术在现阶段的迅速发展，传统的基于共享的局域网络已不能满足用户对带宽的要求，共享介质局域网的特点使网络带宽“瓶颈”的状况日趋明显。为了解决网络规模与网络性能之间的矛盾，人们提出将共享介质方式改为交换方式，这就导致了交换式局域网的发展。交换式局域网的核心部件是交换机。

交换技术是近年来迅速发展起来的一种网络技术，它的出现为虚拟局域网（VLAN）的实现奠定了坚实的基础。局域网交换技术使用户可以用快速的交换机替代传统的路由器，并且代替了人们早已熟知的共享型介质。早期的交换机只是划分了冲突域，避免了信道冲突，但所有的设备仍然是属于同一个广播域，也就是属于同一个逻辑子网，大量的广播信息所带来的带宽消耗和网络延迟对用户的影响不容忽视。因此，在这种以交换为主的网络里，路由器在定义广播域的方面仍然发挥着主要作用。

2.5.2 交换式局域网的结构与特点

1. 交换式局域网的基本结构

交换式局域网的核心设备是局域网交换机。交换机的每个端口都能独享带宽，所有端口能够同时进行并发通信，并且能在全双工模式下提供双倍的传输速率。某学校交换式局域网示意图如图 2-17 所示。

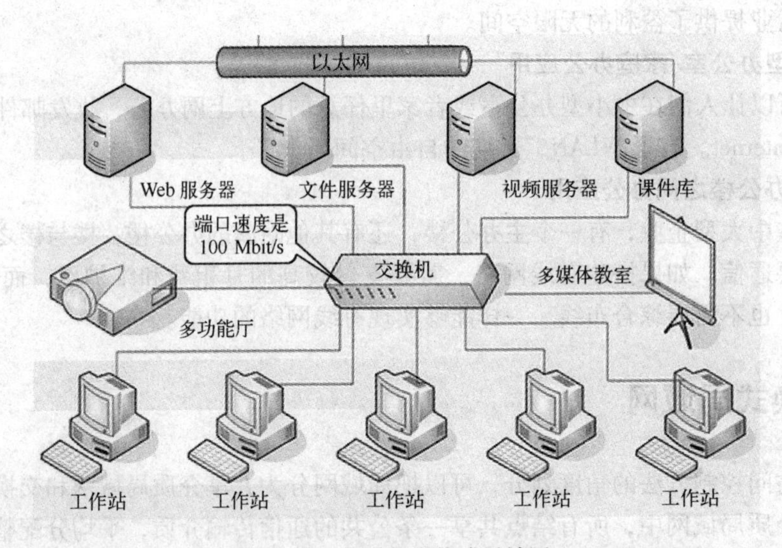

图 2-17 某学校交换式局域网

2. 交换式局域网的特点

与传统的共享介质局域网相比，交换式局域网具有如下特点：

（1）独占信道，独享带宽

交换式局域网的总带宽通常为交换机各个端口带宽之和，其随着用户数的增多而增加，即使在网络负荷很重时一般也不会导致网络性能下降。

（2）多对结点之间可以同时进行通信

在共享介质局域网中，任何时候只能一个结点占用信道，而交换式局域网允许接入的多个结点间同时建立多条链路，同时进行通信，大大提高了网络的利用率。

（3）端口速度配置灵活

由于结点独占信道，用户可以按需要配置端口速度，可以配置 10 Mbit/s、100 Mbit/s 或 10/100 Mbit/s 自适应。这在共享介质局域网中是不可能实现的。

（4）便于网络管理和均衡负载

使用共享介质局域网时，不同网段、不同位置的终端一般不能组成一个工作组以方便进行通信，需要通过网桥、路由器等交换数据，网络管理很不方便。在交换式局域网中，可以采用虚拟局域网（VLAN）技术将不同网段、不同位置的结点组成一个逻辑工作组，其中的结点的移动或撤离只需软件设定，可以方便管理网络用户，合理调整网络负载的分布。

（5）兼容原有网络

交换技术是基于以太网的，因此不必淘汰原有的网络设备，从而有效地保护了用户的投资利益，实现与以太网、快速以太网的无缝连接。

2.5.3 交换式局域网的工作原理

交换在通信中是至关重要的，无论是广域网还是局域网在组网时都离不开交换机。本节主要讨论以太网交换机的工作过程。以太网交换机可以通过交换机端口之间的多个并发连接，实现多结点之间数据的并发传输。这种并发数据传输方式与共享式以太网在某一时刻只允许一个结点占用共享信道的方式完全不同。

一个典型的交换式以太网的结构和工作过程如图 2-18 所示。图 2-18 中的交换机有 6 个端口，其中端口 1、5、6 分别与结点 A、结点 D 和结点 E 相连。结点 B 和结点 C 以共享式以太网连入交换机端口 3。于是，交换机“端口——MAC 地址映射表”就可以根据以上端口与结点 MAC 地址建立对应关系。端口——MAC 地址映射表见表 2-3。

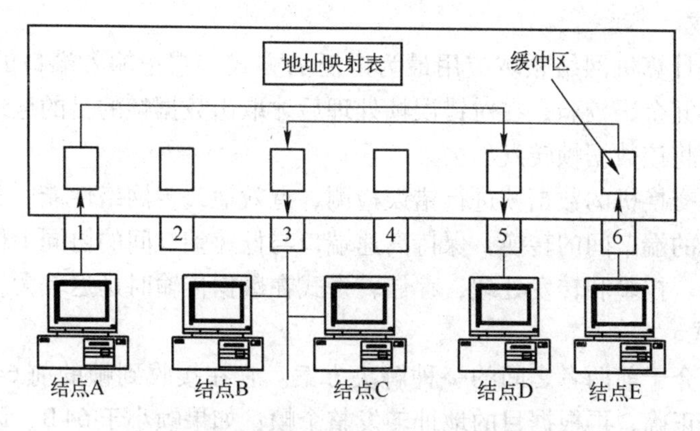

图 2-18 交换式以太网的工作过程

表 2-3 端口——MAC 地址映射表

端　　口	MAC 地址	计　　时
1	00 - 3D - 78 - 12 - 6h - 12（结点 A）	300s

（续）

端　口	MAC 地址	计　时
3	00-a1-7d-56-36-81（结点 B）	300s
3	00-c0-78-9a-39-01（结点 C）	300s
5	00-b0-98-ba-7c-6d（结点 D）	300s
6	00-9b-3c-27-04-19（结点 E）	300s

当一个结点向另一结点发送信息时，交换机根据目的结点的 MAC 地址来查找地址映射表，找到目的结点的端口号，将信息送至相应的端口。交换机可以同时建立多条不同端口之间的连接，如图 2-18 中的端口 1 到端口 5、端口 6 到端口 3。这样，交换机建立了两条并发的连接。结点 A 和结点 E 可以同时发送信息，结点 D 和接入交换机端口 3 的以太网可以同时接收信息。根据需要，交换机的各端口之间可以建立多条并发连接。交换机利用这些并发连接，对通过交换机的数据信息进行转发和交换。

2.5.4　交换式局域网的交换方式

交换机除了尽可能快地建立连接并进行通信外，还要进行差错检测。目前，交换机通常采用的交换方式有 3 种：直通式、存储转发式和碎片隔离式。

1. 直通式

直通式的以太网交换机可以理解为在各端口间由纵横交叉的交换矩阵构成。它在输入端口检测到一个数据帧时，只对帧头进行检查，取出该帧的目的地址后，启动内部的地址表找到相应的输出端口，在输入与输出交叉处接通，把数据帧直接送到相应的输出端口，实现交换功能。由于不需要存储，直通式延迟非常小，交换非常快。其缺点是，因为数据帧没有被存储下来，无法提供错误检测能力，可能把错误帧转发出去。更重要的是由于没有缓存，不能将具有不同传输速率的输入/输出端口直接接通，而且容易丢帧。

2. 存储转发式

存储转发式是计算机网络领域应用最为广泛的方式。它把输入端口的数据帧先存储起来，然后进行循环冗余码校验，在对错误帧处理后才取出数据帧的目的地址，通过查找地址表找到输出端口后将该数据帧转发出去。

它可以对进入交换机的数据帧进行错误检测，有效地改善网络性能。尤其重要的是，它可以支持不同速率的端口间的转换，保持高速端口与低速端口间的协同工作。但是由于需要对数据帧进行存储、校验和转发处理，存储转发式在数据传输时延迟较大。

3. 碎片隔离式

碎片隔离式是介于前两者之间的一种解决方案。它在接收到帧的前 64 B 时就对它们进行错误检查，如果正确，再根据目的地址转发整个帧：如果帧小于 64 B，说明是假帧，则丢弃该帧。这样有效避免碰撞碎片在网络中的传播，从而在很大程度上提高网络的传输效率。

它的数据处理速度比存储转发式快，比直通式稍慢，但由于能够避免残帧的转发，因此被广泛用于低档交换机中。

2.6 虚拟局域网（VLAN）

虚拟局域网并不是一种新的局域网类型，而是为用户提供的一种服务，是在交换技术基础上发展起来的。

2.6.1 VLAN 概述

1. 虚拟局域网的概念

虚拟局域网（Virtual Local Area Network，VLAN）是建立在交换技术上，通过网络管理软件构建的，可以跨越不同网段、不同网络的逻辑型网络。

在传统的局域网中，通常一个工作组在一个网段上，每个网段可以是一个逻辑工作组或子网。多个逻辑工作组之间通过实现互连的网桥或路由器来交换数据。如果一个逻辑工作组的结点要转移到另一个逻辑工作组时，就需要将结点计算机从一个网段撤出，连接到另一个网段上，甚至需要重新布线。因此，逻辑工作组就要受到结点所在网段的物理位置限制。

虚拟局域网建立在局域网交换机之上，以软件的方式来实现逻辑工作组的划分与管理。虚拟局域网把一台交换机的端口分割成为几个组，每个组就是一个逻辑工作组。同一逻辑工作组的结点可以分布在不同的物理段上，并且当一个结点从一个逻辑工作组转移到另一个逻辑工作组时，或者有新的结点加入，只需要通过软件进行简单设定即可。因此，逻辑工作组的结点组成不受物理位置限制，组建和更新方便灵活。由此可见，虚拟局域网技术是指网络中的各个结点可以不拘泥于各自所处的物理位置，而根据需要灵活地加入不同逻辑工作组的一种网络技术。

虚拟局域网采用的协议是 IEEE 802.1Q，目前已得到众多网络设备生产厂商的广泛支持。

2. 虚拟局域网的优点

（1）控制“广播风暴”

网络管理必须解决因大量广播信息带来的带宽消耗的问题。VLAN 作为一种网络分段技术，可将“广播风暴”限制在一个 VLAN 内部，避免影响其他网段。与传统局域网相比，VLAN 能够更加有效地利用带宽。在 VLAN 中，网络被逻辑地分割成广播域，由 VLAN 成员所发送的信息帧或数据包仅在 VLAN 内的成员之间传送，而不是向网络上的所有工作站发送。这样可减少主干网的流量，提高网络速度。

（2）增强网络安全性

共享介质局域网上的广播必然会产生安全性问题，因为网络上的所有用户都能监测到流经各自结点的数据包，用户只要插入任一活动端口就可访问网段上的广播包。采用 VLAN 提供的安全机制，可以限制特定用户的访问，控制广播组的大小和位置，甚至锁定网络成员的 MAC 地址，这样就限制了未经安全许可的用户和网络成员对网络的使用。

（3）网络管理简单、直观

采用 VLAN 技术，使用 VLAN 管理程序可对整个网络进行集中管理，能够更好地体现网络的管理性。用户可以根据业务需要快速组建和调整 VLAN。当链路拥挤时，利用管理程序能够重新分配业务。管理程序还能够提供有关工作组的业务量、广播行为及统计特性等的详细报告。对于网络管理员来说，所有这些网络配置和管理工作都是透明的。VLAN 变动时，用户无须了解网络的接线情况和协议是如何重新设置的。另外在使用 VLAN 划分后，也较好地解决了客户机随意使用 IP 地址的问题，因为某台计算机是属于某个特定的 VLAN 的，如果设置其他 VLAN 的 IP 地址，则是不能接入局域网的。

而对于采用虚拟局域网技术的网络来说，一个虚拟局域网可以根据部门职能、对象组或者应用将不同地理位置的网络用户划分为一个逻辑网段。在不改动网络物理连接的情况下可以任意地将工作站在工作组或子网之间移动。利用虚拟网络技术，大大减轻了网络管理和维护工作的负担，降低了网络维护费用。

3. 虚拟局域网的结构

虚拟局域网在功能、操作上与传统局域网基本相同，主要区别在于“虚拟”二字。它可以不受物理位置的束缚，将位于不同物理网段上的结点建立逻辑上的连接，使它们之间的通信如同在同一个局域网中一样。如图 2-19 所示为典型的虚拟局域网。

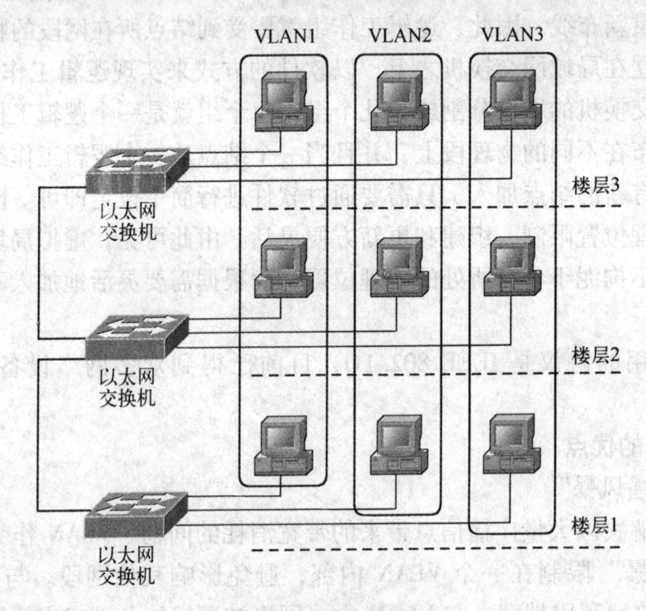

图 2-19　虚拟局域网

2.6.2　VLAN 的实现

1. 虚拟局域网实现的基本原则

1）考虑到交换机软件的兼容性，在整个局域网中应当尽量使用同一厂家的支持虚拟局域网的交换机。

2）为了实现网络的统一管理，在可以使用交换机的场合尽量使用交换机，并且尽可能地将计算机接入交换机的端口，而不是集线器或路由器端口。

3）在整个网络中，应尽量使用第三层以上的交换机来取代传统的路由器。这是由于实现路由功能，既可以采用路由器，也可以采用第三层交换机。只有这样，才能综合交换和路由这两种功能，才能既保证传统路由功能的实现，又实现了虚拟局域网的技术。

4）尽可能地使整个网络成为树形结构，以保证整个网络的层次性，以及虚拟局域网的物理连通性。

2. 虚拟局域网实现的方式

（1）静态实现

静态实现是指网络管理员将交换机端口分配给某一个虚拟局域网，这是一种最经常使用的配置方式，容易实现，而且比较安全。

（2）动态实现

在动态实现方式中，管理员必须先建立一个较复杂的数据库，例如，输入要连接的网络设备的MAC地址及相应的虚拟局域网号，这样当网络设备接到交换机端口时，交换机自动把这个网络设备所连接的端口分配给相应的虚拟局域网。动态虚拟局域网配置可以基于网络设备的MAC地址、IP地址或者所使用的协议，实现动态虚拟局域网时一般情况下使用管理软件来进行管理。

3. 虚拟局域网划分的基本方法

划分虚拟局域网的基本方法取决于虚拟局域网的划分策略。根据不同的划分策略，划分虚拟局域网的方法主要有4种。

（1）基于交换机端口号划分

这种划分是把一个或多个交换机上的几个端口划分为一个逻辑组，不用考虑该端口所连接的设备。此方法的优点是简单，缺点是如果虚拟局域网中的某一用户离开了原来的端口，到了一个新的交换机的端口，那么就必须重新定义。

（2）基于MAC地址划分

基于每个主机的MAC地址来划分，即对每个MAC地址的主机都配置它属于哪个组。此方法的优点是当用户从一个交换机换到其他的交换机时，虚拟局域网不用重新配置，所以可以认为这种方法是基于用户的虚拟局域网。缺点：在初始化时，所有的用户都必须进行配置，如果用户较多，配置工作非常繁重。而且这种划分方法也导致了交换机执行效率的降低，因为在每一个交换机的端口都可能存在很多个逻辑工作组的成员，这样就无法限制广播包了。

（3）基于网络层协议或地址划分

这种划分方法是根据每个主机的网络层地址或协议类型进行划分的，虽然这种划分方法根据网络地址，如IP地址，但它不是路由，所以没有RIP、OSPF等路由协议，而是根据生成树算法进行桥交换。此方法的优点是用户的物理位置如果改变了，不需要重新配置所属的虚拟局域网，而且可以根据协议类型来划分虚拟局域网，这对网络管理者来说很重要。缺点是效率低，因为检查每一个数据报的网络层地址是需要消耗处理时间的，一般的交换机芯片都可以自动检查网络上数据报的以太网帧头，但要让芯片能检查IP帧头，需要更高的技术，同时也更费时。

（4）基于IP组播组划分

IP组播实际上也是一种虚拟局域网的定义，即认为一个组播组就是一个虚拟局域网，这种方法将虚拟局域网扩大到广域网，因此具有更大的灵活性，而且也很容易通过路由器进行扩展。但是此方法效率不高，不适合局域网。

综上所述，有多种方法可以用来划分虚拟局域网。每种方法的侧重点不同，所达到的效果也不尽相同。鉴于当前虚拟局域网发展的趋势，考虑到各种划分方式的优缺点，许多厂家已经开始着手在各自的网络产品中融合众多划分虚拟局域网的方法，以便网络管理员能够根据实际情况选择一种最适合当前需要的途径。

2.6.3 VLAN的组建

1. 组建条件

（1）硬件方式

硬件方式可采用路由器和带VLAN口的交换机来实现。带VLAN口的交换机现在种类很多，使用、设计较简单。一般来说，带VLAN口的交换机的每一个端口都是一个VLAN口，在上传口接入Internet时，所有虚拟网都可以共享Internet。要在不同的虚拟网之间互相通信，可在交换机中加入路由模块，或者采用VLAN聚合，用交换机自带的管理程序，使多个虚拟局域网合并成一个虚拟局域网。

（2）软件方式

也可以利用Windows 2000操作系统，安装多网卡来实现。每块网卡可以组成一个虚拟局域网，通过Windows 2000路由设置可使网段之间能够通信，如果其中一块网卡接入Internet，则其余虚拟局域网可连接共享上网。

2. 可能出现的问题

1）终端用户设备到达非本地主机的需要。

2）不同VLAN主机间通信的需要。

当一台设备需要连接一台远程主机时，它会检查它的路由选择表以确定是否存在已知路径。如果这台远程主机属于一个已知如何到达的子网，则系统会检查它能否连接该接口。如果所有已知路径都不成功，系统还有最后一个选择：默认路由（Default Route）。该路由是一个特定类型的网关路由，而且通常在系统中是唯一的。在路由器上，一个默认路由在show iproute命令输出中由一个星号（*）指示。对于局域网上的主机而言，这个网关被设置为与外界直接相连的机器，而且也是工作站TCP/IP设置上显示的默认网关。如果为一台路由器配置的默认路由是作为通往公共Internet的网关，那么该默认路由指向一台Internet服务提供商结点的网关机器。

3. 解决方案

（1）寻找VLAN之间的路由

VLAN作为广播域，工作在OSI模型的第二层。不同VLAN中的设备即使物理地连在同一交换机上，也不会相互通信。VLAN作为广播域需要第三层的能力以实现相互通信。要实现VLAN之间的通信，可通过下列两种方式来实现：

1）外部路由器（用于小型网，网络投资较小）。

2）交换机内部路由处理器模块（用于第三层交换机，投资较大）。

（2）将物理接口划分为多个子接口

子接口是物理接口的一个逻辑接口。单个物理接口上可以存在多个子接口，每个子接口支持一个VLAN，并被分配一个IP地址，而且为了使同一个VLAN地址上多台设备进行通信，所有设备的IP地址还必须在同一网络或子网中。为了用子接口进行VLAN间的路由，必须为每个VLAN创建一个子接口。

2.7 蓝牙技术

随着移动办公的发展，各种移动办公设备、非 PC 类的智能设备涌入市场。如何让功能强大的便携式计算机、手机等移动办公设备与办公室里的台式机、打印机等固定设备连接起来使其能快速、方便地交换信息呢？这是本节将要介绍的内容。

蓝牙（Bluetooth）技术是解决上述问题的一种无线连接技术标准，其目的是让用户将移动设备和通信设备简单、快捷地连接，取代连接这些设备的电缆。1999 年 12 月，Bluetooth SIG 发布了 Bluetooth 1.0B 技术标准规范。

蓝牙技术是实现语音和数据传输的开放式全球规范，是一种低成本、短距离的无线链路，为固定和移动设备的通信环境建立一个特别连接。

2.7.1 蓝牙技术概述

蓝牙是一个开放性的、短距离无线通信技术标准，它可以用于在较小的范围内通过无线连接的方式实现固定设备以及移动设备之间的网络互连，可以在各种数字设备之间实现灵活、安全、低成本、小功耗的语音和数据通信。蓝牙技术可以方便地嵌入到单一的 CMOS 芯片中，因此它特别适用于小型移动通信设备。

1. 蓝牙系统的组成

蓝牙系统由天线单元、链路控制（固件）单元、链路管理（软件）单元和蓝牙软件（协议栈）单元等 4 个功能单元组成。

（1）天线单元

蓝牙要求其天线部分体积十分小巧、重量轻，因此，蓝牙天线属于微带天线。

（2）链路控制（固件）单元

在目前的蓝牙产品中，人们使用了 3 个 IC 分别作为连接控制器、基带处理器及射频传输/接收器，此外还使用了 30 ~ 50 个单独调谐元件。

（3）链路管理（软件）单元

链路管理软件模块携带了链路的数据设置、鉴权、链路硬件配置和其他一些协议。它能够发现其他远端管理单元并通过键链路管理协议与之通信。

（4）蓝牙软件（协议栈）单元

蓝牙的软件单元是一个独立的操作系统，不与任何操作系统捆绑，它符合已经制定好的蓝牙规范。蓝牙系统的通信协议大部分可用软件来实现，加载到 Flash RAM 中即可进行工作。蓝牙协议可分为 4 层，即核心协议层、电缆替代协议层、电话控制协议层和采纳的其他协议层。

2. 蓝牙系统的技术特点

从目前的应用来看，由于蓝牙体积小、功率低，其应用已不局限于计算机外设，几乎可以被集成到任何数字设备之中，特别是那些对数据传输速率要求不高的移动设备和便携设备。蓝牙技术的特点可归纳为如下几点：

（1）全球范围适用

蓝牙工作在 2.4 GHz 的 ISM 频段，全球大多数国家或地区 ISM 频段的范围是 2.4 ~ 2.4835 GHz，使用该频段无须向相关的无线电资源管理部门申请许可证。

(2) 同时可传输语音和数据

蓝牙采用电路交换和分组交换技术，支持异步数据信道、三路语音信道以及异步数据与同步语音同时传输的信道。

(3) 可以建立临时性的对等连接

根据蓝牙设备在网络中的角色，可分为主设备（Master）与从设备（Slave）。主设备是组网连接主动发起连接请求的蓝牙设备，几个蓝牙设备连接成一个皮网（Piconet）时，其中只有一个主设备，其余的均为从设备。皮网是蓝牙最基本的一种网络形式，最简单的皮网是一个主设备和一个从设备组成的点对点的通信连接。

通过时分复用技术，一个蓝牙设备便可以同时与几个不同的皮网保持同步，具体来说，就是该设备按照一定的时间顺序参与不同的皮网，即某一时刻参与某一皮网，而下一时刻参与另一个皮网。

(4) 具有很好的抗干扰能力

工作在 ISM 频段的无线电设备有很多种，如家用微波炉、无线局域网产品等，为了很好地抵抗来自这些设备的干扰，蓝牙采用了跳频方式来扩展频谱，将 2. 40 ~ 2. 48 GHz 频段分成 79 个频点，相邻频点间隔 1 MHz。蓝牙设备在某个频点发送数据后，再跳到另一个频点发送，而频点的排列顺序则是随机的，每秒钟频率改变 1600 次，每个频率持续 625 μs。

(5) 蓝牙模块体积很小、便于集成

由于个人移动设备的体积较小，嵌入其内部的蓝牙模块体积就应该更小，如爱立信公司的蓝牙模块 ROK101008 的尺寸仅为 32. 8 mm × 16. 8 mm × 2. 95 mm。

(6) 低功耗

蓝牙设备在通信连接状态下，有 4 种工作模式：激活（Active）模式、呼吸（Sniff）模式、保持（Hold）模式和休眠（Park）模式。Active 模式是正常的工作状态，另外 3 种模式是为了节能目的所规定的低功耗模式。

(7) 开放的接口标准

SIG 为了推广蓝牙技术的使用，将蓝牙的技术标准全部公开，全世界范围内的任何单位和个人都可以进行蓝牙产品的开发，只要最终通过 SIG 的蓝牙产品兼容性测试，就可以推向市场。

(8) 成本低

随着市场需求的扩大，各个供应商纷纷推出自己的蓝牙芯片和模块，蓝牙产品价格逐步下降。

2. 7. 2　蓝牙技术应用

蓝牙技术能够在短时间内在世界范围内成为标准，主要原因在于它不仅可以让许多种智能设备无线互连，可以传输文件、支持语音通信，可以建立数据链路等，它还有更多的应用。

1. 为局域设备提供互连

在一个皮网中，蓝牙能够对 8 个接收器进行同步互连。使用蓝牙技术通信的设备可以发送和接收传输速率为 1 Mbit/s 的数据。但是实际上当允许多个应用设备进行同步通信时，数据传输速率会在某种程度上降低。不在皮网中的蓝牙设备，将持续监听其他蓝牙设备的动向，当它们足够接近成为皮网的一部分时，它们将确定本身，如果需要，其他的设备可以与其通信。

2. 支持多媒体终端

3G 终端提供接口接收多种格式的信息和通信，如 Web 浏览、电子邮件发送和接收、视频和语音等，使它成为真正的多媒体终端。语音仍是通信的主要形式，在蓝牙规范中对此提供了特别支持，支持 64 Kbit/s 的高质量演说信道。随着支持分组包数据和演说的能力不断提高（如果需要可以同时进行），蓝牙可以为这些多媒体应用提供完全的局域支持。蓝牙收发器可以支持多个数据连接并可同时达到 3 个语音连接，为 3 个手持无绳多媒体/互连系统提供完全的功能。

3. 家庭网络

在一个典型的家庭中，有各种形式的娱乐设备（电视、VCR），不同来源的主题信息（报纸、杂志）和厨房中的功能性设备（烤箱、微波炉、冰箱）。虽然这些目前没有办法相互连接，但可以设想将其与蓝牙设备组成宽松的连接，不管这些设备在哪里，它们的控制和接入将成为用户应用的核心。

2.8 本章实训

实训 1 局域网连接 Internet

【实训目的】

1）掌握局域网接入 Internet 的几种方式。

2）了解常用的几种接入方式的接入方法。

【实训环境】

已经接入 Internet 的家庭及小型办公局域网，以及学校机房、校园网环境。

【实训内容】

Internet 接入服务是指利用接入服务器和相应的软硬件资源，以及公用电信基础设施，将所建立的业务结点与 Internet 骨干网相连接，以便为各类用户提供接入 Internet 的服务。目前，Internet 接入技术主要有以下几种。

1）数字用户线（xDSL）又叫做数字用户环路。非对称数字用户线（ADSL）技术是 xDSL 技术中应用最为普遍的一种。

2）Cable Modem 是利用现成的有线电视（CATV）网络进行数据传输的一种数字网络接入技术，随有线电视一起提供。

3）光纤技术接入（Fiber To The x，FTTx）+LAN 是一种利用光纤和双绞线组合方式实现 Internet 接入的方案。这种方式适用于大中型规模局域网。

4）无线接入技术主要有无线局域网（WLAN）接入和无线城域网（WMAN）接入。WiFi 联盟是致力于 WLAN 推广应用的组织，时下已成为 WLAN 接入技术的代名词。

实训 2 局域网共享 Internet 连接

【实训目的】

1）了解局域网共享 Internet 连接的几种技术。

2）掌握几种共享技术的相关名词和原理方法。

【实训环境】

已经接入 Internet 的家庭及小型办公局域网，以及学校机房、校园网环境。

【实训内容】

1）网络地址转换（NAT）是通过把内部私有 IP 地址翻译成合法的公网 IP 地址，使一个整体机构以一个公用 IP 地址出现在 Internet 上，从而解决了 Internet 地址资源紧缺的问题。

2）代理服务器是在局域网内提供 Internet 相应服务代理的主机。可供选择的代理服务器软件有 Windows 系统 Internet 连接共享（ICS）、Windows Server 系统路由和远程访问服务、SyGate 或 WinGate 应用软件等。

3）虚拟专用网络（VPN）是指通过特殊的加密通信协议在连接到 Internet 上的位于不同地方的两个或多个企业内部网之间建立一条专有的通信线路，它并不需要真正地去铺设物理线路，而是利用公共网络基础设施建立企业虚拟私有网络，是对企业内部网的扩展。

2.9 本章习题

1. 单选题

(1)（　　）标准定义了 CSMA/CD 总线介质访问控制子层与物理层规范。

A. IEEE 802.3　　B. IEEE 802.4　　C. IEEE 802.5　　D. IEEE 802.6

(2) 在共享介质的以太网中，采用的介质访问控制方法是（　　）。

A. 并发连接　　B. Token Ring　　C. Token Bus　　D. CSMA/CD

(3) 以太网的核心技术是（　　）。

A. 随机争用型介质访问方法

B. 令牌总线方法

C. 令牌环方法

D. 确定型介质访问方法

(4) 交换式局域网的核心是（　　）。

A. 路由器　　B. 服务器　　C. 局域网交换机　　D. 带宽

(5)（　　）可以通过交换机多端口间的并发连接实现多结点间数据并发传输。

A. 以太网　　B. 交换式网络　　C. 令牌环网　　D. 令牌总线网

2. 填空题

(1) CSMA/CD 是载波监听多路访问/冲突检测的英文缩写，这是在目前以太网类的局域网产品中广泛采用的解决冲突问题的主要方法。其主要思想可以概括为：________、________、________、________。

(2) 如果将局域网上的结点按工作性质与需要划分成若干个________，那么一个________就是一个虚拟局域网。

3. 简答题

(1) 什么是局域网？它具有哪些主要特点？

(2) 局域网参考模型结构如何？与 ISO/OSI 参考模型相比有哪些不同？

(3) 共享介质局域网和交换式局域网的区别是什么？为什么说交换式局域网能够提高网络的性能？

(4) IEEE 802 委员会针对哪一类网络制定了哪些通信标准？

(5) 简述 CSMA/CD 的工作原理。

(6) 如何把普通以太网 10Base－T 升级成快速以太网？

组 建 篇

第3章　局域网组建分析与设计

3.1　网络系统设计过程

随着计算机网络技术的发展和普及，简单网络的组建已经非常简便。但是对于一个具有一定规模的局域网，必须要经过认真地论证与设计，以保证局域网建设的科学性和可行性。局域网的设计过程是一个从用户提出基本需求开始到理论分析、实地调查研究、确定组建目标、总体方案设计、模块化详细设计、施工、调试、局部修改设计方案的渐进、逐步完善的过程。最后达到一种相对的“稳定状态”，来实现最终的设计目标。

简单的网络设计过程可以用如图 3-1 所示的流程图来表示。

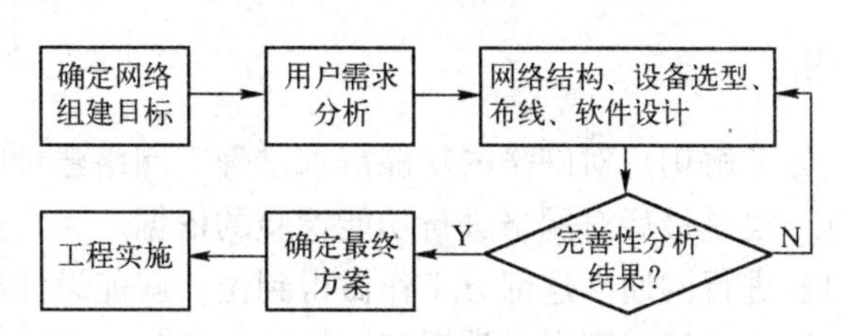

图 3-1　简单的网络设计过程

整个设计过程以用户提出的基本网络需求为基础，工程设计人员必须在需求分析的基础上进行网络结构设计，再进行网络设备的选择、布线设计、安全设计、安装设计、维护和管理方案设计，然后与用户协商以确定最终方案。整个设计过程是一个系统化的过程，它涉及很多的工程标准、设备调试及设置过程。网络设计必须建立必要的文档资料作为工程实施的基础材料之一，以保证网络工程的顺利实施和便于在施工过程中对局部的设计不足进行合理调整。

3.2　组网目标和需求分析

3.2.1　确定组网目标

确定网络的组建目标时一般应该考虑以下几个方面的问题：

- 网络的业务范围和基本的网络应用需求。

• 使用网络的各个部门之间的关系。
• 网络最终用户的类型和操作水平。
• 网络必须支持的网络服务范围。
• 网络设备要求和现有设备类型。
• 影响网络的整体性能的因素。
• 对网络性能的最低要求。
• 网络的可靠性目标和网络安全要求。
• 网络管理的要求。
• 网络安全的要求。
• 网络建成后的生命周期。
• 网络建设的预算资金。
• 网络技术的先进性和成熟性。

通过对以上问题的分析和研究后，决定是否将现有的网络资源纳入新组建的网络进行统一规划和管理，以提高网络资源的利用率。最后，根据信息化建设的需求来确定信息系统的应用目标。通常，应确定是否建立企业内部局域网系统，是否要提供 E-mail 服务、DNS 服务、DHCP 服务、WWW 服务、FTP 服务、远程访问服务等功能。要明确是否建立与 Internet 的连接，要尽可能地满足用户未来业务增长的需求，以利于提高系统的可靠性、安全性、稳定性和兼容性。另外还要考虑系统的升级问题，以保护用户的投资利益，最大限度地延长网络系统的生命周期。

3.2.2 组网需求分析

需求分析就是要充分了解用户对网络的功能需求已确定网络建设的最终目标。这是整个网络规划和设计的起点，也是最后对网络进行功能检验的依据。为了达到这个目的，需要进行深入的分析，与客户多进行沟通。这部分工作做得到位，就能设计出性能优越的网络，同时也会令客户满意。若处理不好，则会导致误解、挫折、障碍以及潜在的质量和价值上的降低。由此可见，需求分析奠定了项目管理的基础。

需求分析的目的是明确所组建网络的目标。通俗地说，就是建成网络以后，可以让这个网络做什么，网络会是什么样子。理论上说，需求分析应该由用户提出需求报告，再由规划人员进行规划设计。但是，网络用户通常不具有网络专业知识，不能确切地描述需要建设的网络的功能、性能及技术指标。为了满足用户当前和将来的业务需求，网络规划人员要深入地进行调查研究。

需求分析包括以下几个方面：可行性分析、环境分析、性能需求分析、成本/效益分析等。

1. 可行性分析

可行性分析的目标是确定用户的需求。网络规划人员应该与用户一起探讨，包括以下主要内容。

• 现有网络的简单情况和组建网络的目的。
• 用户需求是否能够使用现有网络技术实现？可能性有多大？
• 组网技术的条件和难点。

● 资金投入能否产生效益？

2. 环境分析

环境因素是指网络规划人员应该确定局域网今后的工作范围。环境是业务人员利用局域网络进行工作的环境。各个结点之间的位置、相互距离、业务量大小和建筑物环境都对局域网络的规模、拓扑结构、设备的选择有直接影响。环境分析的目的是为了收集在这样的环境中工作的局域网的资料，从而确定网络结构、结点数量、传输介质和布线施工等因素。环境因素需要分析的内容如下。

● 网络中心的位置。
● 网络工作点的数量和具体位置。
● 网络中心和工作点之间敷设电缆的工作条件。
● 网络周围是否有辐射，程度大小。
● 每个工作点的施工条件。

3. 性能需求分析

性能需求分析是了解用户以后利用网络从事何种业务活动以及业务活动的性质，从而得出组建具有何种功能的局域网的结论。分析活动要做到具体和细致，因为业务活动的内容关系到网络的功能，某些工作的要求又关系到网络的性能。设计者应该根据这些业务工作，分析得出网络设计所需的数据。功能需求是网络成功与否的关键，规划人员应该尽量了解用户的需求内容。功能和性能分析包括以下内容。

● 服务器和客户机配置。
● 采用何种操作系统以及需要安装配置何种服务。
● 了解网络流量和传输速率的要求，从而确定采用具有何种带宽的传输介质。
● 需要共享的设备的名称、规格和数量。
● 共享数据的性质和数量，用来确定配置相应的数据库系统和应用软件。
● 了解网络安全的要求，从而确定何种信息需要保护，何种人员可以进行网络访问。

4. 成本/效益分析

任何资金投入都期望得到回报，网络投资也一样，也需要进行效益分析。如果没有进行效益分析，花费的资金可能得不到回报，用户将逐渐对项目产生怀疑。局域网络的成本/效益分析包括：

● 成本估算。成本估算的项目包括服务器、工作站、集线器、传输介质、网卡、不间断电源及其他硬件设备的费用，还包括操作系统、网络管理软件和应用软件的软件费用，以及设备安装和网络布线的人工成本。
● 网络运行和维护费用。
● 效益分析。效益分析包括网络运行以后为企业带来的直接效益和由于提高工作效率、节省人力、改善工作环境所带来的间接效益。

设计人员将上述几个方面的费用进行估算，根据支出和收益，探讨可能的投资回报及网络的整体效益。

需求分析对项目的成功与否起着重要的作用。因此，分析人员要使用符合客户语言习惯的表达方式，需求讨论要集中于业务需求和任务，要使用专业术语。分析人员要了解客户的业务及目标，只有更好地了解客户的业务，才能使产品更好地满足用户的需要。如果是更新网络，那么分析人员应使用一下目前的旧网络，有利于他们获知目前网络的工作方式、流程及可改进之处。网络分析人员必须编写需求分析报告，应将从客户那里获得的所有信息进行整理，以区分业务需求及规范、功能需求、质量目标、解决方法和其他信息。

3.3 规划与设计

3.3.1 网络规划

任何单位和个人组建局域网都有特定的目的和要求。网络设计人员在具体施工之前应该做到完全了解客户的需求，从而避免以后出现组建的网络不能满足用户需求或者性能要求的现象。在详细需求分析以后，根据需求进行网络规划，为网络设计提供理论依据。

网络规划的基本原则是决策者应该直接参与；根据实际需要，提出网络应该满足的功能、性能及安全指标；规模要适当，具有可扩充性；网络结构合理，设备和技术不要太陈旧。

具体的规划考虑因素如下。

- 场地规划。场地规划的目的是确定设备、网络线路的合适位置，包括网络中心的位置、线路铺设的路径以及信息点进入房间的方式及在房间的位置。
- 网络设备规划。设计人员要根据需求分析来确定设备的品种、数量和规格，包括服务器、客户机的型号数量，光缆、双绞线、接头数量，网络设备的型号和数量。
- 操作系统和应用软件规划。硬件确定后，接下来确定软件，主要包括操作系统和相关的应用软件、数据系统等。
- 网络管理规划。为了方便用户进行管理，设计人员在规划时应考虑到网络的易操作性、通用性，并对网络管理人员进行培训。
- 资金规划。设计人员应对资金需求进行有效预算，实现资金保障，包括网络建设费用、硬件设备费用、软件费用、人员培训费用及网络升级费用。

3.3.2 方案设计

网络组建是一个系统工程，各个步骤之间具有紧密的联系。从规划设计到组建完成，需要按照规划展开工作。规划设计只是网络组建的起始阶段，是后面工作的依据和基础，从需求分析、网络规划到概要设计和详细设计，是一个自顶向下、逐步求精的过程。

1. 设计原则

网络设计人员应该尽量了解用户需求，处理好项目和资金的关系以及网络设计结构和具体环境之间的关系，应该在满足性能和服务的情况下，尽量使用先进的技术，但是，任何先进的技术都需要较高的资金需求，因此，不要盲目追求新技术。总之，设计人员应该进行高质量、低成本的规划和设计。为了客户的利益以及保证网络设计施工的科学性，减少设计失误，在工作的每个阶段都要进行文档的编制和审定。

网络建设的方案必须坚持以下原则：

1）可靠性和安全性。

2）标准性、先进性和成熟性。

3）开放性和可扩展性。

4）经济性和实用性。

2. 设计内容

网络设计是在对网络进行规划以后，开始着手网络组建的第一步，其成败与否关系到网络的功能和性能。进行网络设计应包括如下内容。

（1）网络设备的选择

从网络体系结构来看，局域网处于高层协议的下面，由许多计算机、终端设备以及数据传输设备和通信数据处理机构成。可以这样说，网络就是采用一些传输设备连接在一起，在软件控制下，相互进行信息交换的计算机集合。简单的局域网设备通常包括计算机、网卡、传输介质和交换设备，如集线器和交换机，对于较复杂的计算机网络，通常需要路由器及光纤等设备。

局域网可以很简单，也可以很复杂。一个简单的局域网，只有几台计算机或者几十台计算机相互通信，选择一台速度较快的计算机作为服务器。服务器作为网络管理的机器，运行网络操作系统的服务器端软件，因此，要求速度较高，内存较大。针对不同的应用，可以选择不同配置的应用服务器。根据规划的网络性能，网卡可以选择10 Mbit/s或100 Mbit/s自适应网卡，传输介质的选择可以从价格、性能等方面考虑性价比较高的五类双绞线。集线器的选择可以根据网络的速度、连接计算机的数量选择10 Mbit/s或100 Mbit/s传输速率以及接口是8口、16口或24口的集线器。集线器接口的多少是决定其价格的主要因素。如果网络中计算机数量多于集线器的接口，这时就要将多个集线器进行连接。通常采用高速集线器作为主干集线器，其他集线器连接到高速主干集线器上面。

（2）网络拓扑结构设计

前面介绍了网络拓扑结构，虽然包括星形结构、总线型结构、环形结构和网状结构，但现实中使用较普遍的还是星形结构。星形结构的优点是网络相对稳定，某台计算机的失效不会影响整个网络。另外，星形连接的拓扑结构相对简单。

网络拓扑结构的具体选择需要考虑很多因素，如网络中计算机的分布情况、网络工作环境以及选择的传输介质是否便于安装等。对于简单的网络，通常采用星形网络结构，也可以采用总线型结构。但是，实际使用过程中也经常使用混合结构。

当多个计算机不能通过一个交换机连接时，可以考虑将网络结构设计成两级。第一级交换机连接多个交换机和服务器。第二级交换机连接客户机。两级之间可以选择星形结构或者总线型—星形结构。

在设计混合拓扑结构时，应综合考虑各种因素，从实际出发，实现总体结构的合理和实用。设计原则为：从节约成本角度考虑，网线应该尽量短；为了网络可靠性，第二级应该尽量使用星形结构，用集线器连接计算机，第一级结构尽量使用质量较好、传输速率高、性能稳定可靠的设备和传输介质，因为第一级设备使用率高，对整个网络影响相对较大，采用分级星形结构时，一级设备尽量使用集线器或者交换机；服务器应该连接在第一级，而不应该连接在第二级，因为虽然服务器连接在任何地方都可以有效管理整个网络以及提供服务，但是如果网络发生局部故障，且服务器恰好连接在该局部结构中，那么整个网络就会受到影响。

一般中小型网络都采用混合结构的形式进行连接，下层采用星形结构，上层采用总线型或者星形结构。上层结构的设计形式主要根据下层系统集线器的物理位置，如果集线器之间的距离很近，可以放在一起，那么上层就采用星形结构，而两层集线器之间的连接通过双绞线连接。如果子系统的集线器之间有很长距离，那么采用总线型结构，子系统集线器之间的连接使用同轴电缆。由于光纤和光纤连接设备的价格不断下降，而且光纤的传输速率和带宽很大，主干网络的传输介质将逐渐采用光纤，局域网的性能将会获得很大提高。这表现在两个方面：首先，采用光纤传输，摆脱了双绞线的距离限制，从而使局域网的覆盖面积从以前的几千平方米扩大到几十平方千米；其次，网络数据传输速率得到很大提高，从原来的10 Mbit/s或100 Mbit/s上升到1000 Mbit/s。可以预见，局域网中使用光纤进行传输将很快普及。

(3) 网络操作系统的选择

硬件只是网络的基石，而软件则是网络的“灵魂”。网络操作系统是局域网最重要的系统软件。和其他操作系统相同，网络操作系统同样具有以下几个功能：处理机管理、进程管理、设备管理、存储管理及文件管理。除了这些功能，网络操作系统还应该具备高效、可靠的网络通信能力和网络数据处理能力，如远程打印服务、文件传输服务、Web服务、远程登录服务及远程进程调用等。选择网络操作系统的基本要求是具有丰富的通信协议，提供快速的网络数据处理能力、提供资源共享能力以及能管理多个用户之间文件的访问权限。

网络操作系统一般由两部分组成：一部分安装在服务器上，另外一部分安装在客户机上，两者都不能缺少。在进行网络操作系统选择时，应该在考虑用户处理习惯和用户网络知识水平的基础上进行选择。网络操作系统的种类很多，比较常用的操作系统有微软公司的Windows XP、Windows 2000、Windows 2003、Windows 2008等。

3.3.3 编写网络文档

网络组建是一个系统工程，各个步骤之间具有紧密的联系。从规划设计到组建完成，需要按照规划展开工作。规划设计只是网络组建的起始阶段，是后面工作的依据和基础。网络规划设计人员必须了解规划设计文档的编制知识。

网络文档是网络组建目标、需求分析、规划、设计、安装、测试、验收、使用过程设计的描述性文件。网络文档在网络分析、网络设计、网络施工过程中产生，并应在网络的使用和维护阶段不断地加以完善。

通常，网络规划和设计阶段相关文档的具体内容如下：

1. 可行性研究阶段——可行性分析报告

可行性分析报告内容主要包括目前网络的状况及组建网络的原因，以及用户需求特点、实现用户需求的技术可能性、投资预算及对用户的建议等，编写以后需要客户签字确认。

2. 需求分析阶段——需求分析报告

需求分析报告包含的内容主要是网络功能的详细叙述和性能指标，现有设备状况以及需要增加的设备数目和名称，网络施工的环境因素，布线施工的初步方案，需要的材料和设备，需要的资金的预算以及可能遇到的问题。该报告是确认用户需求与网络设计是否一致的重要文件，同时又是网络设计的预算，该报告也必须经过用户审定和同意。

3. 网络设计阶段——网络设计任务书

网络设计任务书的内容：新增设备的名称、规格、数量、单价和相关性能材料；网络拓扑结构图；网络设备配置图；IP地址分配表；网络布线逻辑图及工程图；配线架与信息插座对照表；配线架与交换机接口对照表；网络施工过程需要的材料的名称、规格、数量和单价等，最好使用表格方式列出；施工整体规划，对施工重点和难点位置进行详细说明；需要的网络操作系统的版本及费用；网络应用软件列表；整个网络建设需要的时间及进度表。

文档编写后，要根据文档要求进行施工。最后还要有验收和测试计划，测试的内容要编制成测试报告，测试报告的内容包括测试项目、方法，标准等。

3.4 本章实训

实训1 使用Microsoft Visio软件绘制校园网络拓扑结构图

【实训目的】

1）掌握常见网络拓扑结构的区别和适用场合。

2）能够正确阅读网络拓扑结构图。

3）学会利用常用绘图软件绘制网络拓扑结构图。

【实训条件】

1）已经联网并能正常运行的机房和校园网。

2）安装 Windows XP/2003 操作系统的 PC。

3）Microsoft Office Visio Professional 2003 应用软件。

【相关知识】

绘制网络拓扑结构图是网络技术学习中的一项重要内容，对于理解知识和提高动手能力非常必要。绘制网络拓扑结构图有多种方法，其中 Microsoft Visio 软件易学、易懂、易用，使用十分方便，是一款非常合适综合布线工程设计人员的好工具。

Visio 是世界上比较优秀的商业绘图软件之一，它可以帮助用户创建业务流程图、软件流程图、数据库模型图和平面布置图等。因此，不论用户是行政或项目规划人员，还是网络设计师、网络管理者、软件工程师、工程设计人员，或者是数据库开发人员，Visio 都能在用户的工作中派上用场。

Microsoft Visio 可以建立流程图、组织图、时间表、营销图和其他更多图表，把特定的图表加入文件，让商业沟通变得更加清晰，令演示更加有趣，使复杂过程变得更加简单，文档重点更加突出，使人们的工作在一种视觉化的交流方式下变得更有效率。

作为 Microsoft Office 家族的成员，Visio 拥有与 Office XP 非常相近的操作界面，所以接触过 Word 的人都不会觉得陌生。跟 Office XP 一样，Visio 2003 具有任务面板、个人化菜单、可定制的工具条及答案向导帮助。它内置自动更正功能、Office 拼写检查器、键盘快捷方式，非常便于与 Office 系列产品中的其他程序协同工作。

1. Visio 的安装和激活

安装和激活 Visio 的过程既快速又简单。

开始安装之前，要在 Visio 光盘盒上找到产品密钥。为避免安装冲突，需关闭所有程序包括关闭防病毒软件。然后，将 Visio CD 插入 CD - ROM 驱动器中。在大多数计算机上，Visio 安装程序会自动启动并引导完成整个安装过程。如果 Visio 安装程序不自动启动，可进行以下步骤手动启动 Visio 安装程序。

1）将 Visio CD 插入 CD－ROM 驱动器中。

2）在“开始”菜单中，单击“运行”。

3）输入 drive：\setup（用该 CD－ROM 驱动器所用的盘符替换 drive）。

4）单击“确定”按钮。

Visio 安装程序随即启动并引导用户完成整个安装过程。

首次启动 Visio 时，会得到提示，要求激活该产品。“激活向导”将引导完成通过 Internet 连接或电话激活 Visio 的所有必需步骤。

如果选择首次启动 Visio 时不激活它，以后也可以通过单击“帮助" 菜单上的“激活产品”来完成激活过程。

注意：如果在使用了若干次后仍不激活产品，产品功能将减少。长此以往，最终在不激活 Visio 的情况下所能执行的操作就只是打开和查看文件。

2. Microsoft Visio 集成环境

Microsoft Visio 拥有简单易用的集成环境，同时在操作使用上沿袭了微软软件的一贯风格，即简单易用、用户友好性强的特点，可顺利完成综合布线设计图样绘制的工作。与许多提供有限绘图功能的捆绑程序不同，Visio 提供了一个专用、熟悉的 Microsoft 绘图环境，配有一整套范围广泛的模板、形状和先进工具（如图 3-2 所示）。利用它可以轻松自如地创建各式各样的业务图表和技术图表。

提示：Visio 2003 中包含“图示库”，提供了各种图表类型的图表示例，并说明了哪些用户可以使用它们以及如何使用它们。要浏览这些图表示例，可单击“帮助”菜单中的“图示库”。

3. Microsoft Visio 的操作方法

Visio 提供一种直观的方式来进行图表绘制，不论是制作一幅简单的流程图还是制作一幅非常详细的技术图样，都可以通过程序预定义的图形，轻易地组合出图表。在“任务窗格”视图中，用鼠标单击某个类型的某个模板，Visio 即会自动产生一个新的绘图文档，文档的左边“形状”栏显示出极可能用到的各种图表元素——SmartShapes 符号。

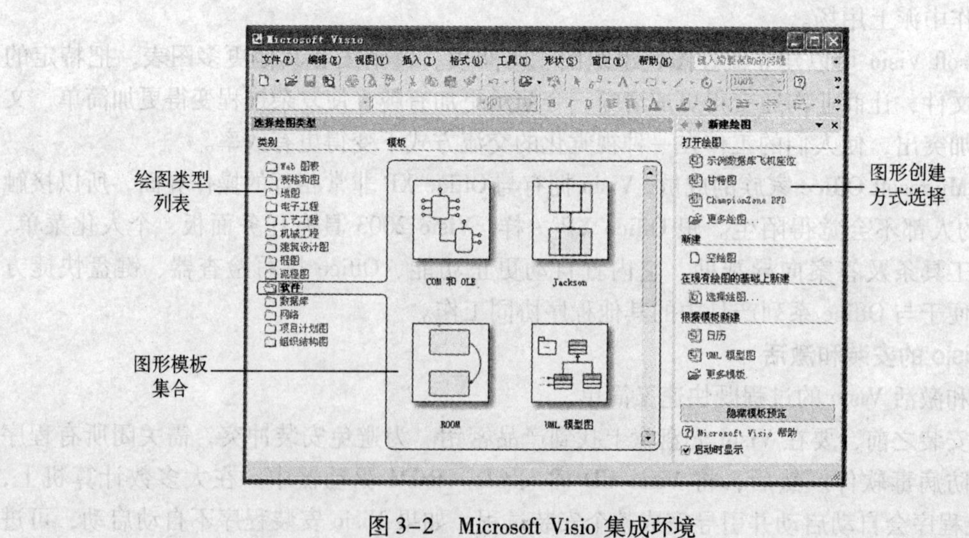

图 3-2　Microsoft Visio 集成环境

在绘制图表时，只需要用鼠标选择相应的模板，单击不同的类别，选择需要的形状，拖动 SmartShapes 符号到绘图文档上，加上一定的连接线，进行空间组合与图形排列对齐，再加上边框、背景和颜色方案，步骤简单。也可以对图形进行修改或者创建自己的图形，以适应不同的业务和需求，这也是 SmartShapes 技术带来的便利，体现了 Visio 的灵活性。甚至，还可以为图形添加一些智能，如通过在电子表格（像 ShapeSheet 窗口）中编写公式，使图形“意识”到数据的存在或以其他的方式来修改图形的行为。例如，一个代表门的图形“知道”它被放到了一个代表墙的图形上，就会自动且适当地进行一定角度的旋转，互相嵌合。

另外，Visio 2003 包括以下能够帮助用户更迅速、更巧妙地工作的任务窗格：

1）“开始工作”可快速打开图表，创建新图表，在计算机或 Office Online 上搜索特定形状、模板和图表信息。

2）“Visio 帮助”可获得针对用户提出的 Visio 疑问的详细、最新解答，以便用户有效地创建图表。

3）“剪贴画”可在计算机或 Office Online 上搜索剪贴画，然后将这些剪贴画合理地安排并插入用户的 Visio 图表中。

4）“信息检索”使用包含百科全书、字典和辞典的 Microsoft 信息咨询库在 Microsoft 网站上搜索和检索图表特定的或与工作相关的主题。

5）“搜索结果”功能可在 Microsoft 网站上搜索 Microsoft 产品信息。

【实训内容】

1. 分析局域网的拓扑结构

1）认真阅读如图 3-3 所示的某局域网拓扑结构图，思考该网络是由哪些硬件组成的，以及这些硬件采用什么样的拓扑结构连接在一起。

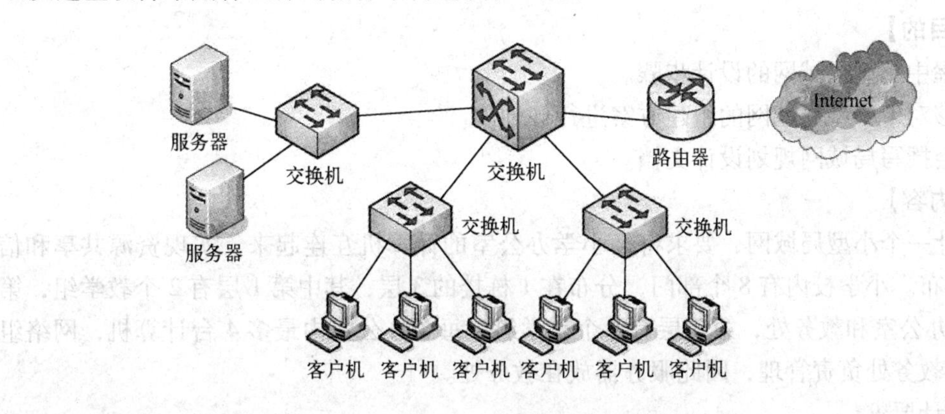

图 3-3　某局域网拓扑结构图

2）观察所在网络实训室的网络拓扑结构，在纸上画出该网络的拓扑结构图，分析该网络为什么要采用这种拓扑结构。

2. 利用 Visio 软件绘制校园网络拓扑结构图

校园网络拓扑结构图，如图 3-4 所示。

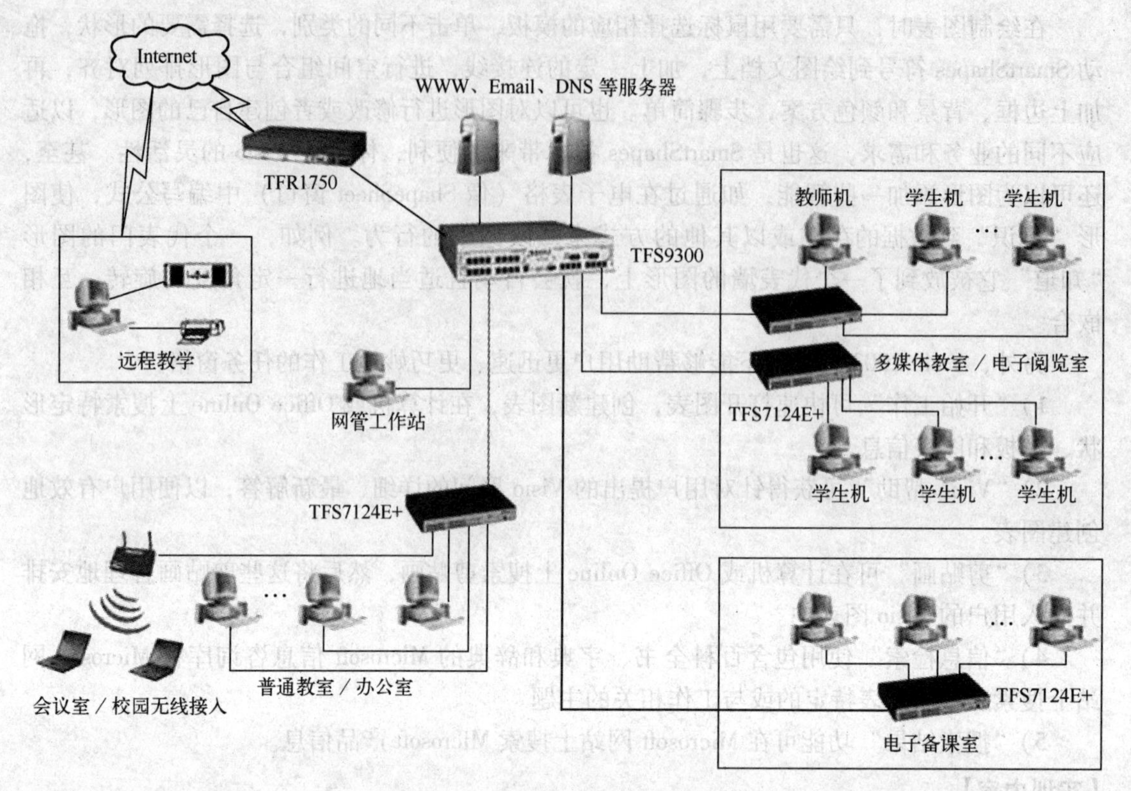

图 3-4　校园网络拓扑结构图

实训 2　中小型局域网的规划设计

【实训目的】

1）掌握中小型局域网的设计步骤。

2）能够对中小型局域网的组建方案进行规划。

3）学会撰写局域网规划设计文档。

【实训内容】

1）设计一个小型局域网，要求将某小学办公室的计算机互连起来，实现资源共享和信息的网上发布。小学校内有 8 个部门，分布在 1 栋楼的 3 层，其中第 1 层有 2 个教学组，第 2 层为校长办公室和教务处，第 3 层有 4 个教学组，每个办公室内最多 4 台计算机，网络组建完成后由教务处负责管理，因此服务器放在教务处。

具体设计要求：

① 制定局域网的规划设计方案，包括网络硬件的选择、网络操作系统的选择、网络拓扑结构的绘制、组网的费用预算等。

② 写出局域网组建的过程。

③ 写出局域网规划设计文档。

2）利用所学的网络技术知识，为某公司规划设计一个实用、可行的局域网。该公司办公室网络的建设目标：将公司的 3 栋办公楼共 330 个信息点连入办公室网络，使每一个员工都可以在办公室访问办公网络并访问 Internet。

公司共有 3 栋楼，1、2、3 号楼全部有 4 层。其中 1、2 号楼里每层有 10 个办公室，每个办公室有 3 个信息点，即 1、2 号楼每栋分别有 120 台计算机。3 号楼的第 1、2、4 层每层有 10 个办公室，每个办公室有 3 个信息点，共计 90 个信息点。中心机房位于 3 号楼第 3 层。1、2 号楼分别距离 3 号楼 150 m 和 200 m。公司共有 20 个部门，每个部门拥有 5 间办公室和 15 个信息点。各部门地理位置不集中，部分部门的办公室分布在不同的楼中或不同的楼层，需要划分子网进行管理。

具体设计要求：

① 根据要求独立构思，进行网络设计，包括网络硬件、网络协议、IP 地址规划、网络拓扑结构图等，并写出该网络的总体组网规划。

② 写出局域网组建的过程。

③ 写出局域网规划设计文档。

3.5 本章习题

简答题

（1）简要说明局域网规划的基本原则。

（2）网络设计包含什么内容？

（3）简要说明网络规划的内容。

（4）简要说明需求分析的重要性和需要考虑的因素。

（5）简要叙述设计文档包含的内容。

第 4 章　局域网组建

在构建局域网时，应根据需要选择合适的传输介质和网络设备。它们是局域网的硬件基础，在它们的共同作用下，实现了网络通信和资源共享。本章主要介绍常用的组网介质和设备以及几个大、中、小型局域网组网实例。

4.1　组建局域网所需硬件

4.1.1　传输介质

网络传输介质是在网络中信息传输的媒体，介质特性的不同对网络传输的质量和速度都有很大的影响，因此，充分了解传输介质的特性，对于设计和使用计算机网络有着很大的实际意义。下面主要介绍常用的两种传输介质：双绞线和光纤。

1. 双绞线（Twisted Pair）

双绞线是目前局域网应用比较广泛的传输介质，它由两根绝缘铜导线呈螺旋状缠绕在一起构成，如图 4-1 所示。两根导线按一定密度互相绞在一起，可以减少导线间的电磁干扰。实际应用中通常由 2 对或 4 对双绞线封装在一个绝缘套里组成双绞线电缆，如图 4-2 所示。

图 4-1　双绞线电缆外观

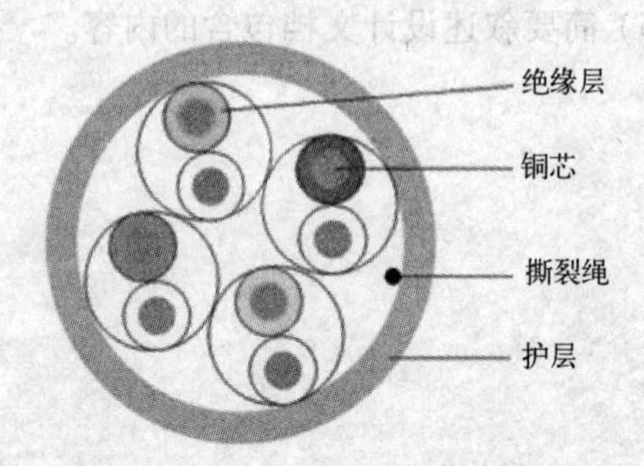

图 4-2　双绞线切面结构

双绞线可分为多种型号，其中两种对计算机网络很重要，即 3 类双绞线和 5 类双绞线。在线束的塑料外壳上分别标有“CAT3”和“CAT5”的字样。CAT3 双绞线应用于语音和 10 Mbit/s 以下的数据传输，保护层较薄，价格较便宜，适用于大部分计算机网络；CAT5 双绞线应用于语音和多媒体等 100 Mbit/s 的高速和大容量数据传输，相对于 CAT3 双绞线，CAT5 双绞线基本结构相似，但拧得更密，并采用特富龙（Teflon）绝缘，使它的交感较少并且在更长的距离上信号质量更好。

这两种双绞线都没有金属保护膜，称为非屏蔽双绞线（UTP）。UTP 对电磁干扰的敏感性较大，而且绝缘性不是很好，信号衰减较快，与其他传输介质相比在传输距离、带宽和数据传输速率方面均有一定的限制。它的最大优点是价格便宜、易于安装，所以被广泛用于传输模拟信号的电话系统和局域网的数据传输中。

相对于非屏蔽双绞线，20 世纪 80 年代 IBM 公司引入了一种带屏蔽的双绞线（STP），如图 4-3 所示。STP 与 UTP 的不同之处是在双绞线和塑料外层之间增加了一层金属屏蔽保护层，用以减少电磁干扰和辐射，并防止信息被窃听。但 STP 价格较高，且安装时需要专门的连接器，所以只在一些特殊场合使用。

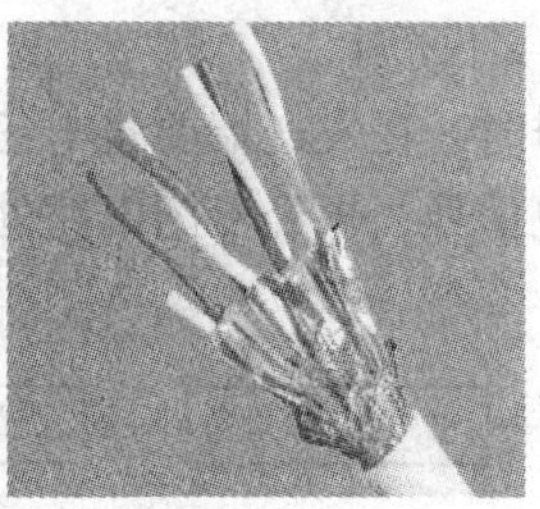

图 4-3　屏蔽双绞线外观

在使用双绞线组网时，必须遵循“5 - 4 - 3”规则，即任意两台计算机之间最多不能超过 5 段线（包括集线器到集线器的连接线缆，也包括集线器到计算机之间的连接线缆）、4 台集线器，其中只能有 3 台集线器直接与计算机或网络设备连接。这是 10Base - T 网络所允许的最大拓扑结构和所能级联的集线器层数。其中，安装在中间的集线器是网络中唯一不能与计算机直接连接的集线器。简单地讲，就是用 4 个集线器将网络分成 5 个网段，其中最多 3 个网段上可以连计算机，最远的两个计算机通信距离不超过 500 m。

2. 光纤（Fiber）

光纤是光导纤维的简称，是目前发展和应用最为迅速的信息传输介质。光纤是由纯净的玻璃经特殊工艺拉制成很细且粗细均匀的玻璃丝，形成玻璃芯，在玻璃芯的外面包裹一层折射率较低的玻璃封套，再外面是一层薄的塑料外套，用来保护光纤。光纤通常被捆扎成束，外面有外壳保护，如图 4-4 所示。

因为光纤本身比较脆弱，所以在实际应用中都是将光纤制成不同结构形式的光缆。光缆是以一根或多根光纤或光纤束制成，符合光学机械和环境特性的结构，如图 4-5 所示。光缆能容纳多条光纤，其机械性能和环境性能较好，能够适应通信线缆直埋、架空、管道敷设等各种室外布线方式。

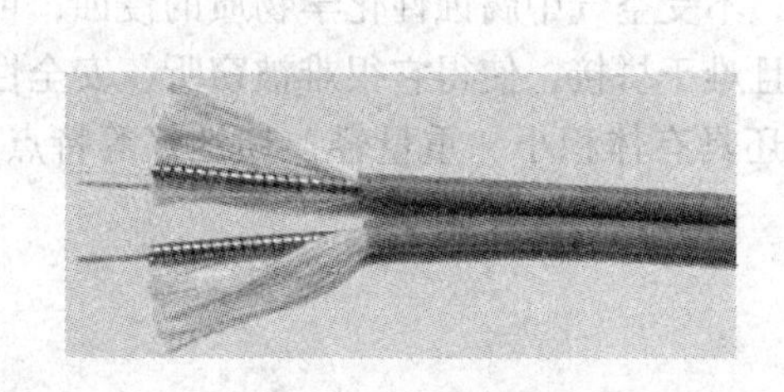

图 4-4　光纤

图 4-5　光缆

光纤按其性能可分为单模光纤和多模光纤两种。因为光是通过在光纤玻璃媒体内不断反射而向前传播的，所以每束光纤都有一个不同的模式，具备这种特性的光纤称为多模光纤，如图 4-6 所示。如果将光纤的直径减小到与光的波长同一个数量级时，就只有一个角度的光能通过，此时光线在其中没有反射，而沿着直线传播，具备这种特性的光纤叫单模光纤，如图 4-7 所示。单模光纤比多模光纤传输的距离更远，但价格较贵。

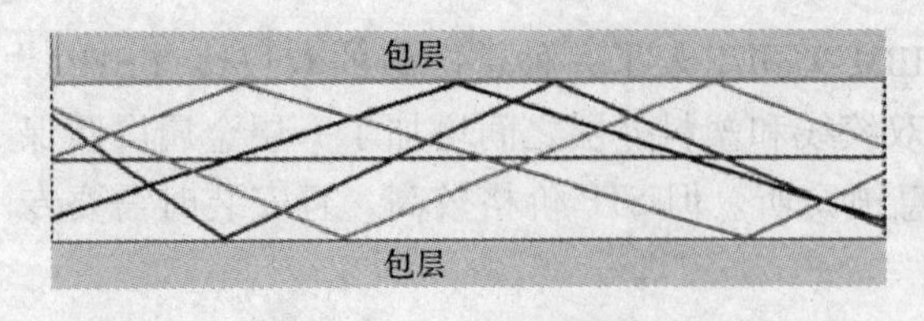

图 4-6　多模光纤

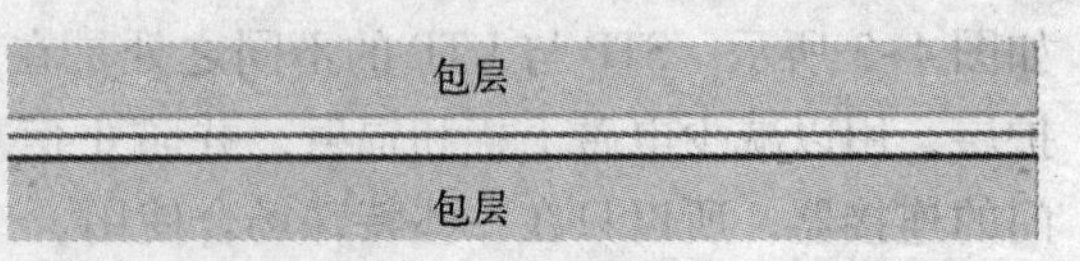

图 4-7　单模光纤

用光纤传输电信号时，在发送端要将电信号用专门的设备转换成光信号，接收端由光检测器将光信号转换成电信号，再经专门电路处理后形成接收的信息。光纤的电信号传送过程如图 4-8 所示。

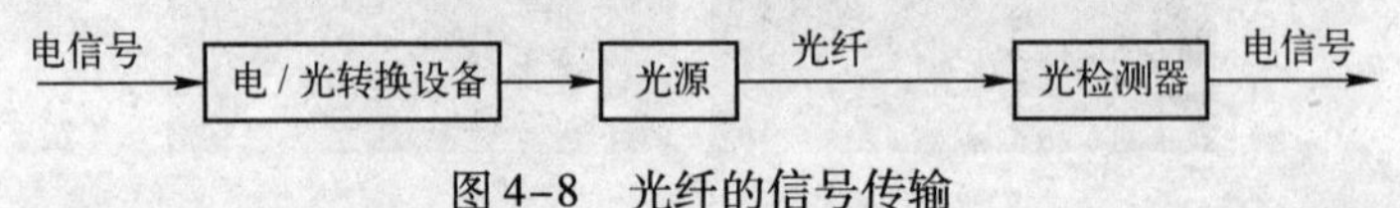

图 4-8　光纤的信号传输

在发送端有两种光源可以用作信号源：LED（发光二极管）和 ILD（激光二极管），而接收端用来将光转换成电能的检测器是一个光敏二极管。LED 和 ILD 都是固体器件，其特性对比见表 4-1。

表 4-1　两种光源的特性对比

项　目	LED（发光二极管）	ILD（激光二极管）
传输速率	低	高
模式	多模	多模或单模
距离	短	长
温度敏感度	较小	较敏感
造价	低	昂贵

光纤的连接方式有 3 种，第一种连接方式是将它们接入连接头并插入光纤插座，连接头要损耗 10% ~20% 的光，但是它使重新配置系统变得很容易；第二种连接方式是使用机械方法将其接合，将两根光纤细心地切割好，在一个套管中调整后钳好，使其信号达到最大，这种方法需要操作人员有一定的技术水平，光的损失约为 10%；第三种连接方式是把两根光纤融合在一起形成坚实的连接，这种方法光衰减较小，但需要特殊的设备。

与铜导线相比，光纤具有更高的性能。首先，光纤能够提供比铜导线高得多的带宽，在目前技术条件下，一般传输速率可达几十 Mbit/s 到几百 Mbit/s，其带宽可达 1 Gbit/s；其次，光纤中光的衰减很小，而且光纤抗电磁干扰性能强，不受空气中腐蚀性化学物质的侵蚀，可以在恶劣环境中正常工作。再次，光纤不漏光，而且难于拼接，使得它很难被窃听，安全性很高，是国家主干网传输的首选介质，另外，光纤还具有体积小、重量轻、韧性好等特点，其价格也会随着工程技术的发展而大大下降。

4.1.2　连接设备

1. 网卡

网卡（Network Interface Card，NIC）又称为网络接口卡或网络适配器，是局域网组网的核心设备，它提供接入 LAN 的电缆接头，每一台接入 LAN 的工作站和服务器，都必须使用一个网卡连入网络。

（1）网卡的功能

网卡的功能是将工作站或服务器连接到网络上，实现网络资源共享和相互通信。

具体来说，网卡作用于LAN的物理层和数据链路层的介质访问控制子层，一方面网卡要完成计算机与电缆系统的物理连接；另一方面它根据所采用的MAC协议实现数据帧的封装和拆封，并进行相应的差错校验和数据通信管理。另外，每块网卡都有一个唯一的MAC地址，这个地址将作为局域网工作站的地址。以太网网卡的地址是12位十六进制数，这个地址在国际上统一分配。

(2) 网卡的种类

1）按总线接口类型划分。

ISA接口网卡由于I/O速度较慢，已经基本消失。

PCI总线网卡是目前最主流的一种网卡接口类型，如图4-9所示。

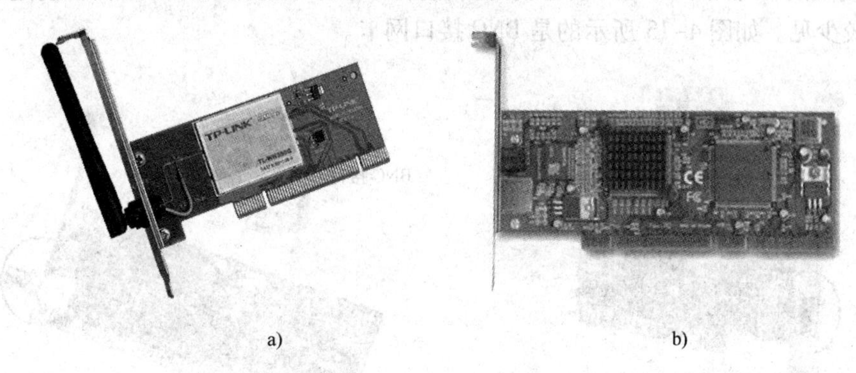

a) b)

图4-9 PCI总线网卡

a) 32位PCI总线网卡 b) 64位PCI总线网卡

PCMCIA总线网卡是便携式计算机专用的，分为两类，一类为16位的PCMCIA，另一类为32位的CardBus。如图4-10a所示的是一款16位的PCMCIA网卡，如图4-10b所示的是一款32位的CardBus便携式计算机网卡。

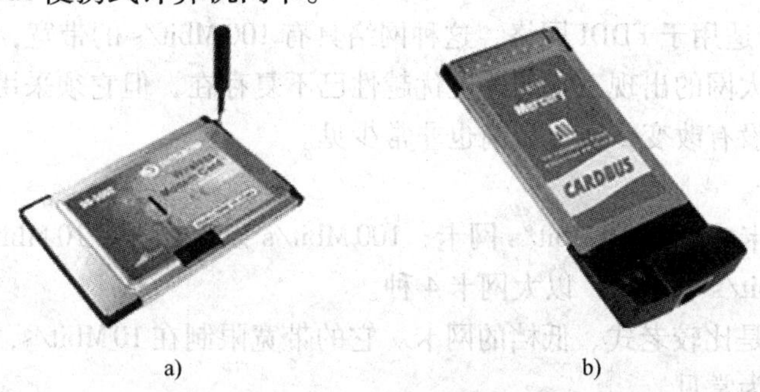

a) b)

图4-10 PCMCIA总线网卡

a) PCMCIA网卡 b) CardBus网卡

USB接口网卡一般是外置的，具有支持热插拔和不占用计算机扩展槽的优点，安装更加方便。目前常用的是USB 2.0标准网卡，速率可达480 Mbit/s。如图4-11所示为一款USB接口的网卡。

图4-11 USB接口网卡

2）按网络接口划分。

网卡最终是要与网络进行连接的，所以也就必须有一个接口使网线通过它与其他计算机网络设备连接起来。不同的网络接口适用于不同的网络类型，目前常见的接口主要有以太网的 RJ-45 接口，以及细同轴电缆的 BNC 接口和粗同轴电缆的 AUI 接口、FDDI 接口、ATM 接口等。而且有的网卡为了适用于更广泛的应用环境，提供了两种或多种类型的接口，如有的网卡会同时提供 RJ-45、BNC 接口或 AUI 接口。

RJ-45 接口网卡是最为常见的一种网卡，也是目前应用最广的一种接口类型网卡，这主要得益于双绞线、以太网应用的普及。在网卡上还自带两个状态指示灯，通过这两种指示灯颜色，用户可查看网卡工作是否正常，如图 4-12 所示的是 RJ-45 接口的网卡。

BNC 接口网卡应用于以细同轴电缆为传输介质的以太网或令牌网中，目前这种接口类型的网卡较少见。如图 4-13 所示的是 BNC 接口网卡。

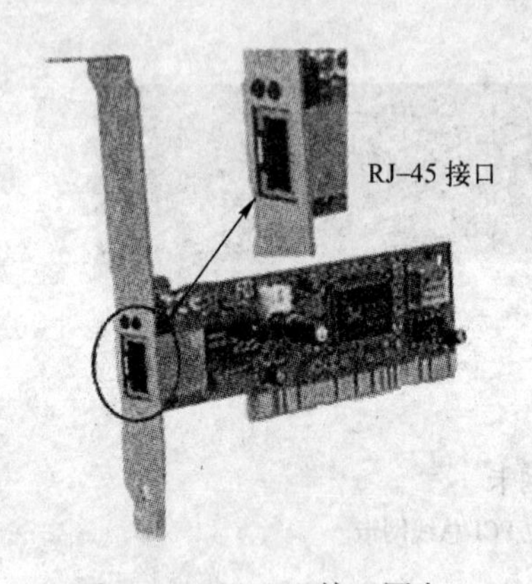

图 4-12　RJ-45 接口网卡

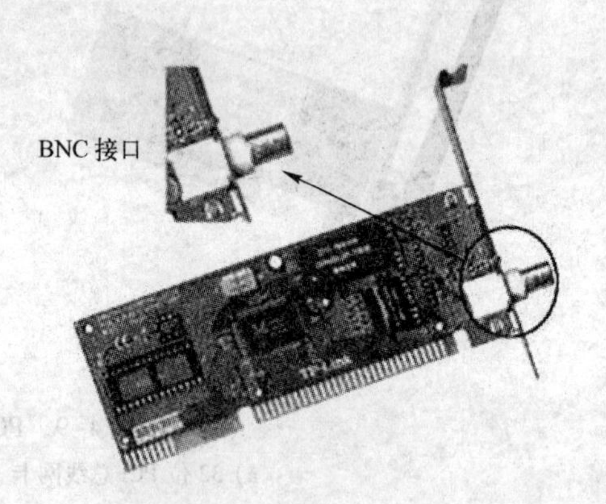

图 4-13　BNC 接口网卡

AUI 接口网卡应用于以粗同轴电缆为传输介质的以太网或令牌网中，这种接口类型的网卡目前更是很少见。

FDDI 接口网卡适用于 FDDI 网络，这种网络具有 100 Mbit/s 的带宽，使用的传输介质是光纤，随着快速以太网的出现，它的速度优越性已不复存在，但它须采用较昂贵的光纤作为传输介质的缺点并没有改变，所以目前也非常少见。

3）按带宽划分。

目前主流的网卡主要有 10 Mbit/s 网卡、100 Mbit/s 以太网卡、10 Mbit/s 或 100 Mbit/s 自适应网卡、1000 Mbit/s（千兆）以太网卡 4 种。

10 Mbit/s 网卡是比较老式、低档的网卡。它的带宽限制在 10 Mbit/s，这在当时的 ISA 总线类型的网卡中较为常见。

100 Mbit/s 网卡在目前来说是一种技术比较先进的网卡，它的传输 I/O 带宽可达到 100 Mbit/s，这种网卡一般用于骨干网络中。

10 Mbit/s 或 100 Mbit/s 网卡是一款 10 Mbit/s 和 100 Mbit/s 两种带宽自适应的网卡，也是目前应用最为广泛的一种网卡类型，主要因为它能自动适应两种不同带宽的网络需求，保护了用户的网络投资。

千兆以太网卡的带宽也可达到 1 Gbit/s。千兆以太网卡的网络接口也有两种主要类型，一种是普通的双绞线 RJ-45 接口，另一种是光纤接口。如图 4-14a 所示的是 RJ-45 接口网卡，如图 4-14b 所示的是 LC 光纤接口网卡。

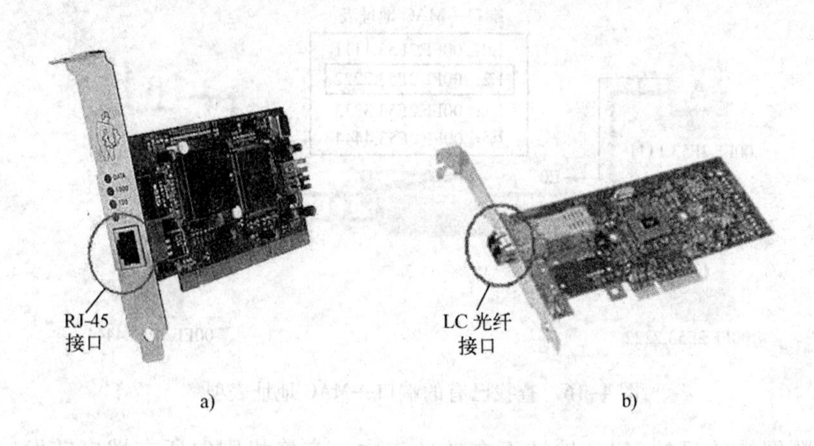

图 4-14 千兆以太网卡

a）RJ-45 接口网卡 b）LC 光纤接口网卡

另外，还有因为无线网络技术而产生的无线网卡，如图 4-15a 所示的是一款用于便携式计算机的外置无线网卡，如图 4-15b 所示的是一款用于台式机的内置无线网卡。

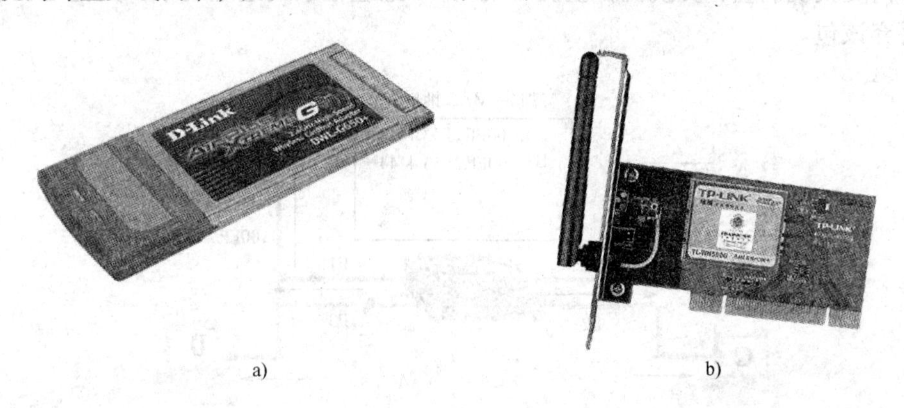

图 4-15 无线网卡

a）便携式计算机外置无线网卡 b）台式机内置无线网卡

2. 交换机

从外观上看交换机（Switch），是带有多个端口的长方形盒状体。交换机工作在 OSI 参考模型的数据链路层，主要用于将分段的网络连接起来。广义的交换机就是一种在通信系统中完成信息交换功能的设备。

（1）交换机的工作原理

1）交换机根据收到数据帧中的源 MAC 地址建立该地址同交换机端口的映射，并将其写入 MAC 地址表中。

2）交换机将数据帧中的目的 MAC 地址同已建立的端口—MAC 地址表进行比较，以决定由哪个端口进行转发。假设主机 A 向主机 C 发送数据包，交换机会提取数据包的目的 MAC 地址，通过查找地址表，有一条记录的 MAC 地址与目的 MAC 地址相同，并且对应的端口为 E2，此时 E0 端口会将数据包直接转发到 E2 端口，如图 4-16 所示。

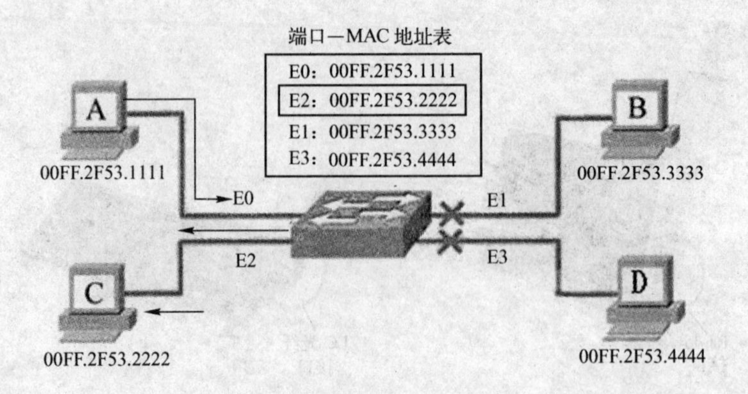

图 4-16　查找已有的端口—MAC 地址表项

3）如果数据帧的目的 MAC 地址不在地址表中，交换机则向所有端口转发。假设主机 A 向主机 B 发送数据包，交换机同样会提取数据包的目的 MAC 地址，通过查找地址表，发现没有与之相同的表项，此时，交换机会将 A 发送的数据包向 E1、E2、E3 端口转发，如图 4-17 所示。主机 B 接到数据包后，得知目的地址与自己的 MAC 地址相同，则接收该包，并向交换机响应，交换机将主机 B 的 MAC 地址记录到地址表中，其他主机经过比较后，丢弃该包。

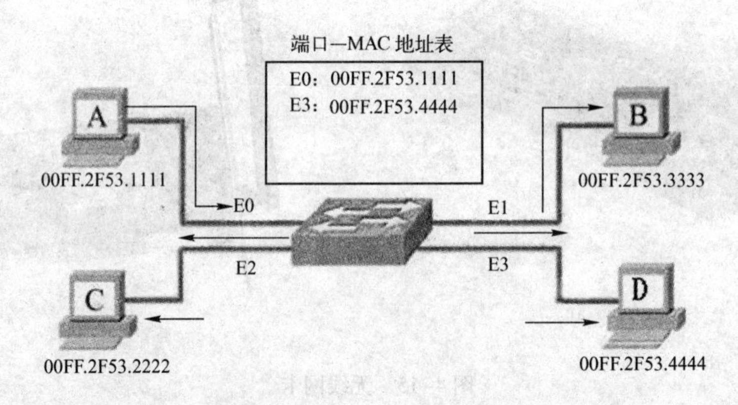

图 4-17　发送广播包同时记录 MAC 地址

当然，对于刚刚使用的交换机，其端口—MAC 地址表是一片空白。那么，交换机的地址表是怎样建立起来的呢？交换机根据数据包的源 MAC 地址来更新地址表。当一台计算机打开电源后，安装在该系统中的网卡会定期发出空闲包或信号，交换机即可据此得知它的存在及其 MAC 地址，这就是所谓自动地址学习。由于交换机能够自动根据收到的数据包的源 MAC 地址更新地址表的内容，所以交换机使用的时间越长，学到的 MAC 地址就越多，未知的 MAC 地址就越少，因而广播的包就越少，速度就越快。

那么，交换机是否会永久性地记住所有的端口—MAC 地址关系呢？不是的。由于交换机中的内存毕竟有限，因此，能够记忆的 MAC 地址数量也是有限的。工程师为交换机设定了一个自动老化时间 TTL，若某 MAC 地址在一定时间内（默认为 300s）不再出现，那么交换机将自动把该 MAC 地址从地址表中清除。当下一次该 MAC 地址重新出现时，将会被当做新地址处理。

(2) 数据帧的交换

交换机在转发数据帧时，遵循以下原则：

- 如果数据帧的目的 MAC 地址是广播地址，则向交换机所有端口（除去源端口）转发。
- 如果数据帧的目的 MAC 地址是单播地址，但这个地址不在交换机的 MAC 地址表中，则向交换机所有端口（除去源端口）转发。
- 如果数据帧的目的 MAC 地址在交换机的端口—MAC 地址表中，则打开源端口与目的端口之间的数据通道，把帧转发到目的端口。
- 如果数据帧的目的 MAC 地址与其源 MAC 地址在同一端口，则丢弃此数据帧，不进行交换。

如图 4-18 所示，当主机 3 与主机 4 通信时，交换机从 E3 端口接收到数据帧，经比较发现其目的 MAC 地址所在端口与源端口相同（E3），说明主机 3、主机 4 处于同一个网段，则交换机直接丢弃该数据帧，不进行转发。当主机 2 与主机 5 通信，主机 1 向主机 4 发送数据时，交换机同时打开端口 E2 与 E4、E1 与 E3 之间的数据通道，建立两条互不影响的链路，同时转发数据帧。只不过到 E3 时，要向该端口所有主机广播，所以主机 3 也侦听到，但不接收。

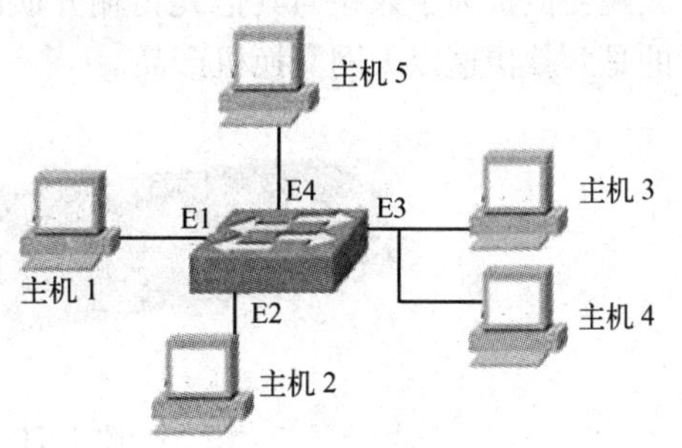

图 4-18　数据帧交换过程

(3) 交换机的主要功能

地址学习：以太网交换机了解每一端口相连设备的 MAC 地址，并将地址同相应的端口映射起来存放在交换机缓存的地址表中。

转发/过滤：当一个数据帧的目的地址在端口—MAC 地址表中有映射时，它被转发到连接目的结点的端口而不是所有端口（如该数据帧为广播/组播帧，则转发至所有端口）。

消除回路：当交换机包括一个冗余回路时，以太网交换机通过生成树协议，避免回路的产生，同时允许存在后备路径。

(4) 交换机的工作特性

1) 交换机的每一个端口所连接的网段均是一个独立的冲突域。

2) 交换机所连接的设备仍然在同一个广播域内，也就是说交换机不隔绝广播。

3) 交换机根据数据帧帧头的信息进行转发，因此交换机是工作在数据链路层的网络设备（此处所述交换机仅指传统的第二层交换设备）。

(5) 交换机的分类

1) 从网络覆盖范围划分。

广域网交换机主要是应用于电信城域网互连、互联网接入等领域的广域网中，提供通信用的基础平台。局域网交换机是最常见的交换机，用于连接终端设备，如服务器、工作站、集线器、路由器、网络打印机等网络设备，提供高速独立通信通道。

2) 根据传输介质和传输速率划分。

以太网交换机用于带宽在 100Mbit/s 以下的以太网，它的价格便宜，种类齐全，应用领域广泛。以太网包括 3 种网络接口：RJ-45、BNC 和 AUI，所用的传输介质分别为双绞线、细同轴电缆和粗同轴电缆。如图 4-19 所示的是一款带有 RJ-45 和 AUI 接口的以太网交换机产品。

图 4-19 以太网交换机

快速以太网交换机用于 100 Mbit/s 快速以太网，通常所采用的介质也是双绞线，有的快速以太网交换机为了兼顾与其他光传输介质的网络互连，会留有光纤接口“SC”。如图 4-20 所示的是两款快速以太网交换机产品。

图 4-20 快速以太网交换机

千兆以太网交换机的带宽可以达到 1000 Mbit/s。它一般用于大型网络的骨干网段，所采用的传输介质有光纤、双绞线两种，对应的接口为“SC”和“RJ-45”两种。如图 4-21 所示是一款千兆以太网交换机的产品示意图。

10 千兆以太网交换机主要用于骨干网段上，采用的传输介质为光纤，其接口方式也就相应为光纤接口。如图 4-22 所示的是一款 10 千兆以太网交换机产品，它全部采用光纤接口。

图 4-21 千兆以太网交换机

图 4-22 10 千兆以太网交换机

ATM 交换机是用于 ATM 网络的交换机产品。ATM 网络由于其独特的技术特性，现在还只用于电信、邮政网的主干网段。它的传输介质一般采用光纤，接口类型有两种：以太网 RJ-45 接口和光纤接口，这两种接口适合与不同类型的网络互连。图 4-23 就是一款 ATM 交换机产品。相对于以太网交换机而言，它的价格较高。

图 4-23　ATM 交换机

3）根据应用层次划分。

企业级交换机属于高端交换机，一般采用模块化的结构，可作为企业网络骨干构建高速局域网，所以它通常用于企业网络的最顶层。一般都是千兆以上以太网交换机，采用光纤接口，这主要是为了保证交换机较高的传输速率。如图 4-24 所示的是一款模块化千兆以太网交换机，它属于企业级交换机范畴。

部门级交换机是面向部门级网络使用的交换机，这类交换机可以是固定配置，也可以是模块配置，一般除了常用的 RJ-45 接口外，还带有光纤接口。部门级交换机一般具有较为突出的智能型特点，支持基于端口的 VLAN，可实现端口管理，可任意采用全双工或半双工传输模式，可对流量进行控制，有网络管理的功能。一般认为支持 300 个信息点以下的中型企业使用的交换机为部门级交换机，如图 4-25 所示是一款部门级交换机产品。

图 4-24　企业级交换机

图 4-25　部门级交换机

工作组交换机是传统集线器的理想替代产品，一般为固定配置，配有一定数目的 10Base-T 或 100Base-TX 以太网口。交换机按每一个包中的 MAC 地址相对简单地决策信息转发，这种转发决策一般不考虑包中隐藏的更深的其他信息。支持 100 个以内信息点。如图 4-26 所示的是一款快速以太网工作组交换机产品。

图 4-26　工作组交换机

桌面型交换机是目前最常见的一种低档交换机，它支持的端口数较少，只具备最基本的交换机特性，当然价格也是最便宜的。主要应用于小型企业或中型以上企业办公桌面，在传输方面能提供多个具有 10Mbit/s 或 100 Mbit/s 自适应能力的端口。图 4-27 是两款桌面型交换机产品。

图 4-27　桌面型交换机

4）根据交换机的端口结构划分。

固定端口交换机带有的端口数量是固定的，不能扩展。目前这种固定端口的交换机比较常见，端口数量没有明确的规定，一般的端口标准是 8 端口、16 端口和 24 端口。这种交换机一般用于小型网络、桌面交换环境。图 4-28 和图 4-29 分别是 16 端口和 24 端口的交换机产品。

图 4-28　16 端口交换机

图 4-29　24 端口交换机

固定端口交换机因其安装架构又分为桌面式交换机和机架式交换机。机架式交换机更易于管理，更适用于较大规模的网络，它的结构尺寸要符合 19in 国际标准。而桌面式交换机，由于只能提供少量端口且不能安装于机柜内，所以通常只用于小型网络。图 4-30 和图 4-31 分别为桌面式固定端口交换机和机架式固定端口交换机。

图 4-30　桌面式固定端口交换机

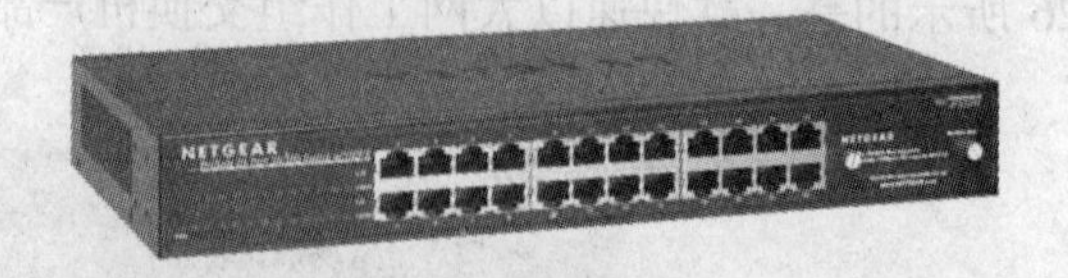

图 4-31　机架式固定端口交换机

模块化交换机虽然在价格上要贵很多，但拥有更大的灵活性和可扩充性，用户可任意选择不同数量、不同速率和不同接口类型的模块，以适应千变万化的网络需求。一般来说，企业级交换机应考虑其扩充性、兼容性和排错性，因此，应当选用机箱式交换机；而骨干交换机和工作组交换机则由于任务较为单一，故可采用简单明了的固定式交换机。如图 4-32 所示为一款模块化交换机产品，在其中就具有4个可拔插模块，可根据实际需要灵活配置。

5）根据交换机工作的协议层划分。

第二层交换机是对应于OSI参考模型的第二协议层来定义的，因为它只能工作在OSI参考模型数据链路层。第二层交换机依赖于数据链路层中的信息（如MAC地址）完成不同端口数据间的线速交换，主要功能包括物理编址、错误校验、帧序列及数据流控制。目前第二层交换机应用最为普遍，一般应用于中小型企业网络的桌面层次。如图4-33所示的是一款第二层交换机产品。要说明的是，所有的交换机在协议层次上来说都是向下兼容的，也就是说所有的交换机都能够工作在第二层。

图4-32　模块化交换机

图4-33　第二层交换机

第三层交换机因为工作于网络层，所以它具有路由功能，它是将IP地址信息提供给网络路径选择，并实现不同网段之间数据的线速交换。当网络规模较大时，可以根据特殊应用需求划分为小而独立的VLAN网段，以减小广播所造成的影响。通常这类交换机采用模块化结构，以适应灵活配置的需要。在大中型网络中，第三层交换机已经成为基本配置设备。如图4-34所示的是一款第三层交换机产品。

第四层交换机是采用第四层交换技术而开发出来的交换机产品，它工作于OSI参考模型传输层，直接面对具体应用。第四层交换机支持HTTP、FTP、Telnet等协议。在第四层交换中为每个供搜寻使用的服务器组设立虚IP地址（VIP），每组服务器支持某种应用。在域名服务器（DNS）中存储的每个应用服务器地址是VIP，而不是真实的服务器地址。当某用户申请应用时，一个带有目标服务器组的VIP连接请求发给服务器交换机。服务器交换机在组中选取最好的服务器，将终端地址中的VIP用实际服务器的IP地址取代，并将连接请求传给服务器。这样，同一区间所有的包由服务器交换机进行映射，在用户和同一服务器间进行传输。如图4-35所示的是一款第四层交换机产品，可以看出，它也是采用模块结构的。

图4-34　第三层交换机

图4-35　第四层交换机

(6) 第二层交换技术

局域网交换机是一种第二层网络设备，交换机在操作过程中不断地收集资料去建立它本身的地址表，这个表相当简单，主要标明某个 MAC 地址是在哪个端口上被发现的。当交换机接收到一个数据封包时，它检查该封包的目的 MAC 地址，核对一下自己的地址表以决定从哪个端口发送出去。而不是像集线器那样，任何一个发送方数据都会出现在集线器的所有端口上。这时的交换机因为只能工作在 OSI 参考模型的第二层，所以也就称为第二层交换机，所采用的技术也就被称为“第二层交换技术”。

“第二层交换”是指 OSI 参考模型第二层或 MAC 层的交换。第二层交换机的引入，使得网络站点间可独享带宽，消除了无谓的碰撞检测和出错重发，提高了传输效率，在交换机中可并行维护几个独立的、互不影响的通信进程。在交换网络环境下，用户信息只在源结点与目的结点之间进行传送，其他结点是不可见的。但有一点例外，当某一结点在网上发送广播或多目广播时，或某一结点发送了一个交换机不认识的 MAC 地址封包时，交换机上的所有结点都将收到这一广播信息。整个交换环境构成一个大的广播域。也就是说，第二层交换机仍可能存在“广播风暴”，从而导致网络性能下降。正因为如此，基于路由方式的第三层交换技术产生了。

(7) 第三层交换技术

在网络系统集成的技术中，直接面向用户的第一层接口和第二层交换技术方面已令人较为满意。但是，作为网络核心、起到网间互连作用的路由器技术却没有质的突破。传统的路由器基于软件，协议复杂，与局域网速度相比，其数据传输的效率较低。但同时它又是网段互连的枢纽，这就使传统的路由器技术面临严峻的挑战。随着 Internet、Intranet 的迅猛发展和 B/S 模式的广泛应用，跨地域、跨网络的业务急剧增长，用户深感传统的路由器在网络中的瓶颈效应，改进传统的路由技术已迫在眉睫。在这种情况下，一种新的路由技术应运而生，这就是第三层交换技术。说它是路由器，因为它可操作在网络协议的第三层，是一种路由理解设备并可起到路由决定的作用；说它是交换机，是因为它的速度极快，几乎达到第二层交换的速度。

一个具有第三层交换功能的设备是一个带有第三层路由功能的第二层交换机，但它是二者的有机结合，并不是简单地把路由器设备的硬件及软件叠加在局域网交换机上。从硬件的实现上看，目前，第二层交换机的接口模块都是通过高速背板/总线（传输速率可高达几十 Gbit/s）交换数据的。在第三层交换机中，与路由器有关的第三层路由硬件模块也插接在高速背板/总线上，这种方式使得路由模块可以与需要路由的其他模块进行高速的交换数据工作，从而突破了传统的外接路由器接口速率的限制（10～100 Mbit/s）。在软件方面，第三层交换机将传统的基于软件的路由器软件进行了界定。目前基于第三层交换技术的第三层交换机得到了广泛的应用。

3. 路由器

路由器是连接异型网络的核心设备。路由器工作于网络层，主要作用是寻找 Internet 之间的最佳路径。图 4-36 为一款路由器产品。路由器具有路由转发、防火墙和隔离广播的作用，它不会转发广播帧，其上的每个接口属于一个广播域，不同的接口属于不同的广播域。

(1) 路由器的基本功能

1) 网络互连。路由器支持各种局域网和广域网接口，主要用于互连局域网和广域网，实现不同网络互相通信。

图 4-36　路由器

2) 数据处理。路由器可以根据网络号、主机网络地址、子网掩码等信息来监控、拦截和过滤信息。因此，路由器具有更强的网络隔离能力，可以用于将一个大型网络分割为若干独立子网，以便进行管理和维护。

路由器可以抑制广播报文。当路由器接收到一个寻址报文时，由于该报文目的地址为广播地址，路由器不会将其向全部网络广播，而是将自己的 MAC 地址发送给源主机，使之将发送报文的目标 MAC 地址直接填写为路由器该端口的 MAC 地址。这样就会有效地抑制广播报文在网络上的不必要传播。

3) 网络管理。路由器提供包括配置管理、性能管理、容错管理和流量控制等功能。

为了完成“路由”的工作，在路由器中保存着各种传输路径的相关数据——路由表（Routing Table），供路由选择时使用。路由表中保存着子网的标志信息、网络上路由器的个数和下一个路由器的名字等内容。路由表分为两种：静态路由表和动态路由表。由系统管理员事先设置好固定的路由表称为静态（Static）路由表，一般是在系统安装时就根据网络的配置情况预先设定的，它不会随未来网络结构的改变而改变。动态（Dynamic）路由表是路由器根据网络系统的运行情况而自动调整的路由表。路由器根据路由选择协议提供的功能，自动学习和记忆网络运行情况，在需要时自动计算数据传输的最佳路径。

(2) 路由器的工作原理

为了简单地说明路由器的工作原理，下面举一个实例。

假设有这样一个简单的网络，如图 4-37 所示，A、B、C、D 四个网络通过路由器连接在一起，现在来研究在这种网络环境下路由器是如何发挥其路由、数据转发作用的。假设网络 A 中一个用户 A1 要向网络 C 中的用户 C3 发送一个请求信号，则信号传递的步骤如下：

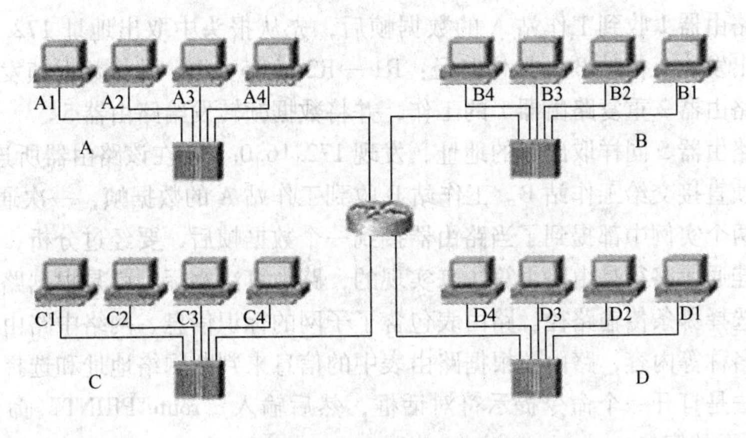

图 4-37　路由器工作原理图

第 1 步：用户 A1 将目的用户 C3 的地址 C3，连同数据信息以数据帧的形式通过集线器或交换机再以广播的形式发送给同一网络中的所有结点，当路由器与网络 A 相连的端口侦听到这个地址后，分析得知所发目的结点不属于本网段，需要路由转发，就把数据帧接收下来。

第 2 步：与网络 A 相连的路由器端口接收到用户 A1 的数据帧后，先从报头中取出目的用户 C3 的 IP 地址，并根据路由表计算出发往用户 C3 的最佳路径。因为从分析得知 C3 的网络 ID 号与和路由器相连的网络 C 的 ID 号相同，所以由路由器直接发向网络 C 应是数据传递的最佳途径。

第 3 步：路由器与网络 C 相连的端口再次取出目的用户 C3 的 IP 地址，找出 C3 的 IP 地址中的主机 ID 号，如果在网络中有交换机则可先发给交换机，由交换机根据 MAC 地址表找出具体的网络结点位置；如果没有交换机设备则根据其 IP 地址中的主机 ID 直接把数据帧发送给用户 C3，这样一个完整的数据通信转发过程就完成了。

可以看出，不管网络有多么复杂，路由器其实所做的工作就是这么几步，所以整个路由器的工作原理基本都差不多。当然在实际的网络中还远比图 4-37 所示的要复杂许多，实际的步骤也不会像上述那么简单，但总的过程是这样的。下面再举一个实例。

工作站 A 需要向工作站 B 传送信息（并假定工作站 B 的 IP 地址为 172. 16. 0. 1），它们之间需要通过多个路由器的接力传递，路由器的分布如图 4-38 所示。

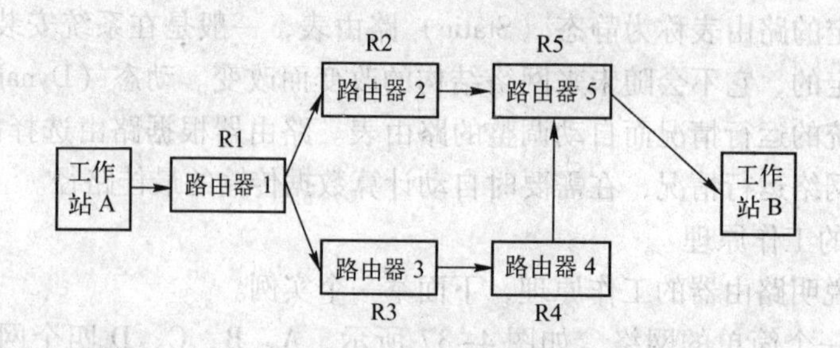

图 4-38　工作站 A、B 间的路由器分布图

第 1 步：工作站 A 将工作站 B 的地址 172. 16. 0. 1 连同数据信息以数据帧的形式发送给路由器 1。

第 2 步：路由器 1 收到工作站 A 的数据帧后，先从报头中取出地址 172. 16. 0. 1，并根据路径表计算出发往工作站 B 的最佳路径：R1 →R2 →R5 →B；并将数据帧发往路由器 2。

第 3 步：路由器 2 重复路由器 1 的工作，并将数据帧转发给路由器 5。

第 4 步：路由器 5 同样取出目的地址，发现 172. 16. 0. 1 就在该路由器所连接的网段上，于是将该数据帧直接交给工作站 B。工作站 B 收到工作站 A 的数据帧，一次通信过程结束。

在上述的两个实例中都提到了当路由器接到一个数据帧后，要经过分析，才能确定最佳路由，选择最佳通信路径是由路由算法来实现的，路由算法实际上就是根据路由器中保存的路由表来决定选择哪条传输路径。路由表包含了子网的标识信息、网络中路由器的数量及下一个路由器的名称等内容，路由器根据路由表中的信息来判断网络地址和选择通信路径。查看路由表的方法是打开一个命令提示符对话框，然后输入“route PRINT”命令，可看到一个如图 4-39 所示的窗口。

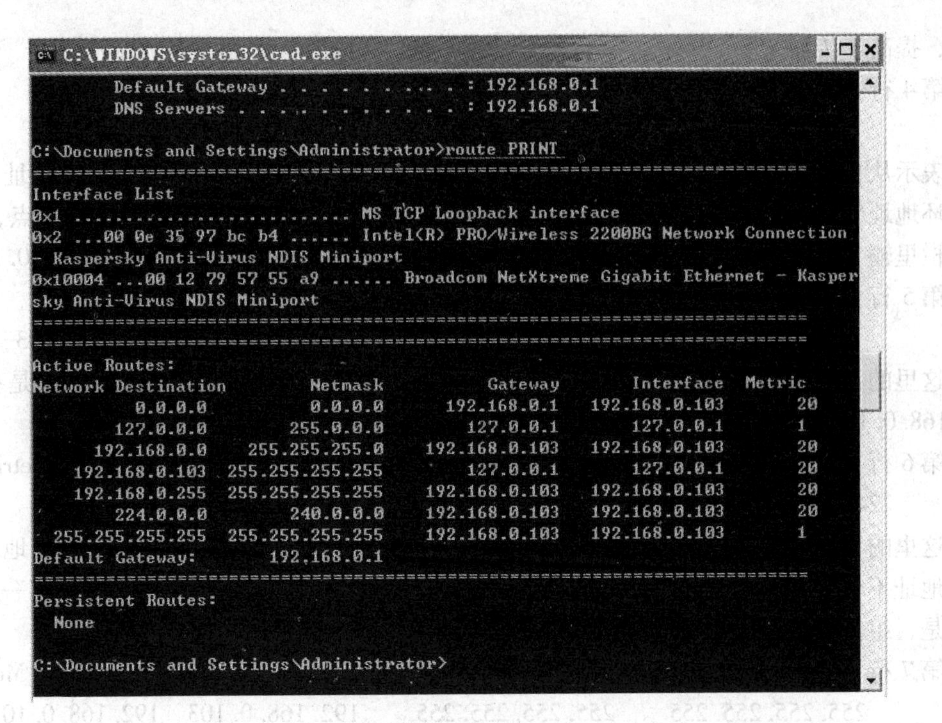

图 4-39　路由表实例

这是 route 命令的第一个参数的输出，首先是最上方给出了接口列表，第一个为本地循环，第二个是无线网卡，最后一个为网卡接口，网卡接口给出了网卡的 MAC 地址。

对于路由表的每一列从左到右依次是：Network Destination（目的地址）、Netmask（子网掩码）、Gateway（网关）、Interface（接口）、Metric（度量值）。

第 1 行：

Network Destination	Netmask	Gateway	Interface	Metric
0. 0. 0. 0	0. 0. 0. 0	192. 168. 0. 1	192. 168. 0. 103	20

这表示发向任意网段的数据通过本机接口 192. 168. 0. 103 被送往一个默认的网关：192. 168. 0. 1 ，它的度量值是 20，度量值指的是在路径选择的过程中信息的可信度，度量值越小，可信度越高。

第 2 行：

Network Destination	Netmask	Gateway	Interface	Metric
127. 0. 0. 0	255. 0. 0. 0	127. 0. 0. 1	127. 0. 0. 1	1

A 类地址中 127. 0. 0. 0 为本地调试使用，所以路由表中发向 127. 0. 0. 0 网络的数据通过本地回环 127. 0. 0. 1 发送给指定的网关：127. 0. 0. 1，也就是从自己的回环接口发到自己的回环接口，这将不会占用局域网带宽。

第 3 行：

Network Destination	Netmask	Gateway	Interface	Metric
192. 168. 0. 0	255. 255. 255. 0	192. 168. 0. 103	192. 168. 0. 103	20

这里的目的网络与本机处于一个局域网，所以发向网络 192. 168. 0. 0（也就是发向局域网的数据）使用本机：192. 168. 0. 103 作为网关，这便不再需要路由器路由或不需要交换机

交换，提高了传输效率。

第 4 行：Network Destination　Netmask　Gateway　Interface　Metric
192. 168. 0. 103　255. 255. 255. 255　127. 0. 0. 1　127. 0. 0. 1　20

表示从自己的主机发送到自己主机的数据包，如果使用的是自己主机的 IP 地址，与使用回环地址效果相同，通过同样的途径被路由，也就是说，如果要浏览自己的站点，在 IE 地址栏里输入 localhost 与 192. 168. 0. 103 是一样的，尽管 localhost 被解析为 127. 0. 0. 1。

第 5 行：Network Destination　Netmask　Gateway　Interface　Metric
192. 168. 0. 255　255. 255. 255. 255　192. 168. 0. 103　192. 168. 0. 103　20

这里的目的地址是一个局域网广播地址，系统对这样的数据包的处理方法是把本机 192. 168. 0. 103 作为网关，发送局域网广播帧，这个帧将被路由器过滤。

第 6 行：Network Destination　Netmask　Gateway　Interface　Metric
224. 0. 0. 0　240. 0. 0. 0　192. 168. 0. 103　192. 168. 0. 103　20

这里的目的地址是一个组播网络，组播指的是数据包同时发向几个指定的 IP 地址，其他的地址不会受到影响。系统的处理依然是使用本机作为网关，进行路由。这里有一点要说明的是，组播可被路由器转发，如果路由器不支持组播，则采用广播方式转发。

第 7 行：Network Destination　Netmask　Gateway　Interface　Metric
255. 255. 255. 255　255. 255. 255. 255　192. 168. 0. 103　192. 168. 0. 103　1

目的地址是一个广域网广播，同样使用本机为网关进行广播，这样当包到达路由器之后被转发还是丢弃，根据路由器的配置决定。

第 8 行：

Default Gateway：　192. 168. 0. 1

这是一个默认的网关，如果发送的数据的目的地址与前面例举的都不匹配，就将数据发送到这个默认网关，由其决定路由。

（3）路由器的分类

1）按性能档次划分。

通常将路由器吞吐量大于 40 Gbit/s 的路由器称为高档路由器，把吞吐量在 25 ~ 40 Gbit/s 之间的路由器称为中档路由器，而将吞吐量低于 25 Gbit/s 的看做低档路由器。当然这只是一种宏观上的划分标准，实际上路由器档次的划分是按综合指标划分的。图 4-40 为一款高档路由器，图 4-41 为一款中档路由器，图 4-42 和图 4-43 均为低档路由器。

图 4-40　华为 NE 40E

图 4-41　迈普 MP2806 - AC

图 4-42　D－Link DI－7100

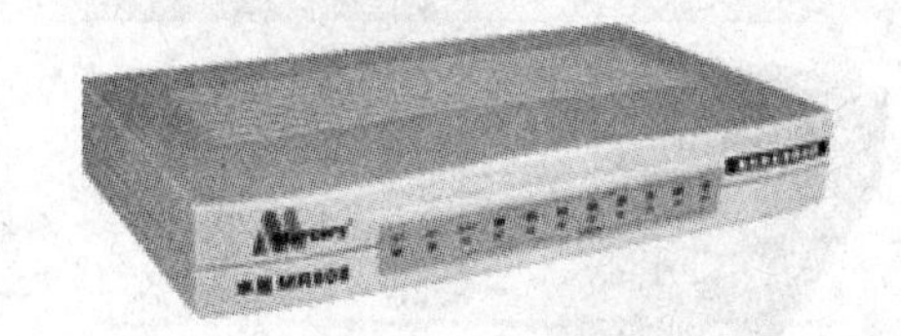

图 4-43　水星 MR808

2）按结构划分。

模块化结构可以灵活地配置路由器，以适应企业不断增加的业务需求，非模块化的就只能提供固定的端口。通常中高端路由器为模块化结构，低端路由器为非模块化结构。图 4-44 为模块化结构路由器。

3）按功能划分。

骨干级路由器是实现企业级网络互连的关键设备，它的数据吞吐量较大。对骨干级路由器的基本性能要求是高速度和高可靠性。为了获得高可靠性，网络系统普遍采用诸如热备份、双电源、双数据通路等传统冗余技术，从而使得骨干路由器的可靠性一般不成问题。骨干级路由器如图 4-45 所示。

图 4-44　模块化结构路由器

图 4-45　骨干级路由器

企业级路由器连接许多终端系统，连接对象较多，但系统相对简单，且数据流量较小，对这类路由器的要求是以尽量便宜的方法实现尽可能多的端点互连，同时还要求能够支持不同的服务质量。企业级路由器如图 4-46 所示。

接入级路由器主要应用于连接家庭或 ISP 内的小型企业客户群体，如图 4-47 所示。

图 4-46　企业级路由器

图 4-47　接入级路由器

4）按所处网络位置划分。

边界路由器处于网络边缘，用于不同网络路由器的连接。它的背板带宽要足够宽，以接受来自许多不同网络路由器发来的数据，如图 4-48 所示。

中间节点路由器处于网络的中间，通常用于连接不同网络，起到一个数据转发的桥梁作用。这种路由器缓存更大，MAC 地址记忆能力较强。如图 4-49 所示为一款集 ADSL Modem/Router/Switch/串口服务器于一体的路由器。

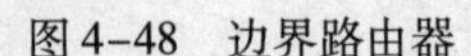

图 4-48　边界路由器

图 4-49　中间节点路由器

4. 网桥

网桥是一种存储转发设备，用来连接类型相似的局域网，如图 4-50 所示。

网桥工作在 OSI 参考模型的第二层，即数据链路层的介质访问控制子层，它能够实现两个在物理层或数据链路层使用不同协议的网络间的连接。

图 4-50　网桥

（1）网桥的工作过程

网桥接收数据帧并送到数据链路层进行差错校验，然后送到物理层再经物理传输媒体送到另一个子网。网桥一般不对转发帧作修改。网桥应该有足够的缓冲空间，以便能满足高峰负荷的要求。另外，网桥必须具有寻址和路由选择的功能。

例如，一个使用 802.3 协议的网络中有一台主机 A 要发送一个分组，该分组被传到数据链路层的 LLC 子层并加上一个 LLC 头，随后该分组又传到 MAC 子层并加上一个 802.3 头。此信元被发送到电缆上，最后传到网桥中的 MAC 子层，在此去掉 802.3 头，然后将它交给网桥中的 LLC 子层。若此时网桥的 LLC 层发现数据是要发向 802.4 局域网中另一台主机 B，则将数据经过 MAC 子层加上相应控制信息后送到 802.4 局域网中，再由主机 B 接收。

（2）网桥的功能

1）过滤与转发。网络上的各种设备包括工作站都有一个“地址”，在信息的传输过程中，当网桥接到信息帧时，它检查信息帧的源地址和目的地址，如果目的地址与源地址不在同一网络上，则网桥将“转发”该信息到扩展的另一个网络上，如果目的地址与源地址在同一网络上，则网桥便不“转发”该信息，起到了一个“过滤”的作用。由于网桥只将该转发的信息帧编排到它的通信流量中，这样就提高了整体网络的效率。

2）学习功能。当网桥接到一个信息帧时，它查看该帧的源地址是否在其地址表中，如果不在，网桥则把该地址加到地址表中，即网桥具有“地址学习”能力。网桥可以根据学习到的地址重新配置网桥，然后对比目的地址和路径表中的源地址，进行“过滤”。

（3）网桥在实际中的应用

1）网络分段。网桥可以用来分割一个负载较重的网络，以均衡负载，增加效率。例如，可以利用网桥将财务部门和销售部门分成两段，两个部门在没有数据交换时在两段上分别运行，有数据交换时才跨过网桥，如图 4-51 所示。

2）扩展网络。使用中的网络仍然受到距离的限制。使用网桥可以进一步延伸距离，扩展网络。

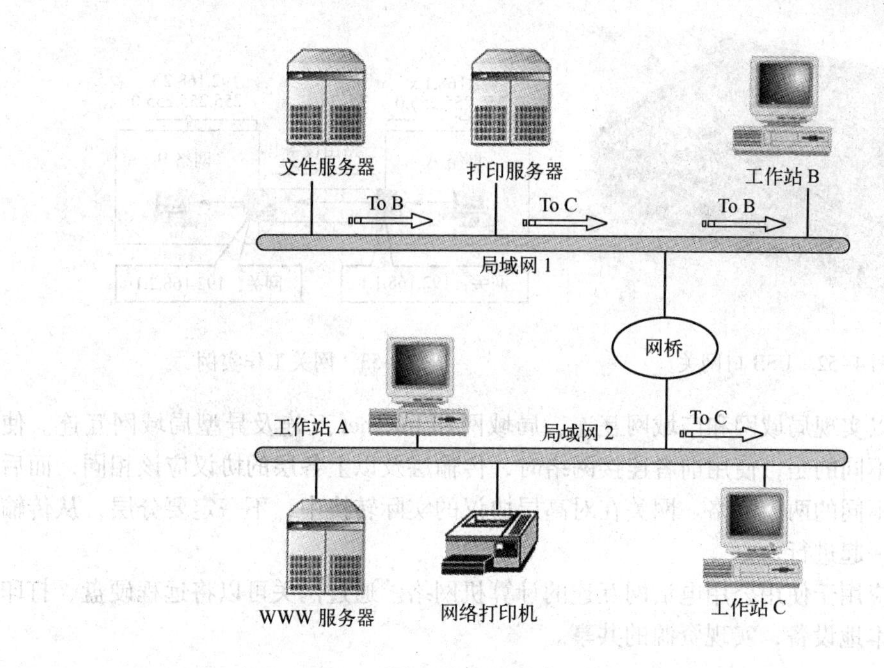

图 4-51　网桥在网络中的作用

3）网桥可以实现局域网之间、远程局域网和局域网之间的连接。

4）网桥可以连接使用不同传输介质的网络。

（4）网桥的分类

从硬件配置来分，网桥可分为内部网桥和外部网桥两种。在文件服务器上安装、使用两块网卡，就可以组成网桥；而外部网桥的硬件则可以放在专门用作网桥的计算机或其他设备上。

从地理位置来分，网桥还可以分为近程网桥和远程网桥。连通两个相近的 LAN 电缆段只需一个近程网桥（或称本地网桥），但连通经过低速传输媒体间隔的两个网络要使用两个远程网桥，注意远程网桥应该成对使用。

5. 网关

网关（Gateway）也称为协议转换器，如图 4-52 所示，用于传输层及以上各层的协议转换，通常是指运行连接异构网软件的 PC、工作站和小型机。由于网关能进行协议转换，适用于两种完全不同的网络环境的通信，因而网关是网间互连设备中最复杂的一种设备。

网关实质上是一个网络通向其他网络的 IP 地址。假设有网络 A 和网络 B，网络 A 的主机 IP 地址范围为 192. 168. 1. 1 ~ 192. 168. 1. 254，子网掩码为 255. 255. 255. 0；网络 B 的主机 IP 地址范围为 192. 168. 2. 1 ~ 192. 168. 2. 254，子网掩码为 255. 255. 255. 0。如图 4-53 所示，在没有路由器的情况下，两个网络之间是不能进行 TCP/IP 通信的，即使是两个网络连接在同一台交换机上，TCP/IP 也会根据子网掩码（255. 255. 255. 0）判定两个网络中的主机处在不同的网络里。而要实现这两个网络之间的通信，则必须通过网关。如果网络 A 中的主机发现数据包的目的主机不在本地网络中，就把数据包转发给它自己的网关，再由网关转发给网络 B 的网关，网络 B 的网关再转发给网络 B 的某个主机。网络 B 向网络 A 转发数据包的过程也是如此。所以说，只有设置好网关的 IP 地址，TCP/IP 才能实现不同网络之间的相互通信。

图 4-52　USB 口网关

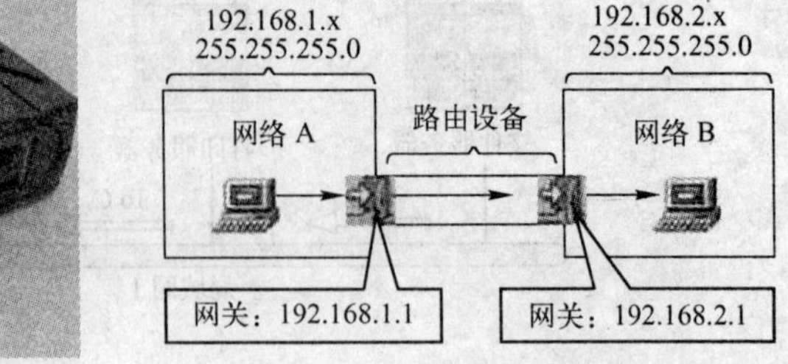

图 4-53　网关工作实例

使用网关可以实现局域网和广域网互连、局域网和 Internet 互连及异型局域网互连。使用路由器和网关不同的是，使用前者连接网络时，传输层及以上各层的协议应该相同，而后者却可以是完全不同的两个网络。网关在对高层协议的实际转换中，不一定要分层，从传输层到应用层可以一起进行。

网关还可以应用于使用公用电话网互连的计算机网络。通过网关可以将远程硬盘、打印机等设备映射为本地设备，实现资源的共享。

4.1.3　实训

实训 1　网卡安装及网络属性配置

【实训目的】

1）掌握网卡的安装方法。

2）掌握网络属性的配置。

【实训内容】

1）安装网卡及驱动。

2）添加通信协议（组件）。

3）网络属性的配置。

【实训步骤】

步骤 1：安装网卡。

网卡是计算机与网络的接口，网卡的好坏直接影响网络的运行状态。安装网卡包括网卡的硬件安装、连接网络线、网卡工作状态设置和网卡设备驱动程序的安装。以 PCI 总线网卡为例，安装过程如下：

1）关闭主机电源，确保无电工作。

2）手触摸一下金属物体，释放静电。

3）打开计算机主机箱，选择一个空闲的 PCI 插槽（主板上后侧中部的白色插槽），拧下机箱后部挡板上固定防尘片的螺钉，取下防尘片，露出条形口。

4）将网卡对准插槽，使有输出接口的金属接口挡板面向机箱后侧，然后适当用力平稳地将卡向下压入槽中，注意插牢插紧，以防松动，造成故障，如图 4-54 所示。

5）将网卡的金属挡板用螺钉固定在条形窗口顶部的螺钉孔上，以保证其工作可靠。

6）重新装好机箱。

图 4-54　网卡的安装

当网卡插入主板，重新启动计算机后，系统报告检测到新的硬件，可按照其提示进行网卡驱动程序的安装，网卡安装好以后，打开“控制面板”窗口，双击“系统”图标，打开“系统特性”对话框，单击对话框中的“硬件”选项卡，在弹出的对话框中单击“设备管理器”按钮，打开“设备管理器”对话框，单击“网卡”选项的前面“+”，展开“网卡”选项，即可以看到已安装的网卡型号信息，出现的信息前面无“?”表示安装成功。

步骤 2：添加通信协议。

在安装网卡驱动的过程中，Windows 操作系统自动安装 TCP/IP，如果要添加其他协议，可以进行如下操作：

1）右键单击桌面上的“网上邻居”图标，然后单击弹出快捷菜单中的“属性”命令。打开“网络连接”窗口，右键单击其中的“本地连接”图标，单击弹出快捷菜单中的“属性”命令，打开“本地连接属性”对话框，如图 4-55 所示，对话框上方“连接时使用”中列出了使用的网卡名称，单击“配置”按钮可进入网卡属性对话框，在“此连接使用下列项目”列表框中列出了已安装的服务及协议，单击“安装”按钮，将出现“选择网络组件类型”对话框，如图 4-56 所示。

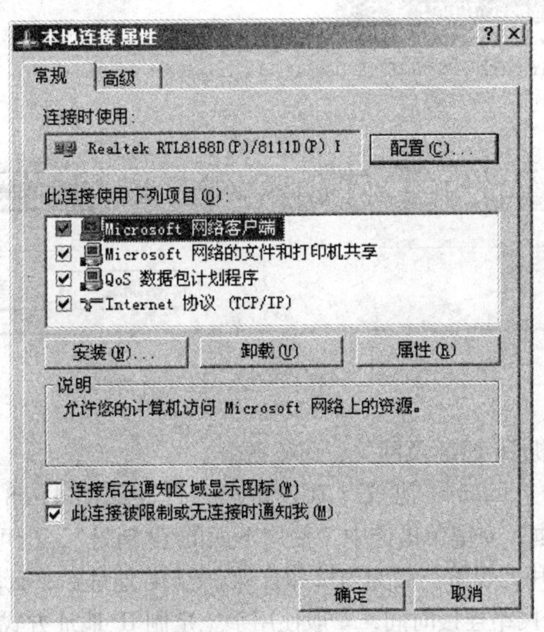

图 4-55　“本地连接属性”对话框

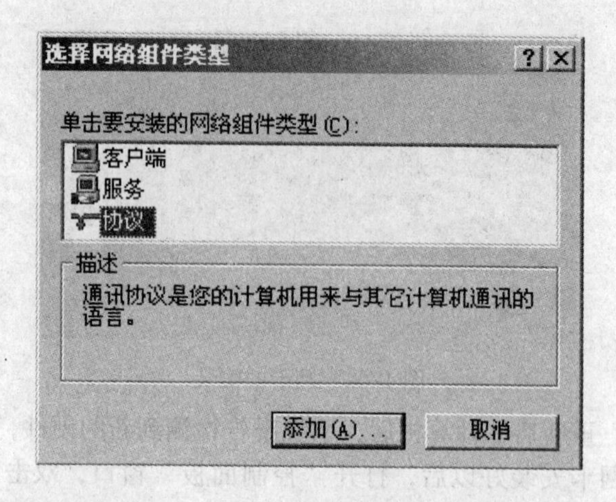

图 4-56 “选择网络组件类型”对话框

2）选择要安装的网络组件类型，如“协议”，单击“添加”按钮，出现“选择网络协议”对话框，在“网络协议”列表框中选中要安装的协议，再单击“确定”按钮，如图 4-57 所示。例如，安装 NetBEUI Protocol，先用鼠标单击选中 NetBEUI Protocol，再单击“确定”按钮即可。

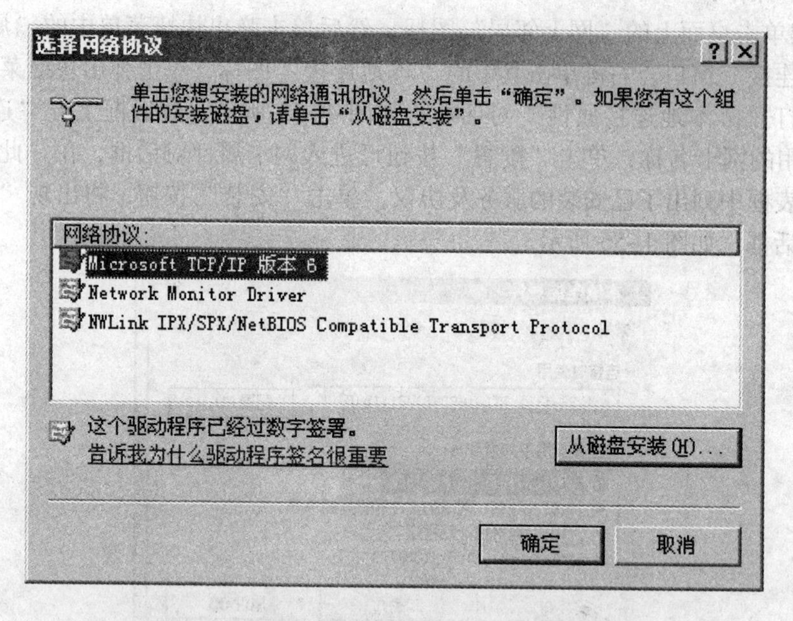

图 4-57 “选择网络协议”对话框

步骤 3：设置计算机 IP 地址及网关、DNS 等。

在图 4-55 中双击“Internet 协议（TCP/IP）”，打开如图 4-58 所示的“Internet 协议（TCP/IP）属性”对话框，左键单击选中“使用下面的 IP 地址”，也可选择“自动获得 IP 地址”选项，但一般不采用此设置，因为当选择自动获得 IP 地址后，计算机启动查找 DHCP 再自动分配 IP 地址会延长网络连接时间，一般使用手工定制 IP 地址方式，可根据计算机所处的局域网 IP 子网规划进行 IP 地址设置，完成静态 IP 地址、子网掩码、网关及 DNS 设置。

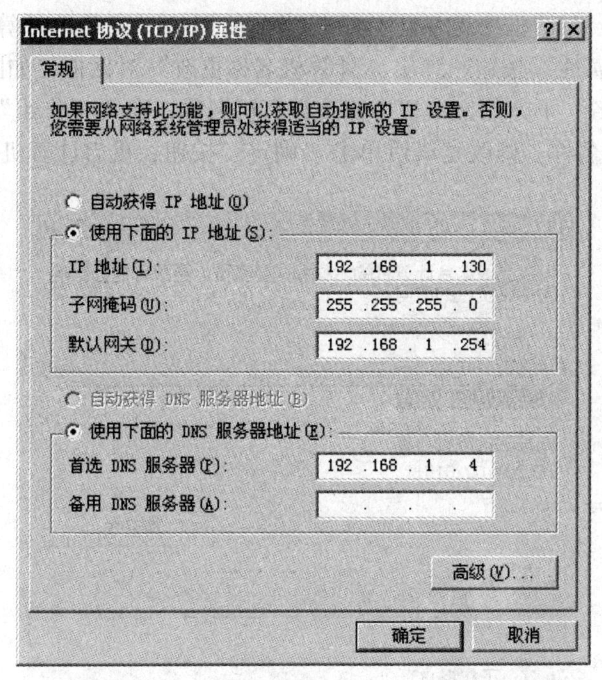

图 4-58　“Internet 协议（TCP/IP）属性”对话框

步骤 4：更改计算机及工作组名称。

1）鼠标右键单击“我的电脑”，在弹出的快捷菜单上单击“属性”，命令打开“系统属性”对话框，如图 4-59 所示。单击“网络 ID”命令，打开“网络标识”设置对话框。

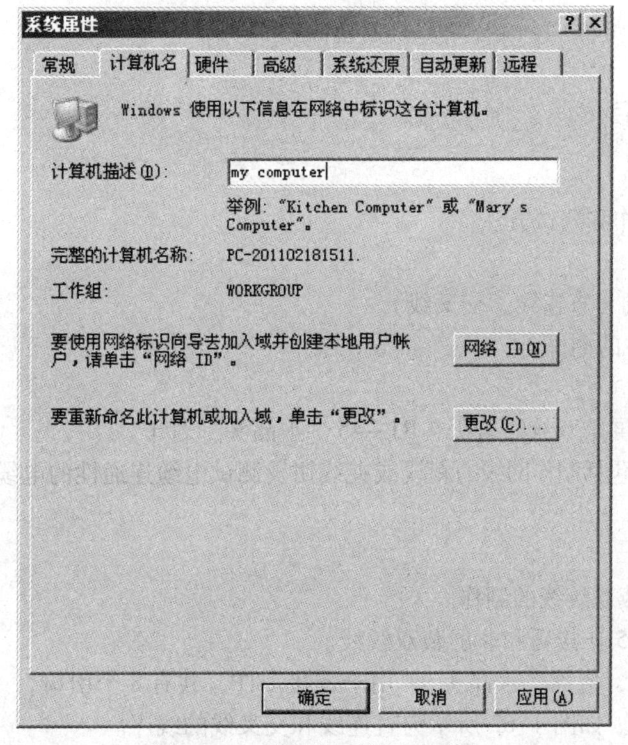

图 4-59　“系统属性”对话框

2）“网络标识”对话框中标出了计算机当前使用的“完整的计算机名称”及“工作组”，单击右边的“属性”按钮，弹出“计算机名称更改”对话框，如图 4-60 所示。

3）在“计算机名”下方的文本栏中修改计算机名称，在“工作组”下方的文本栏中修改加入的网络工作组名称。修改完毕后单击“确定”按钮，重启计算机使其生效。

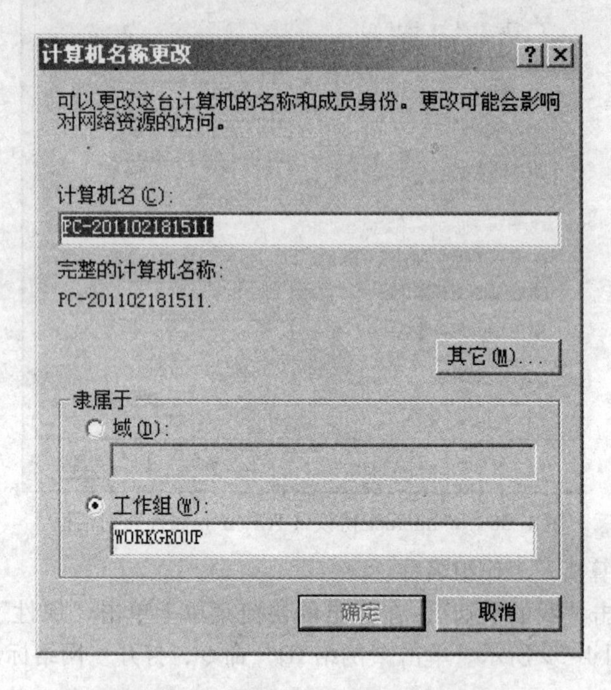

图 4-60　“计算机名称更改”对话框

实训 2　网线制作

【实训目的】

掌握网线的制作和测试方法。

【实训内容】

1）制作双绞线（直连线、交叉线）。

2）网线连通性的测试。

【实训条件】

1）5 类以上非屏蔽双绞线若干、RJ－45“水晶头”若干。

2）组网工具：包括制作网线的剥线或夹线钳及测试电缆连通性的电缆测试仪，如图 4-61 所示。

【实训步骤】

步骤 1：非屏蔽双绞线的制作。

1）认识 RJ－45 连接器和非屏蔽双绞线。

RJ－45 连接器，俗称“水晶头”，用于连接 UTP，共有 8 个引脚，一般只使用第 1、2、3、4、5、6 号引脚。如图 4-62 所示为直连线和交叉线的线序。

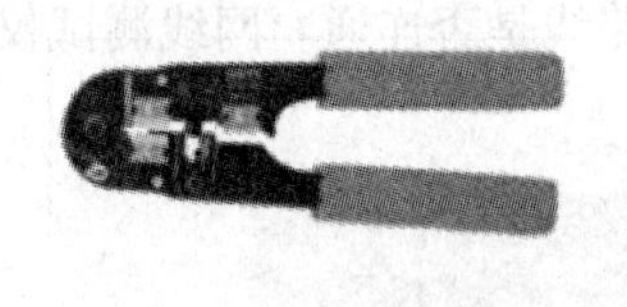

图 4-61　剥线或夹线钳和电缆测试仪

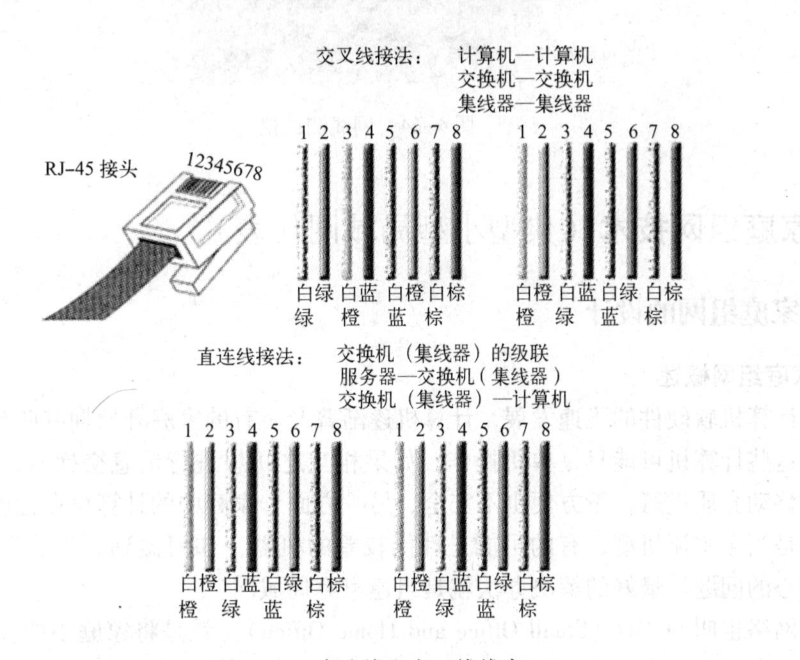

图 4-62　直连线和交叉线线序

2）用剥线钳将双绞线外皮剥去，剥线的长度为 2.5 cm 左右。

3）用剥线钳将线芯剪齐，保留线芯长度约为 1.5 cm。

4）“水晶头”的平面朝上，将线芯插入水晶头的线槽中，所有 8 根细线应顶到水晶头的顶部（从顶部能够看到 8 种颜色），同时应当将外皮也置入 RJ-45 接头之内，最后，用压线钳将接头压紧，并确定无松动现象，如图 4-63 所示。将另一个“水晶头”以同样方式制作到双绞线的另一端。

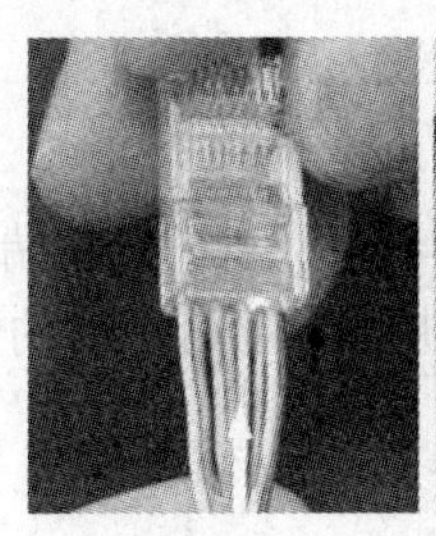

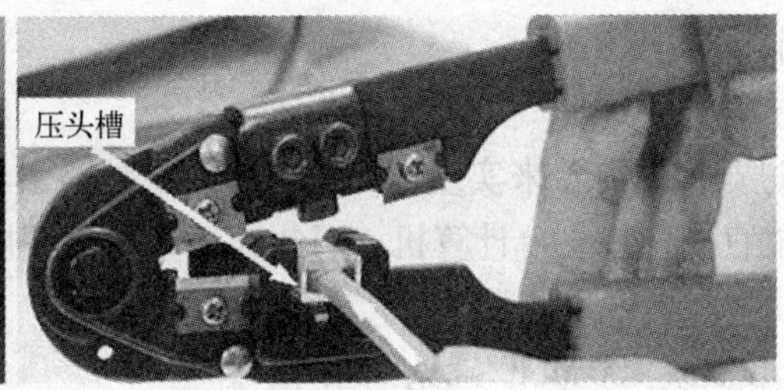

图 4-63　“水晶头”的制作

步骤2：测试网线的连通性。

用网线测试仪测试“水晶头”上的每一路线是否连通。网线测试仪如图4-64所示。发射器和接收器两端的灯同时亮时为正常。

图4-64　网线测试仪

4.2　家庭组网技术（典型小型局域网代表）

4.2.1　家庭组网的设计

1. 家庭组网概述

随着计算机软硬件的飞速发展，计算机逐渐普及，有的家庭开始拥有两台或两台以上的计算机。这些计算机可能只是单机操作，如果相互之间想进行信息交换时，通常使用U盘或其他可移动介质进行，不方便也不安全，另一方面，家庭中的计算机在性能上可能差别很大，有的是当今主流机型，有的可能是性能较差的机器，如何做到“旧物”的有效利用也是用户关心的问题。最好的解决办法就是组建家庭局域网。

家庭网络也叫SOHO（Small Office and Home Office），就是将家庭中的多台计算机（一般为2～10台）连接起来组成的小型局域网。

家庭网络的功能包括如下几方面：

1）多名家庭成员可以在同一时间使用相同的账号访问互联网。

2）能够连接和共享打印机、Modem或其他任何计算机外围设备，充分利用有限的资源，用户还可以通过家庭网络共享信息，或对重要信息进行网络备份。

3）提供全新的娱乐体验，如共同看一部VCD、网上聊天、在线游戏等。

2. 组网方案选择

组建家庭网络的方法很多，这里介绍其中两种。

（1）有线网络

1）路由器方案。

这种方案通过宽带路由器来实现，因为现在的宽带路由器所提供的交换端口基本上都为4口，所以最多只能直接连接4台计算机，因此这种方案只适用于4台计算机的情况。所需设备如下：

- 4块10 Mbit/s或100 Mbit/s以太网网卡。
- 含4口以上的宽带路由器。
- 5条五类以上直连线，每条长度限为100 m。

在这种方案中，无须单独一台计算机长期开启，当各用户需要上网时，只需打开路由器即可，非常方便。

2）集线器+路由器方案。

如果用户数超过4个，主要是多家庭或者小型企业共享使用，因为宽带路由器只有4个交换式LAN端口，所以先要对一部分用户通过集线器集中连接起来，然后再用直连线与路由器的LAN端口相连。所需设备如下：

- *N*块10Mbit/s或100 Mbit/s以太网卡。
- 桌面型集线器。
- 含4个交换端口的宽带路由器。
- *N*+1条五类以上直连线，其中一条用于宽带设备与路由器的连接。1条五类以上交叉线，用于集线器的普通端口与路由器的普通端口相连，如果采用集线器的UPLINK端口与路由器的普通端口相连，则需要1条五类以上直连线，而不需要交叉线。

同样，在这种方案中，当各用户需要上网时，只需打开路由器，接上集线器，即可轻松上网，非常方便。

3）集线器+路由器+交换机方案。

如果用户数目更多，如网吧或者中型企业等，这时就要采用交换机了。如果认为没有必要采用路由共享方式，也就没必要购买宽带路由器，此时可以采用集线器或者交换机集中连接即可，用其中一台性能最好、连接方便的计算机作为网关服务器或者代理服务器，通过代理服务器软件为各用户配置具体的访问权限和互联网应用，网管型不可配置访问权限。这种方案所需设备如下：

- 桌面型集线器或交换机。
- *N*块10Mbit/s或100 Mbit/s以太网卡。
- *N*+1条五类以上直连线，其中一条用于宽带设备与集线器或者交换机的连接。

当然，宽带终端设备也可以通过在其中一台计算机上安装两块网卡，而直接连接在其中担当网关或者代理服务器的计算机上。

这种方式的优点是各计算机可以单独上网，没有服务器的麻烦，缺点是需要添置一定的硬件设备，稳定性相对会受影响。

（2）无线网络

尽管现在很多家庭用户都选择有线的方式来组建局域网，但同时也会受到种种限制，例如，布线会影响房间的整体设计等。通过家庭无线局域网不仅可以解决线路布局，在实现有线网络所有功能的同时，还可以实现无线共享上网。凭借着种种优势，越来越多的用户开始把注意力转移到了无线局域网上，也有越来越多的家庭用户开始组建无线局域网。

家庭无线局域网的组网方式和有线局域网有一些区别，其中最简单、最便捷的方式就是选择对等网，即是以无线AP或无线路由器为中心，其他计算机通过无线网卡、无线AP或无线路由器进行通信，如图4-65所示。该组网方式具有安装方便、扩充性强、故障易排除等特点。另外，还有一种对等网方式不通过无线AP或无线路由器，直接通过无线网卡来实现数据传输。不过，对计算机之间的距离、网络设置要求较高，相对较麻烦。

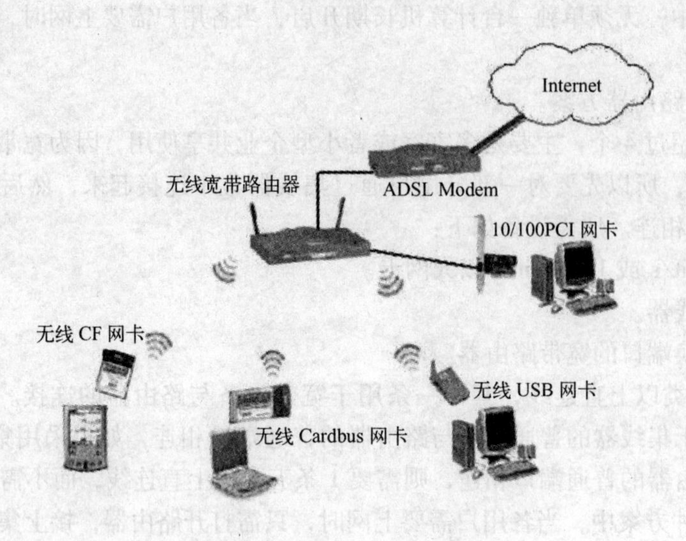

图 4-65　家庭无线组网示意图

与有线网络相比，无线网络更灵活、更方便、更安全、适应性更强、操作也更简单，让人能够真正体会到网络无处不在的感觉。

由于无线网络无须使用集线设备，因此，仅仅在每台台式机或便携式计算机上插上无线网卡，即可实现计算机之间的连接，构成最简单的无线网络。

无线上网方式使用方便，但也有一些缺点，如投资较大，受环境影响难免有断线的可能。

4.2.2　家庭组网的实现

1. 硬件安装

以 TP－LINK TL－WR340 G 无线宽带路由器、TP－LINK TL－WN350 无线网卡（PCI 接口）为例进行介绍。

首先，打开主机箱，将无线网卡插入主板闲置的 PCI 插槽中，重新启动。在进入 Windows XP 系统后，系统提示“发现新硬件”并试图自动安装网卡驱动程序，并会打开“找到新的硬件向导”对话框。单击“自动安装软件”选项，将网卡驱动程序盘插入光驱，并单击“下一步”按钮，这样就可以进行驱动程序的安装，然后单击“完成”按钮即可。打开“设备管理器”对话框，可以看到“网络适配器”中已经有了安装的无线网卡。在成功安装无线网卡后，在 Windows XP 系统任务栏中会出现一个连接图标，右键单击该图标，在弹出的快捷菜单中选择“查看可用的无线连接”命令，在出现的对话框中会显示搜索到的可用无线网络，选中该网络，单击“连接”按钮即可连接到该无线网络中。

接着，在室内选择一个合适位置摆放无线路由器，接通电源即可。为了保证能够无线上网，需要摆放在离 Internet 网络入口比较近的地方。另外，需要注意无线路由器与安装了无线网卡计算机之间的距离，因为无线信号会受到距离、墙壁等的影响，距离过长会影响接收信号和数据传输速率，最好保证在 30 m 以内。

2. 设置网络环境

安装好硬件后，还需要分别给无线路由器及无线客户端进行设置。

(1) 设置无线路由器

1) 打开IE浏览器，在地址框中输入192.168.1.1，就可以进入用户登录页面。再输入登录用户名和密码，单击"确定"按钮打开路由器设置页面，如图4-66所示。用户名和密码可以从路由器的用户手册中了解。

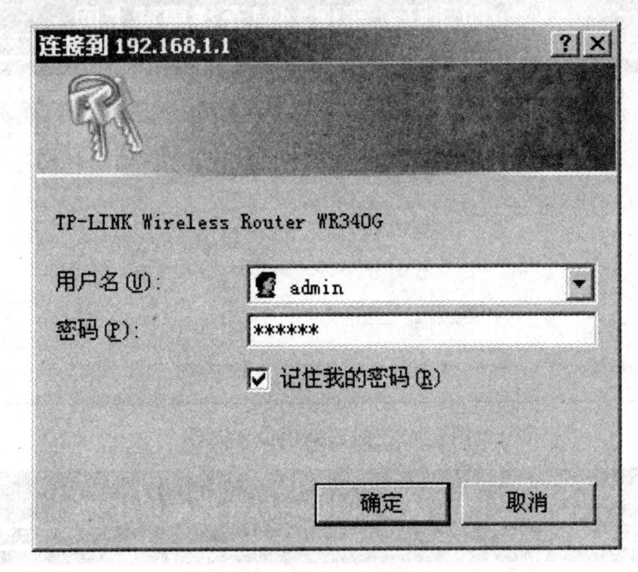

图4-66 登录界面

2) 进入Web页面后，就可以设置各种参数了，左边是设置功能的列表，如图4-67所示。

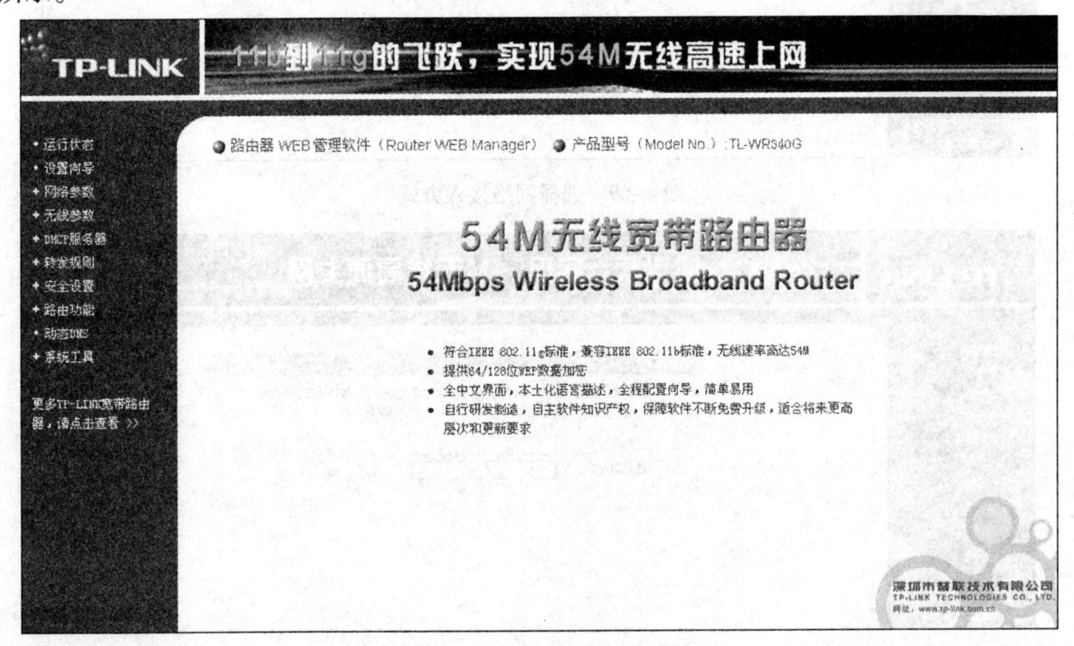

图4-67 路由设置的主界面

3）第一次设置时可以进入设置向导，这是一种方便的设置方法，如图 4-68 所示。

4）进入设置向导后，选择当前网络的接入方式，一般选择“ADSL 虚拟拨号（PPPoE）”就可以了，如图 4-69 所示。

5）下一步就是 ADSL 网络连接的账号和密码，这是运营商设置并提供的，用户输入相应的上网账号和密码就可以了，如图 4-70 所示。

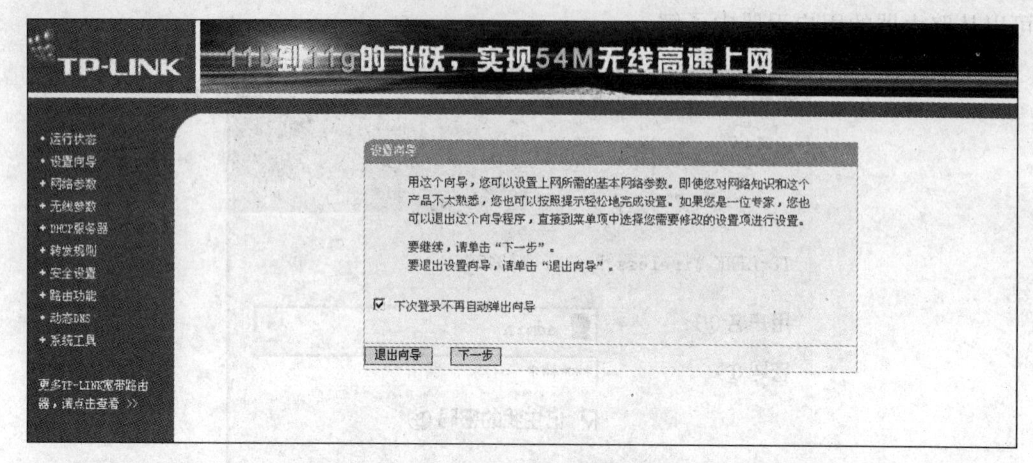

图 4-68　进入路由设置向导

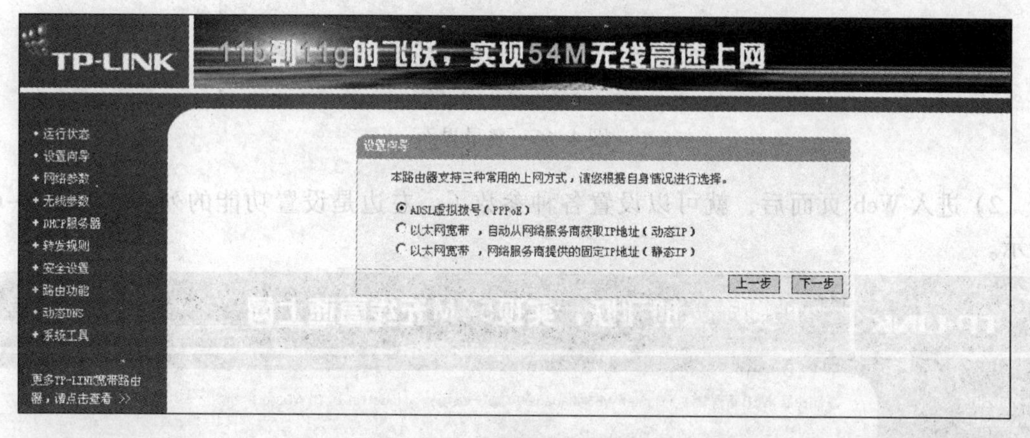

图 4-69　选择网络接入方式

图 4-70　输入上网账号和密码

6）最后单击“完成”按钮，路由的基本设置就完成了，如图4-71所示。

7）如果要查看运行的状态，单击“运行状态”按钮，即可查看到当前网络的运行情况，如果要断开当前路由连接，可单击设置界面中的“断线”按钮。

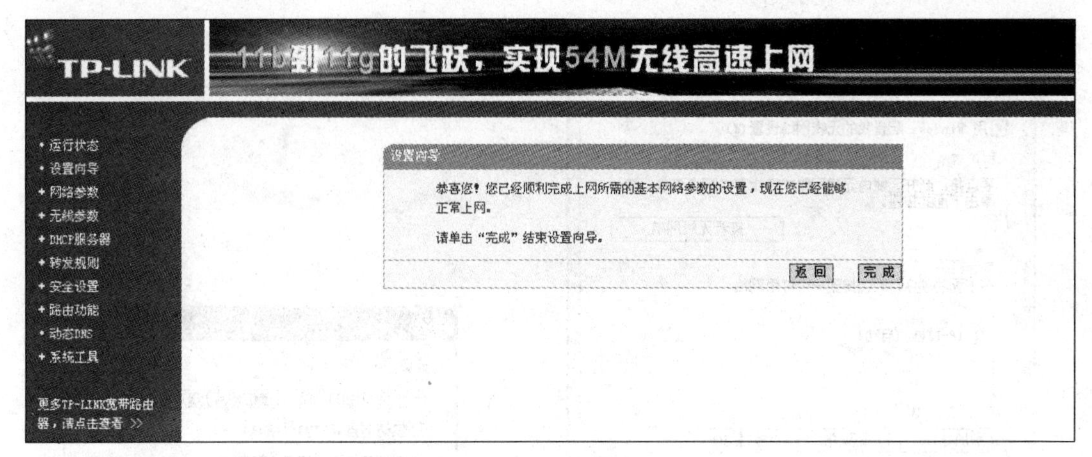

图4-71　设置成功

（2）设置无线客户端

设置完无线路由器后，还需要对安装了无线网卡的客户端进行设置。在客户端中，右键单击系统任务栏“无线连接”图标，在弹出的快捷菜单中选择“查看可用的无线连接”命令，打开图4-72所示的对话框，单击“更改高级设置”按钮，在打开的对话框中单击“无线网络配置”选项卡，弹出如图4-73所示的对话框，单击“高级”按钮，在出现的对话框中选择“仅访问点（结构）网络”或“任何可用的网络（首选访问点）”选项，如图4-74所示，然后单击“关闭”按钮即可。

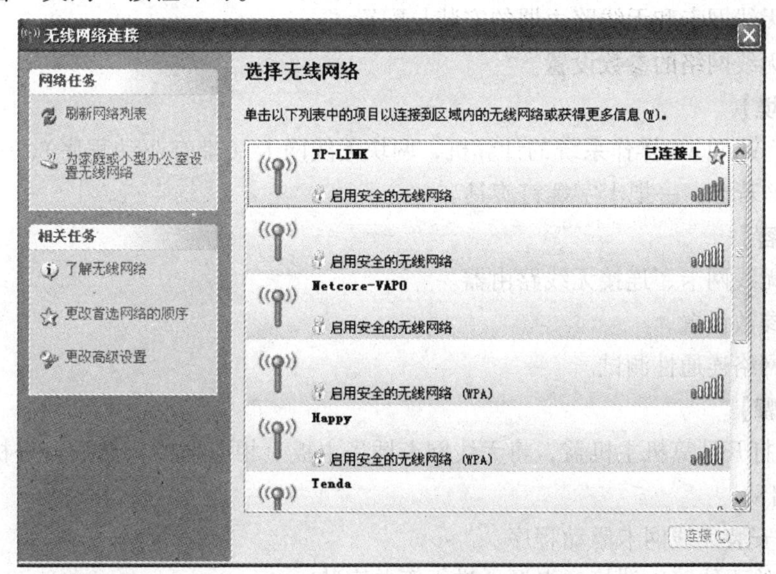

图4-72　选择无线网络

另外，为了保证无线局域网中的计算机顺利实现共享、互访，应该统一局域网中的所有计算机的工作组名称。打开“网上邻居”，单击“网络任务”任务窗格中的“查看工作组计算机”链接就可以看到无线局域网中的其他计算机名称了。以后，还可以在每一台计算机中设置共享文件夹，实现无线局域网中的文件的共享，也可设置共享打印机和传真机，实现无线局域网中的共享打印和传真等操作。

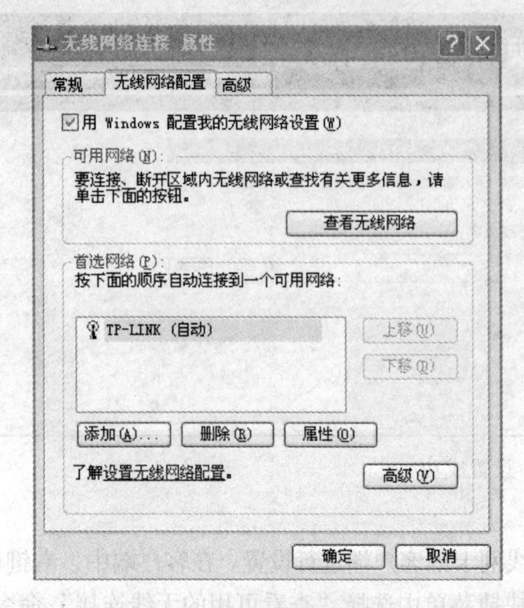

图 4-73　无线网络配置

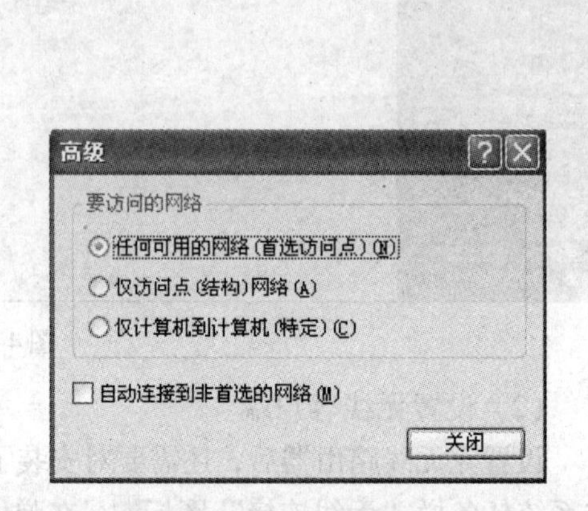

图 4-74　高级设置

4.2.3　实训　无线局域网互连

【实训目的】

1）掌握无线网卡和无线路由器的安装与配置。

2）熟悉无线网络的参数设置。

【实训环境】

两台装有 Windows 操作系统的计算机，两块无线网卡（带有驱动程序），一台无线路由器，交叉 UTP 若干，一把十字螺钉旋具。

【实训内容】

1）安装无线网卡、连接无线路由器。

2）无线参数设置。

3）无线网络连通性测试。

【实训步骤】

步骤 1：打开计算机主机盖，将无线网卡插入主板上相应插槽，然后盖好机箱盖，给计算机通电并启动。

步骤 2：安装无线网卡驱动程序。

步骤 3：给无线路由器接通电源，进行简单安装。

步骤 4：使用 Web 配置工具对无线路由器进行相关配置。

1）利用制作好的双绞线将用于配置的主机与路由器连接，给主机分配一个与路由器地址在同一子网范围内的静态 IP 地址。

2）打开Web浏览器，并输入无线路由器的IP地址，然后在打开的登录窗口中输入默认的User Name（用户名）和Password（密码），单击“确定”按钮即可。

3）进行相关设置，包括环境变量配置，以及网络和安全设置。

步骤5：在安装了无线网卡及其驱动程序的计算机中利用无线网络安装向导安装无线网络。

注意：如果进行了DHCP服务配置，接入计算机会自动获得IP地址建立连接，否则需要手动给接入计算机分配IP地址，使其建立连接。

步骤6：完成以上工作后，通过ping命令测试网络连通性。

4.3 办公室组网技术（典型中型局域网代表）

4.3.1 办公室组网的设计

1. 办公室网络概述

中型局域网需要连接的计算机结点一般都在60台以上，并且各结点之间的距离也较远，一般都会超过100m甚至更远，利用双绞线作为传输介质已经远远满足不了目前的需求。同时，企业办公环境对网络的性能要求较高，对网络的传输速率也有一定的要求，相对来讲，企业往往有较多的资金投入，可以使用光纤介质来连接整个企业园区的主干网络，因为光纤的有效传输距离可以达到两千米或更长。

一般来说，大中型办公室网络的功能需求主要体现在以下几方面：

1）共享软硬件资源，节约资金投入。

2）实现对重要数据的安全管理。

3）实现对网络的统一控制和管理。

2. 办公室网络的结构设计

企业办公室网络可以采用两层结构，即中心交换机层和供各结点连入的桌面交换机层。中心交换机可以采用一台高档的企业级交换机，提供多个千兆网络端口。各结点的桌面交换机连接到中心交换机上，这些桌面交换机内部就相当于一个小型局域网，如图4-75所示。

对于一个拥有50个无线用户的中型企业，其网络通常不像以前介绍的小型企业网络那么简单，除了有50个无线用户外，通常还有一些有线网络用户，当然这些用户主要是一些高级用户或者位置分散的用户，如总经理、部门经理，以及财务、人事等部门人员，而且对于这样的企业无线网络用户，通常不是集中在一个办公室中，而是分布在不同楼层或同一楼层不同的办公室中。

假设这50个用户分散在开发部、生产部、技术部、市场部、行政部等几个部门办公室之中，并且每个部门的用户数基本上都在10个左右。在这种典型应用环境中，可以对每个办公室采用一个单独的AP，如果成本允许的话，或者觉得连接性能达不到要求的话，可以在每个办公室中安排放置两个AP，这样覆盖更全面，每个用户所分配的带宽要高些，连接性能更好。每个办公室中各无线用户通过无线网卡与相应办公室的AP连接，然后通过有线交换机与各AP的连接把各用户集中在一起，再与其他部分的有线网络连接，网络结构如图4-76所示。

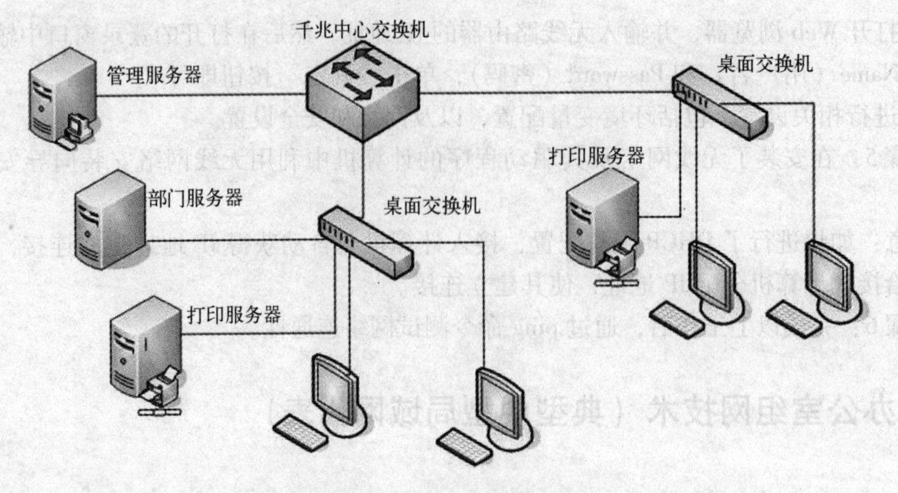

图 4-75　办公室网络结构图

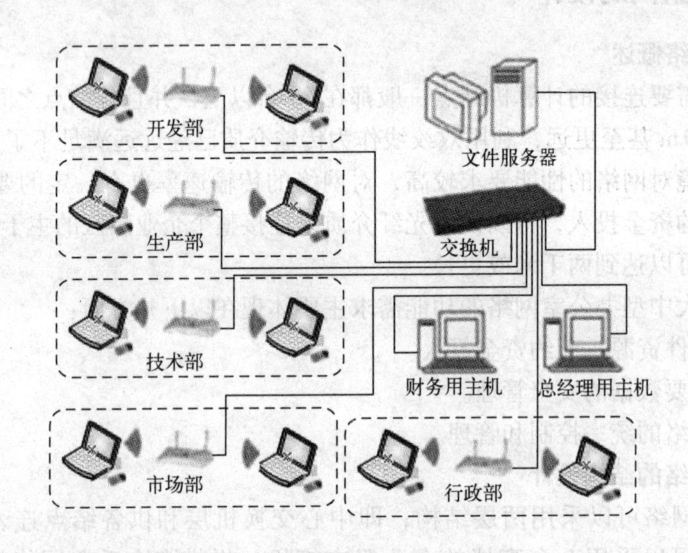

图 4-76　办公室无线组网结构图

4.3.2　办公室组网的实现

企业若想组建内部局域网及接入 Internet，要根据企业的规模和用途，选购不同的网络设备来实现。对于小企业来说，要实现这个网络功能比较简单，往往一台小型接入式路由器再配上一台交换机便可满足需求。对于大中型企业，办公室组网相对较复杂。

1. 网络拓扑结构的确定

如图 4-77 所示的网络拓扑结构，适用于一般大中型企业，总结点数在 1000～5000 之间。其目的是在企业内部包括其各地分支机构建立起稳定、安全、高效的百兆到桌面的网络系统以及利用网络资源实现企业内部 IP 电话功能。主服务器不仅能够为整个公司提供数据及存储服务，而且可以提供对外的发布服务。由于各个企业的情况是不相同的，这种拓扑结构只是提供了一种比较常见且实用的方式，不同的企业可以根据自己的情况，追加或者减少其中的某些设备，以达到利益和用途的最大化。

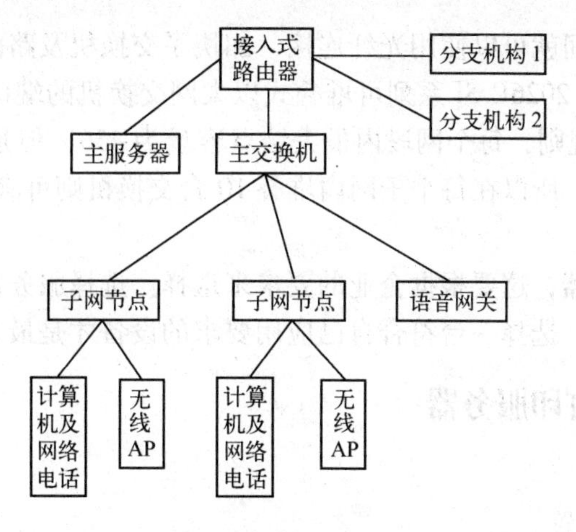

图 4-77　企业内部局域网拓扑图

2. 传输介质的选择

在路由器与交换机之间及交换机与交换机之间，都采用单模光纤，以减少对网络的瓶颈作用。而到桌面的网线则采用质量较好的非屏蔽五类线。

3. 网络设备的选择

(1) 路由器

对于企业来说，接入 Internet 并不是只意味着可以上网，尤其是对于一些在各地有分支机构的企业来说，连入 Internet 就可以实现在 ISP 提供的广域网络上与分支机构之间的虚拟局域网（VPN）。这样既保证了数据的安全，也保证了各地之间数据交换的及时性，加快企业的运作效率。

本例使用 CISCO 3600 系列路由器，这个系列的路由器不仅可以支持企业接入 Internet，而且可以通过追加网络模块，实现 VPN。CISCO 3620 与 3640 路由器在追加网络模块后，能够以 18 Mbit/s 的 3DES 性能提供基于硬件的加密服务。而 CISCO 3660 在追加专用模块后，能够以 40 Mbit/s 的 3DES 性能提供基于硬件的加密服务。

(2) 交换机

在企业使用的主交换机的选择上，主要考虑的是其稳定性和兼容性，一台稳定性好的交换机将给企业的网络带来顺畅的服务，而兼容性好则为网络的扩充提供了便利的条件，也可以保护购买者的投资利益。

本例使用 CISCO 4500 系列交换机。CISCO 4500 系列交换机的兼容性比较好，它可以提供无阻塞的第二至四层交换，这样无论是对企业的一些较老的网络设备还是一些较新的网络设备都有很好的兼容性，不会出现丢包等问题。另外，选择这个系列的交换机还因为它具有高可用性的集成化语音、视频和数据网络，这样在企业布置内部 IP 电话系统及视频会议方面将会提供很大的便利。

在每个子网的连接点上，考虑到成本和稳定性两方面，本例使用华为 Quidway AR 28-10 系列路由器与 Quidway 2026C SI 系列可堆叠式以太网交换机串联的组合。Quidway 2026C SI 属于第二层交换机，它基于数据链路层，根据 MAC 地址寻址，在其所有端口上支持基于带宽百分比的广播风暴抑制，这样在一定程度上提高了网络的利用效率，也提高了整个子网的稳定性。同时，它还提供了光纤扩展能力，允许交换机通过光纤互连网络，这样在路由器与交换机的串联组合之间就可以使用光纤连接，加快了交换机及路由器之间的传输速率，减小了网络瓶颈。Quidway 2026C SI 系列可堆叠式以太网交换机的端口数为 24，最大堆叠能力为 16 台，根据 IPv4 的规则，每个网段内最大结点容量为 256，但是在使用期间建议每个子网段不超过 230 个结点。所以在每个子网内堆叠 10 台交换机则可满足需求。

（3）服务器

对于企业的主服务器，这要根据企业的要求来选择。选择服务器的时候，不要认为功能越全、价格越高就越好，选择一台符合自己应用要求的设备才是最合理的。

4.3.3 实训 配置打印服务器

【实训目的】

1）掌握打印机的设置。

2）掌握网络打印机的安装过程。

【实训条件】

办公室局域网环境、打印机一台。

【实训内容】

安装并设置打印机，使得网络中客户机的用户都可通过局域网将打印作业发送到服务器连接的打印机上，共同使用网络中的这台打印机，完成相应的设置。

【实训步骤】

步骤 1：安装本地打印机。

1）将打印机正确地连接到办公室网络的服务器上，打开电源开关，安装打印驱动程序。

2）依次执行“开始”→“设置”→“打印机”命令，打开“打印机”窗口，并在窗口中双击“添加打印机”图标，即可启动添加向导，利用该向导可安装或连接打印机，单击“下一步”按钮，可打开“本地或网络打印机”界面，如图 4-78 所示。

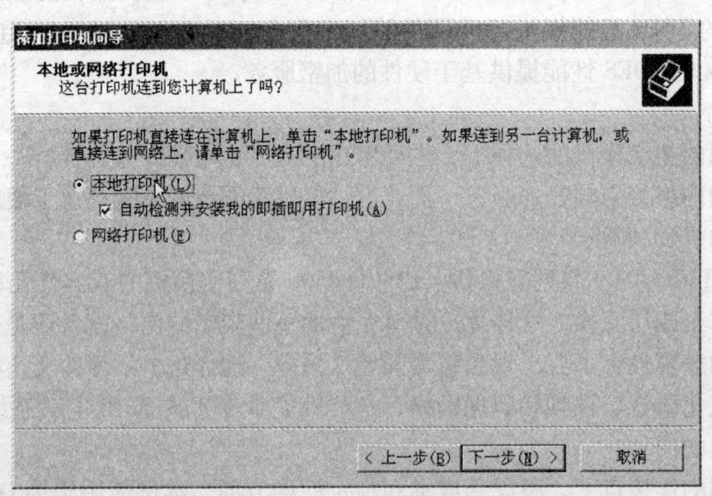

图 4-78 “本地或网络打印机”界面

3）单击“本地打印机”单选按钮，然后单击“下一步”按钮继续，如果该向导没有检测到新的即插即用打印机，在打开的对话框中将要求用户手动安装该打印机。

4）单击“下一步”按钮，打开选择“打印机端口”对话框，在其中选择打印机使用的端口，一般情况下，使用系统默认的 LPT1 端口“LPT1:”。

5）单击“下一步”按钮，在打开的对话框中选择打印机的制造商和打印机型号，在“制造商”列表选中打印机的品牌名称，然后在“打印机”列表框中查看是否有该型号的驱动程序。如果找不到相应的型号，可直接从打印机所附带的驱动程序光盘进行安装，单击“从磁盘安装 ”按钮，打开“从磁盘安装”对话框，并在其中单击“浏览”按钮，然后在驱动程序文件夹中找到相应的驱动程序安装即可。

6）单击“确定”按钮后，该打印机型号就会添加到“打印机”列表框中，单击“下一步”按钮，会打开“命名您的计算机”选项，要求为该打印机指定一个名称，用户既可使用默认的名称，也可在“打印机名”文本框中输入新的名称，然后单击“下一步”按钮继续。

7）这时打开“打印机共享”对话框，系统自动将打印机设为共享状态，在后面的文本框中添加描述性的语言，以便于在网络中识别。

8）单击“下一步”按钮，打开“位置和注解”对话框，在文本框中添加该打印机的位置和描述性的语言，以便在网络中识别。

9）在打开的一个对话框中询问是否打印测试页，默认为“是”选项，继续进行后打开该向导的最后一个对话框，其中显示了前面所做的设置，如果出现错误，可单击“上一步”按钮返回到相应的位置进行修改。确认无误后，单击“完成”按钮开始复制所需要的文件。完成文件的复制后，在“打印机”窗口中就会显示添加的打印机图标。

步骤 2：设置打印机的属性。

依次执行“开始”→“设置”→“打印机”命令，打开“打印机”窗口，右键单击要安装的打印机图标，选择快捷菜单中的“属性”按钮，即可打开相应的属性对话框，可以在这里设置和自定义打印机的相关选项。

如果要安装网络打印机，首先要设置打印机的共享属性，在属性窗口中选择“共享”选项卡，这时会打开该打印机的属性对话框，用户可更改共享打印机的名称，如图 4-79 所示。

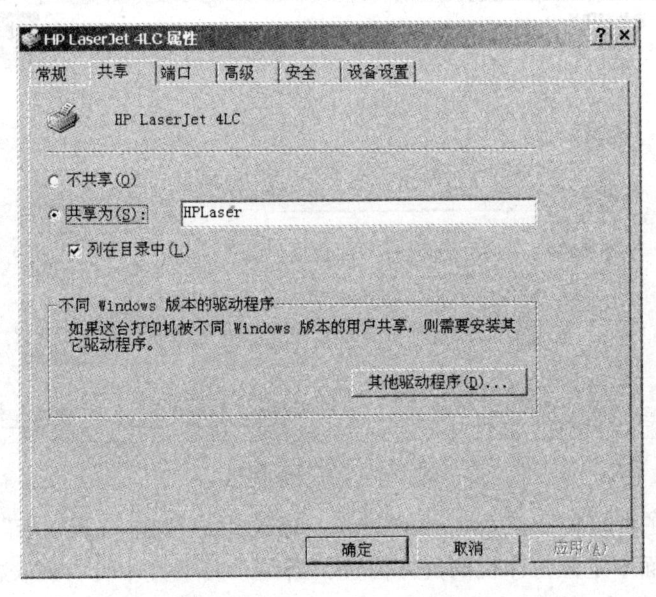

图 4-79　设置共享打印机名称

步骤3：安装网络打印机。

(1) 在服务器上添加客户机所需要的驱动程序

由于客户机端计算机运行不同版本的 Windows 操作系统，则必须在安装打印机的服务器上为这些计算机安装相应的打印机驱动程序，这样在连接过程中，不需要原始的光盘或磁盘，就可以将打印机驱动程序下载到工作站端。这样工作站端才能在连接到网络打印机时，不会出现系统缺少驱动程序的提示。具体操作如下：

1）依次执行“开始”→“设置”→“打印机”命令，打开“打印机”窗口，右键单击要安装支持其他客户机的打印机图标，选择快捷菜单中的“属性”命令，打开相应的属性对话框。

2）在“共享”选项卡中单击“其他驱动程序”按钮，打开“其他驱动程序”对话框，在列表框中选择与客户机的环境和操作系统相关的复选框，然后单击“确定”按钮，即可成功添加支持该系统的驱动程序。

(2) 在客户机端安装网络打印机

下面以安装 Windows XP 操作系统的客户机为例，操作步骤如下：

1）依次执行“开始”→“设置”→“打印机”命令，打开“打印机”对话框，在其中双击“添加打印机”图标，启动添加打印机向导。

2）单击“下一步”按钮，打开“本地或网络打印机”对话框，由于该计算机要连接到网络打印机上，选择“网络打印机”选项。

3）在打开的“查找打印机”界面中包括3个选项，单击第一个单选按钮，可在活动目录中进行搜索；最后一个单选按钮通常用于互联网中共享的打印机，用户可在其中输入打印机的 URL 地址，在这里单击第二个单选按钮，可直接在“名称”后的文本框中输入网络中共享打印机的名称，如图4-80所示。

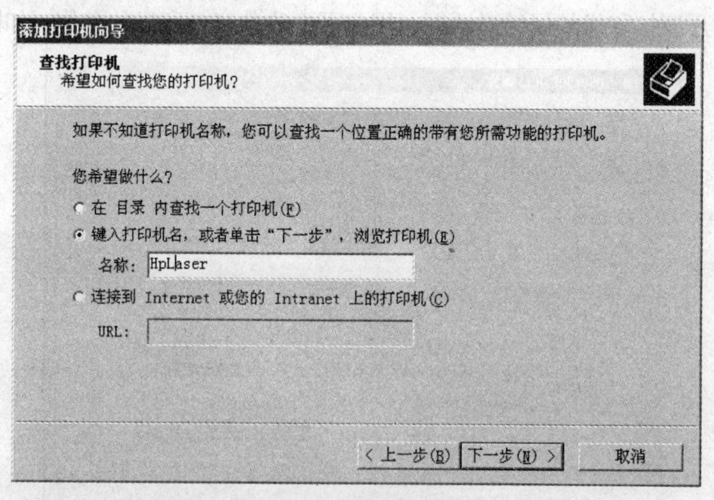

图4-80　查找打印机

4）为了避免在直接输入名称时出现错误，建议用户单击“下一步”按钮，在打开的“浏览打印机”界面中定位打印机的具体位置，当在“共享打印机”列表框中定位后，将会显示在“打印机”文本框中。

5）单击“下一步”按钮，接下来会要求用户选择是否将该打印机设置为默认打印机，当单击“是”按钮后，如果网络中有多台可使用的打印机时，将会在这台打印机上优先打印输出。

6）继续进行会打开“正在完成添加打印机向导”对话框，单击“完成”按钮，即可完成与网络打印机的连接。

4.4 校园组网技术（典型大型局域网代表之一）

4.4.1 校园组网的设计

1. 校园网概述

随着网络技术的发展，众多高校都开始搭建网络平台，组建自己的校园网络。一个校园网络的组建并不是用几个交换机就能实现的，它是一项庞大而复杂的工程，需要覆盖整个校园，将校园内的计算机、服务器和其他终端设备连接起来，实现校园内部数据的流通，实现校园网络与互联网络的信息交流，并且还涉及网络的安全及网络的管理。因此，一个校园网络系统的组建需要从多方面进行考虑。

2. 校园网整体设计

一些高校为了进一步提升自身综合实力，纷纷改扩建自己的校园，大量新教学楼拔地而起。在新建大楼中一般都布有网络线，这给校园组网带来了一定的便利。不过还有一部分老式的建筑物并没有布网络线，如果在这里使用有线网络，不但会带来布线的麻烦，还会影响建筑大楼的美观。在一所校园内，总有一部分区域是有线网络不能涉及的范围，如果强行布置有线网，效果也会不好。所以，在上面提到的这些地方需要布置无线局域网，才能让整个校园都被网络覆盖。当然，也不能在一所高校内全部布置无线局域网，毕竟无线局域网的数据传输速度较慢，并不适合一些高带宽业务的处理。因此，一所校园的校园网应该是有线、无线网络的有机结合。

3. 校园网基本拓扑结构

由于校园网的拓扑结构比较复杂，在这里并没有详细描述出每个细节，只是把校园网的基本结构体现出来。图 4-81 是一个校园网的基本网络拓扑。

拓扑图中的路由器、防火墙与核心交换机构成了校园网的核心，也就是网络中心，网络中心性能的好坏将直接影响整个校园网的性能，因此，网络中心的组建将是整个校园网组建成败的关键。路由器处在网络中心的最顶层，它直接与互联网连接，同时内连校园网中的防火墙，所以路由器在校园网中的作用非常重要。在选择适合校园使用的路由器时，要根据校园网的规模来决定。另外，现在很多校园都采用专线接入，所以路由器要具备接入这种专线的能力。网络中心的防火墙在校园网中起到网络“防黑”的作用，在选择校园防火墙时，最好选择带虚拟专用网（VPN）功能的防火墙，现在很多高校都有自己的分校区，要实现远程分校区的网络访问，采用 VPN 技术是最好的方式。网络中心的核心交换机也是根据校园规模来确定的，现在高校的人数一般都比较多，计算机数量也比较多，为了方便管理，这里通常都是采用支持 VLAN 的第三层路由交换机，VLAN 功能可以帮助管理员管理校园网络，防止广播风暴发生。在速度上，由于一些大型校园均采用万兆骨干网，所以也要根据采用什么样的骨干网来确定选择千兆或万兆第三层路由交换机。

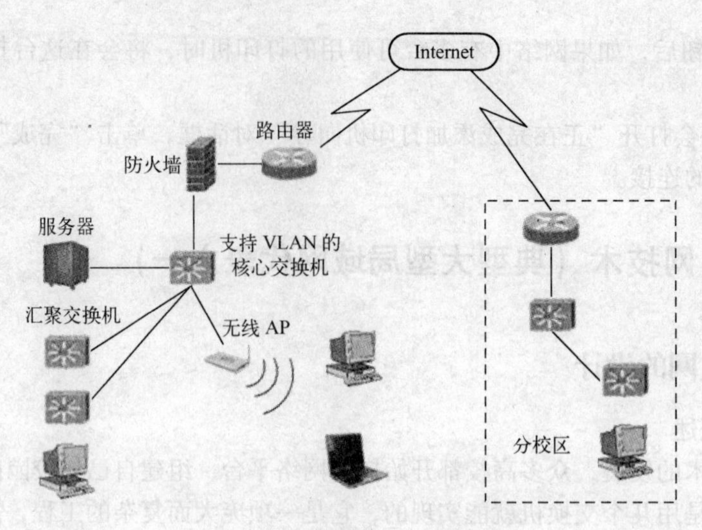

图 4-81　校园网拓扑结构图

校园网络中心的建立是为了内部各个小型网络的接入，所以接入部分是整个校园网络的基础。校园网中的接入主要分为两部分，有线局域网的接入和无线局域网的接入。有线局域网主要是指那些已经布好网络线的地方，例如，各系的机房、新建的信息大楼、新建的学生宿舍等，这些都已经布好了网络线，只需要选择适合的交换机就能实现这部分有线网络的接入。无线局域网的组建则针对一些老式的大楼、宿舍和大型会议室等，由于这些建筑在以往没有布线或者不适合于布线，但又需要网络信号覆盖，因此，需要在这部分组建无线局域网。

（1）校园网有线部分

校园网有线部分是针对校园网中接入网络中心的这一部分网络，所选用的网络产品主要是交换机。

从图 4-82 中可以看到接入交换机与核心交换机的作用，选择接入交换机的端口数量时主要考虑每幢楼的计算机数量。在核心交换机和汇聚交换机进行连接时，如果连接距离超过 100 m，那么要采用光纤才能满足需要。

此外，随着校园网规模的不断扩大，用户不断增加，各学院内部对于灵活、动态地组建 LAN 网段的要求也越来越多，客观上要求 LAN 本身的结构可以实现动态组建、调整和管理。为了有效地提高网络管理的灵活性，提高网络效率和网络安全性，充分合理地进行 VLAN 划分是必需的。这就要求核心交换机可以随时进行 VLAN 的设置，以便为学校各信息点的职能调整与扩展提供方便；同时，能更好地控制校园网广播风暴，防止 IP 地址盗用，提高校园网安全性能。VLAN 技术是目前实现城域网中各学校互连共享的最经济、最简单的方案。

（2）校园网无线部分

校园网的无线部分主要是针对一些老式的大楼、宿舍和大型会议室等不能或不适合布线的地方而设计的，这一部分的网络产品主要以无线 AP 为主。

从图 4-83 中反映出无线局域网分为两层，一层是连接有线网络的无线 AP，另外一层是大楼内分布的无线 AP。这两层的无线 AP 通过内部集成的桥接功能，实现它们的无线互连。连接有线网络的这个无线 AP 最好安置在离需要组建无线局域网的大楼附近，并且中间最好没有建筑物阻挡，相隔距离也不要超过 300 m，这样才能让无线 AP 性能得到发挥，最大限

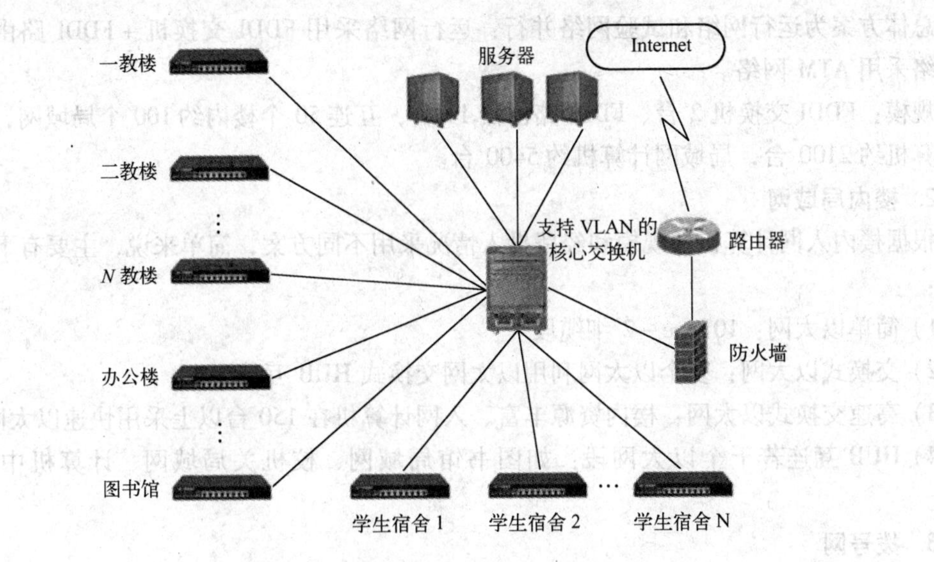

图 4-82　校园网内有线局域网示意图

度节约成本。而需要组建无线局域网的大楼内每一层楼布置一个无线 AP，以目前无线 AP 的性能而言，基本上能够将信号覆盖到一层楼的每一个角落，这样，一个无线局域网的基本结构就形成了。

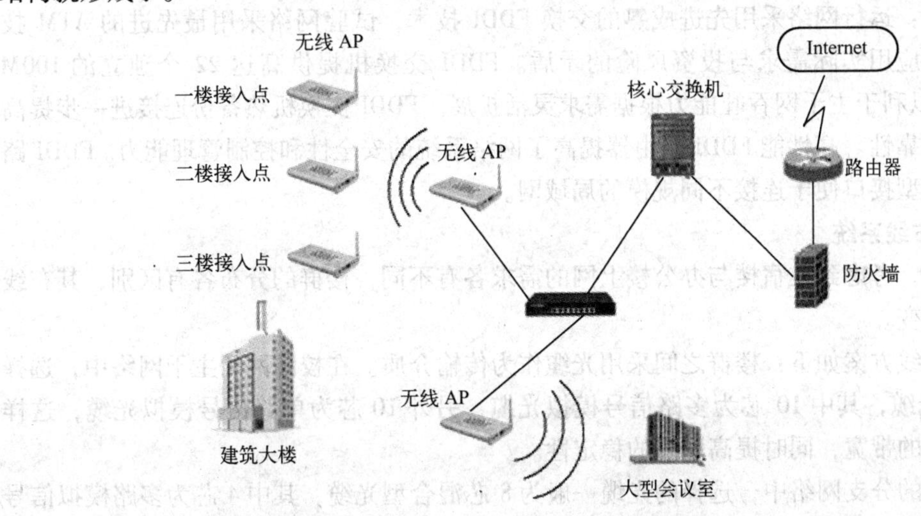

图 4-83　校园网内无线局域网示意图

4.4.2　校园组网的实现

校园网是常见的大型局域网之一，这里以某大学校园的局域网组建方案为例进行说明。某大学校园网主要由主干网、楼内局域网、拨号网、网络布线系统和楼内网络布线系统等几部分组成。

1. 主干网

主干网采用 TCP/IP，拓扑结构采用星形结构，主干光缆为 20 芯（10 芯多模，10 芯单模）。其特点是可靠性、安全性比较高，易于网络升级，其路由协议采用 OSPF。

总体方案为运行网络和试验网络并行：运行网络采用 FDDI 交换机 + FDDI 路由器；试验网络采用 ATM 网络。

规模：FDDI 交换机 2 台、FDDI 路由器 11 台，互连 50 个楼内约 100 个局域网，连接家庭计算机约 2100 台，局域网计算机约 5400 台。

2. 楼内局域网

根据楼内入网计算机的规模和经费投入情况采用不同方案，简单来说，主要有下列 4 种方法：

1）简单以太网：10Base - 2 细缆段。

2）交换式以太网：多个以太网利用以太网交换式 HUB 互连。

3）高速交换式以太网：楼内资源丰富、入网计算机在 150 台以上采用快速以太网。

4）HUB 互连若干个以太网段：如图书馆局域网、校机关局域网、计算机中心局域网等。

3. 拨号网

在校园网的拨号网络结构中，对硬件有所选择。首先，选择远程访问服务器，如这里选择 CISCO 公司的 Access Builder 4000 CISCO 2511 路由器，它支持用户数目为 2 ~ 100 个。

此拨号网络结构的入网方式需要在路由器上设置 PPP（点对点协议）/SLIP（IP 服务列表协议）。其必需的硬件为 Modem 池及电话线若干。

其特点为：运行网络采用先进成熟的交换 FDDI 技术，试验网络采用最先进的 ATM 技术，合理解决应用实际需求与投资风险的矛盾。FDDI 交换机提供高达 22 个独立的 100M FDDI 端口，以利于主干网吞吐能力根据需求灵活扩展。FDDI 交换机热备份连接进一步提高了主干网的可靠性。高性能 FDDI 路由器提高了网络系统的安全性和控制管理能力。FDDI 路由器的多种类型接口便于连接不同规模的局域网。

4. 网络布线系统

在校园内，考虑到住宿楼与办公楼上网的需求各有不同，楼群的分布各有区别，其布线系统也因之改变。

选择的布线方案如下：楼群之间采用光缆作为传输介质。在校园网的主干网络中，选择 20 芯混合型光缆，其中 10 芯为多路信号模拟光缆，另外 10 芯为单路信号模拟光缆，这样可以保证足够的带宽，同时提高网络的稳定性。

在校园网的分支网络中，选择的光缆一般为 8 芯混合型光缆，其中 4 芯为多路模拟信号光缆，另外 4 芯为单路模拟信号光缆。

5. 楼内网络布线系统

楼内采用暗线布线系统，新建局域网一律采用 5 类非屏蔽双绞线，逐步改造原有的局域网同轴电缆布线。

4.4.3 实训 VLAN 应用配置

【实训目的】

1）进一步理解 VLAN 的划分方法。

2）熟练掌握交换机 VLAN 配置过程。

【实训环境】

计算机2台，交换机1台。计算机1（PC1）和计算机2（PC2）分别连接到交换机SwitchA的端口Ethernet0/0和Ethernet0/2上，端口分别属于VLAN10和VLAN20。

【实训内容】

对交换机SwitchA进行VLAN配置，使PC1属于VLAN10，PC2属于VLAN20。

【实训步骤】

步骤1：SwitchA相关配置。

方法1：

1）创建VLAN10，将Ethernet0/1加入到VLAN10。

[SwitchA] vlan 10

[SwitchA－vlan10] port Ethernet 0/1

2）创建VLAN20，将Ethernet0/2加入到VLAN20。

[SwitchA] vlan 20

[SwitchA－vlan20] port Ethernet 0/2

方法2：

1）进入以太网端口Ethernet0/1的配置视图。

[SwitchA] interface Ethernet 0/1

2）配置端口Ethernet0/1的PVID为10。

[SwitchA－Ethernet0/1] port access vlan 10

3）进入以太网端口Ethernet0/2的配置视图。

[SwitchA] interface Ethernet 0/2

4）配置端口Ethernet0/2的PVID为20。

[SwitchA－Ethernet0/2] port access vlan 20

步骤2：VLAN基础配置。

方法1：

1）创建（进入）VLAN1。

[Quidway] vlan 1

2）将连接PC的Ethernet0/1加入VLAN1。

[Quidway－Vlan1] port Ethernet 0/1

3）创建（进入）VLAN1的虚接口。

[Quidway] interface VLAN 1

4）为VLAN接口1配置IP地址。

[Quidway－Vlan－interface1] ip addr 192. 168. 1. 250 255. 255. 255. 0

5）配置静态路由=网关。

[Quidway] ip route－static 0. 0. 0. 0 0. 0. 0. 0 192. 168. 1. 254

6）进入端口Ethernet0/1，将其配置为TRUNK端口，并允许VLAN1或全部VLAN通过。

[Quidway] interface Ethernet 0/1

[Quidway－Ethernet0/1] port link－type trunk

[Quidway－Ethernet0/1] port trunk permit vlan 1

[Quidway - Ethernet0/1] port trunk permit vlan all

7）进入端口 Ethernet0/1。

[Quidway] interface Ethernet 0/1

8）参与端口汇聚的端口必须工作在全双工模式。

[Quidway - Ethernet0/1] duplex full

9）参与端口汇聚的端口工作速率必须一致。

[Quidway - Ethernet0/1] speed 100

方法 2：

1）进入以太网端口 Ethernet0/1 的配置视图。

[Quidway] interface Ethernet 0/1

2）配置端口 Ethernet0/1 的 PVID 为 1。

[Quidway - Ethernet0/1] port access vlan 1

3）创建（进入）VLAN1 的虚接口。

[Quidway] interface VLAN 1

4）为 VLAN 接口 1 配置 IP 地址。

[Quidway - Vlan - interface1] ip addr 192. 168. 1. 250 255. 255. 255. 0

5）配置静态路由 = 网关。

[Quidway] ip route - static 0. 0. 0. 0 0. 0. 0. 0 192. 168. 1. 254

6）进入端口 Ethernet0/1，将其配置为 TRUNK 端口，并允许 VLAN1 或全部 VLAN 通过。

[Quidway] interface Ethernet 0/1

[Quidway - Ethernet0/1] port link - type trunk

[Quidway - Ethernet0/1] port trunk permit vlan 1

[Quidway - Ethernet0/1] port trunk permit vlan all

7）进入端口 Ethernet0/1。

[Quidway] interface Ethernet 0/1

8）参与端口汇聚的端口必须工作在全双工模式。

[Quidway - Ethernet0/1] duplex full

9）参与端口汇聚的端口工作速率必须一致。

[Quidway - Ethernet0/1] speed 100

4.5 网吧组网技术（典型大型局域网代表之二）

4.5.1 网吧组网的设计

1. 需求分析

网吧是网络应用中一个比较特殊的环境。网吧中的结点经常同时不间断地在进行网页浏览、聊天、下载、视频点播和网络游戏，数据流量巨大，尤其是出口流量。网吧用户上网的需求各异，应用十分繁杂。

网吧的网络应用类型非常多，对网络带宽、传输质量和网络性能有更高的要求。网络应用要集先进性、多业务性、可扩展性和稳定性于一体，不仅满足顾客在宽带网络上同时传输语音、视频和数据的需要，而且还支持多种新业务数据处理能力，保证上网高速畅通，大数据流量下不掉线、不停顿。这样的应用就要求网络设备具有丰富的网吧特色功能并兼顾较高的稳定性和可靠性，保证能长时间不间断稳定工作，而且配置要简单，以便管理、安装，同时，用户界面要友好易懂，具有较高的性价比。

2. 接入方案

在众多的 Internet 接入方式中，网吧的经营者通常会选择 DDN 专线和 ADSL。ADSL 通过多 WAN 口的捆绑技术很容易实现低成本、高带宽，如果是规模较大的网吧，对速度要求较高，采用支持4 WAN 口的多路捆绑，并且选择不同的 ISP，很容易就能实现各种网页的高速浏览。

4.5.2 网吧组网的实现

1. 解决方案

图 4-84 为网吧组网的基本拓扑结构图。

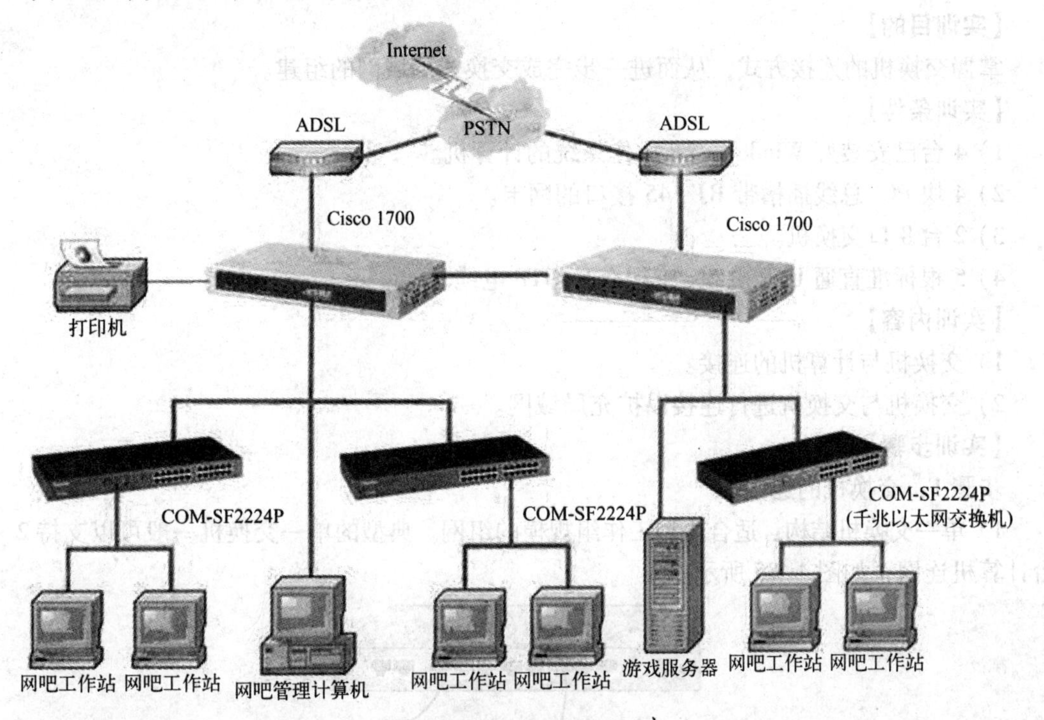

图 4-84 网吧网络拓扑图

路由器选择 Cisco 1700 系列，其性能稳定、可靠性高、延迟小、速度快、成本低，符合网吧对传输速度的需求，如采用此系列交换机可配置打印机而不必另外配置打印服务器。网吧工作站应采用高性能的 10Mbit/s 或 100Mbit/s 自适应网卡，提升网络速度，以满足网络游戏玩家的要求。

服务器部分采用千兆以太网交换机，满足游戏数据流量的需求。普通交换机的选型除图 4-84中所列型号外，可根据实际情况灵活选择智能型交换机，或者是双速交换机等。

局域网通过 ADSL 上网，性能高，价格便宜。对于大型网吧，由于网络中结点数较多，数据流量较大，此时可通过申请多条 ADSL 线路提升上网速度（如图 4-84 中为 2 条），同时还可以提高整个网络的稳定和可靠性，起到一定的备份作用。网络设备品种较多，性能稳定，用户可以从实际需要出发，根据网络需求，灵活选用。

2. **方案特点**

1）可根据实际需要，灵活控制局域网内不同用户对 Internet 的不同访问权限。

2）内建防火墙，无须专门的防火墙产品，即可过滤掉所有来自外部的异常信息包，以保护内部局域网的信息安全。

3）集成 DHCP 服务器，网络中所有计算机可以自动获得 TCP/IP 设置，免除手工配置 IP 地址的烦恼。

4）灵活的可扩展性，根据实际连入的计算机台数，利用交换机或集线器进行相应的扩展。

5）经济适用，使用简单，可通过网络用户的 Web 浏览器进行路由器的远程配置。

4.5.3 实训 交换式局域网的组建

【实训目的】

掌握交换机的连接方式，从而进一步完成交换式局域网的组建。

【实训条件】

1）4 台已安装好 Windows XP 操作系统的计算机。

2）4 块 PCI 总线插槽带 RJ－45 接口的网卡。

3）2 台 8 口交换机。

4）5 根标准直通 UTP 电缆、1 根交叉 UTP 电缆。

【实训内容】

1）交换机与计算机的连接。

2）交换机与交换机进行连接以扩充局域网。

【实训步骤】

步骤 1：交换机的连接。

1）单一交换机结构：适合小型工作组规模的组网。典型的单一交换机一般可以支持 2～4 台计算机连网，如图 4-85 所示。

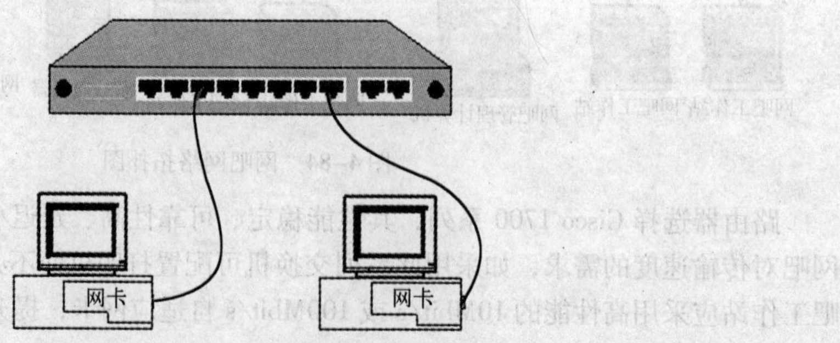

图 4-85 单一交换机结构的以太网示意图

2）多交换机级联结构：可以构成规模较大的 10 Mbit/s 或 100 Mbit/s 以太网。

① 有级联端口的情况。

使用直通 UTP 电缆连接，如图 4-86 所示。

② 无级联端口或级联端口被占用的情况。

使用交叉 UTP 电缆连接，如图 4-87 所示。

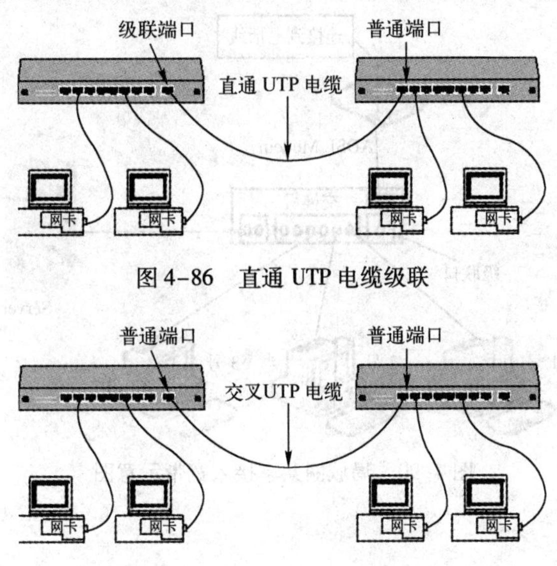

图 4-86　直通 UTP 电缆级联

图 4-87　利用交叉 UTP 电缆级联

步骤 2：组建小型局域网。

1）安装网卡及驱动程序。

2）连接网线，将网线一头插到交换机的 RJ-45 插槽上，如图 4-88 所示。一头插在网卡接头处，将 4 台计算机都用准备好的直连线与一台交换机连接起来，如图 4-89 所示。

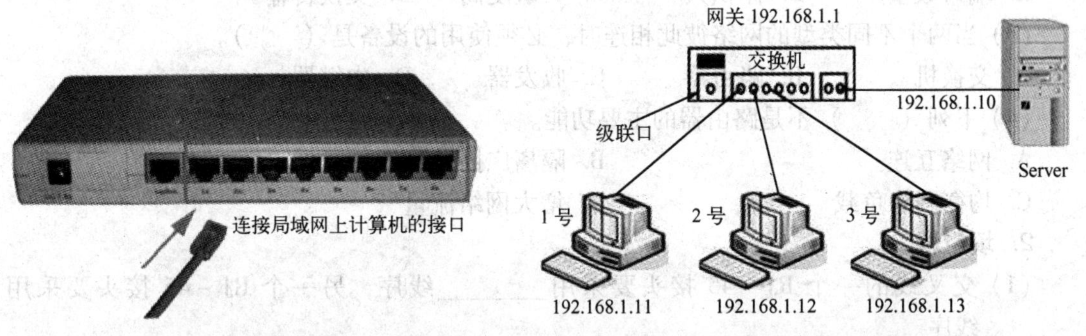

图 4-88　交换机连接计算机的端口示意图　　　　图 4-89　交换式局域网组建示意图

3）安装必要的网络协议（TCP/IP）。将 4 台计算机的 IP 地址按如图 4-89 所示的地址设置好。

4）为每台计算机取一个唯一的名称，设置在一个工作组中。

5）安装共享服务。

6）实现网络共享。

至此已经建成了一个拥有 4 台计算机的局域网，网络中 3 台计算机可互相访问，服务器提供共享数据资源。在“网上邻居”中可同时看到这 4 台计算机。

步骤 3：共享接入宽带。

组建局域网的目的就共享接入宽带。现在一般都是采用宽带路由器或者交换机作为连接设备来组建局域网。按照如图 4-90 所示的网络示意图连接好上述的网络设备即可完成硬件设备的连接。

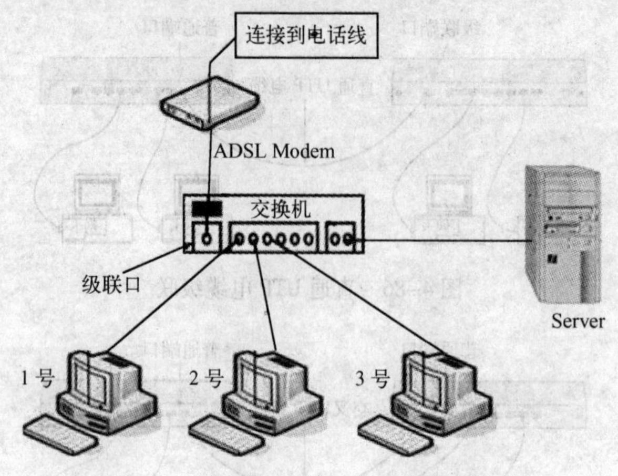

图 4-90　局域网共享接入宽带示意图

4.6　本章习题

1. 单选题

（1）下列不属于网卡接口类型的是（　　）。

A. RJ－45　　B. BNC　　C. AUI　　D. PCI

（2）下列属于交换机优于集线器的选项是（　　）。

A. 端口数量多　　B. 体积大　　C. 灵敏度高　　D. 交换传输

（3）当两个不同类型的网络彼此相连时，必须使用的设备是（　　）。

A. 交换机　　B. 路由器　　C. 收发器　　D. 中继器

（4）下列（　　）不是路由器的主要功能。

A. 网络互连　　B. 隔离广播风暴

C. 均衡网络负载　　D. 增大网络流量

2. 填空题

（1）交叉线的一个 RJ－45 接头要采用________线序，另一个 RJ－45 接头要采用________线序。

（2）根据光纤传输点模数的不同，光纤主要分为________和________两种类型。

（3）MAC 地址也称做________，是内置网卡中的一组代码，由________个十六进制数组成，总长________ bit。

（4）目前常用的无线网络标准主要有________、________及________等。

3. 简答题

（1）路由器是从哪个层次上实现了不同网络的互连？路由器具备的特点有哪些？

（2）网桥是从哪个层次上实现了不同的网络的互连？它具有什么特点？

（3）什么是网关？它主要解决什么情况下的网络互连？

（4）试比较交换机级联和堆叠之间的差异。

（5）简述无线局域网的特点。

管 理 篇

第5章 网络操作系统管理

5.1 网络操作系统

网络操作系统（NOS）是网络的心脏和灵魂，是向网络计算机提供服务的特殊的操作系统，使计算机操作系统增加了网络操作所需要的能力。网络操作系统运行在被称为服务器的计算机上，并由连网的计算机用户共享，这类用户称为客户。网络操作系统与一般操作系统（OS）的不同在于它们提供的服务有差别。一般地说，NOS 偏重于将与网络活动相关的特性加以优化，即经过网络来管理诸如共享数据文件、软件应用和外部设备之类的资源，而 OS 则偏重于优化用户与系统的接口以及在其上面运行的应用。因此，NOS 可定义为通过整个网络管理资源的一种程序。

5.1.1 网络操作系统的功能

1. 网络通信

这是网络最基本的功能，其任务是在源主机和目的主机之间实现无差错的数据传输。

2. 资源管理

对网络中共享的硬件和软件资源实施有效的管理，协调诸用户对共享资源的使用，保证数据的安全性和一致性。

3. 网络服务

网络服务包括电子邮件服务、共享硬盘服务、共享打印服务，以及文件传输、存取和管理服务。

4. 网络管理

网络管理最主要的任务是安全管理，一般是通过“存取控制”来确保存取数据的安全性，以及通过“容错技术”来保证系统故障时数据的安全性。

5. 互操作能力

所谓互操作，在客户机/服务器模式的 LAN 环境下，是指连接在服务器上的多种客户机和主机，不仅能与服务器通信，而且还能以透明的方式访问服务器上的文件系统 。

5.1.2 常见网络操作系统

网络操作系统是用于网络管理的核心软件，目前流行的各种网络操作系统都支持架构局域网、Intranet、Internet 网络服务运营商的网络。在市场上得到广泛应用的网络操作系统有

UNIX、Linux、NetWare、Windows NT/2000、Windows Server 2003 和 Windows Server 2008 等。下面介绍它们各自的特点与应用。

1. UNIX

- 模块化的系统设计。
- 逻辑化文件系统。
- 开放式系统。
- 优秀的网络功能。
- 优秀的安全性。
- 良好的移植性。
- 可以在任何档次的计算机上使用。

2. Linux

- 完全遵循 POSIX 标准。
- 真正的多任务、多用户系统，内置网络支持。
- 可运行于多种硬件平台。
- 对硬件要求较低。
- 有广泛的应用程序支持。
- 设备独立性。
- 安全性。
- 良好的可移植性。
- 具有庞大且操作水平较高的用户群。

3. NetWare

- 提供简化的资源访问和管理。
- 确保企业数据资源的完整性和可用性。
- 以实时方式，支持在中心位置进行关键性商业信息的备份与恢复。
- 支持企业网络的高可扩展性。
- 包含开放标准及文件协议。
- 使用了称为 IPP 的开放标准协议。

4. Windows NT/2000

Windows NT/2000 是一种 32 位网络操作系统，是面向分布式图形应用程序的完整的系统平台，具有工作站和小型网络操作系统具有的所有功能。

5. Windows Server 2003

Windows Server 2003 是继 Windows XP 后微软公司发布的一个最新版本。Windows Server 2003 的整体性能提高了 10% ~20% 。Windows Server 2003 继承了 Windows 2000 的所有特点，并增加了针对 Web 服务优化的 Windows 2003 Web Edition。

Windows Server 2003 应用服务的新功能包括：

- 简化了集成与协作能力。
- 提高了开发人员的工作效率。
- 提高了企业整体工作效率。
- 增强了扩展性与可靠性。

- 提高了端到端的安全性能。
- 有效的部署与管理。

6. Windows Server 2008

Microsoft Windows Server 2008 代表了下一代 Windows Server。使用 Windows Server 2008，对其服务器和网络基础结构的控制能力更强，从而可重点关注关键业务需求。Windows Server 2008 通过加强操作系统功能和保护网络环境提高了安全性。通过加快 IT 系统的部署与维护、使服务器和应用程序的合并与虚拟化更加简单，提供直观的管理工具，同时，Windows Server 2008 还为 IT 专业人员提供了灵活性。Windows Server 2008 为任何组织的服务器和网络基础结构奠定了较好的基础。

Windows Server 2008 的特性主要有：

- 更强的控制能力。
- 增强的保护能力。
- 更大的灵活性。
- 自修复 NTFS。
- 快速关机服务。
- 核心事务管理器（KTM）。
- 虚拟化。

5.1.3 网络操作系统的选择

网络操作系统的选择要从网络应用出发，分析网络需要提供什么服务，然后分析各种操作系统提供这些服务的性能与特点，最后确定使用的品牌。网络操作系统的选择应遵循的一般原则：

- 标准化。
- 可靠性。
- 安全性。
- 网络应用服务的支持。
- 易用性。

5.2 Windows Server 2008 操作系统的安装与配置

5.2.1 Windows Server 2008 简介

Windows Server 2008 在虚拟化工作负载、支持应用程序和保护网络方面向客户提供高效的平台。它为开发和可靠地承载 Web 应用程序和服务提供了一个安全、易于管理的平台。从工作组到数据中心，Windows Server 2008 都提供了很有价值的新功能，对基本操作系统做出了重大改进。

Windows Server 2008 是新一代 Windows Server 操作系统，可以帮助 IT 专业人员最大限度地控制其基础结构，同时提供空前的可用性和管理功能，建立比以往更加安全、可靠和稳定的服务器环境。Windows Server 2008 可确保任何位置的所有用户都能从网络获取完整的服务，从而为客户带来新的价值。Windows Server 2008 还具有对操作系统的诊断功能，使管理员将更多时间用于创造业务价值。

Windows Server 2008 建立在优秀的 Windows Server 2003 操作系统，以及 Service Pack 1 和 Windows Server 2003 R2 中采用的创新技术的基础之上。Windows Server 2008 旨在为组织提供最具生产力的平台，它为基础操作系统提供了重要新功能和强大的功能改进，促进应用程序、网络和 Web 服务从工作组转向数据中心。

与 Windows Server 2003 相比，Windows Server 2008 为基础操作系统提供了强大的功能改进。值得注意的功能改进包括：对网络、高级安全功能、远程应用程序访问、集中式服务器角色管理、性能和可靠性监视工具、故障转移群集、部署及文件系统的改进。上述功能改进和其他改进可帮助客户最大限度地提高灵活性、可用性和对其服务器的控制。

5.2.2 安装 Windows Server 2008 操作系统

Windows Server 2008 具有多种安装方式，不同环境需选用不同的安装方式。一般情况下，可以通过全新安装或升级安装两种方式来完成 Windows Server 2008 的安装。

全新安装：该安装方式使用最广泛，需要使用光盘启动安装。

升级安装：该安装方式适用于在现有 Windows Server 2000 或 Windows Server 2003 上升级为 Windows Server 2008，最主要的优点是操作简单，且升级后可保留原有系统的配置。当然，升级安装需要遵循一定的原则：原标准版可升级为 Windows Server 2008 标准版或企业版，原企业版只能升级为 Windows Server 2008 企业版。

鉴于服务器的稳定性和兼容性，推荐使用全新安装。

1. 创建虚拟机

本例并不是在物理服务器上实施，而是使用 VMware Workstation 来创建虚拟机完成。接下来先介绍一下如何创建虚拟机。

1）打开 VMware Workstation，在主界面中单击“新建虚拟机”链接，如图 5-1 所示。

2）在随后出现的“新建虚拟机向导”对话框中，选择“自定义”选项，单击“下一步”按钮，如图 5-2 所示。

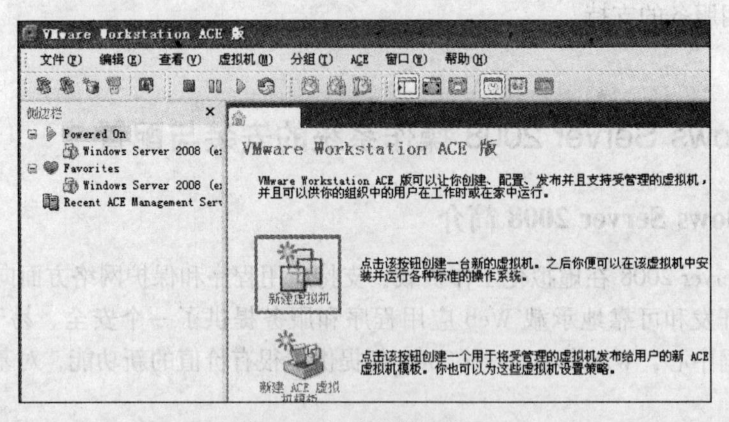

图 5-1　新建虚拟机界面

3）在弹出的如图 5-3 所示的界面中选择“硬件功能”，单击“下一步”按钮继续。

4）然后选择对应的客户机操作系统，这里选择 Windows Server 2008，单击“下一步”按钮继续，如图 5-4 所示。

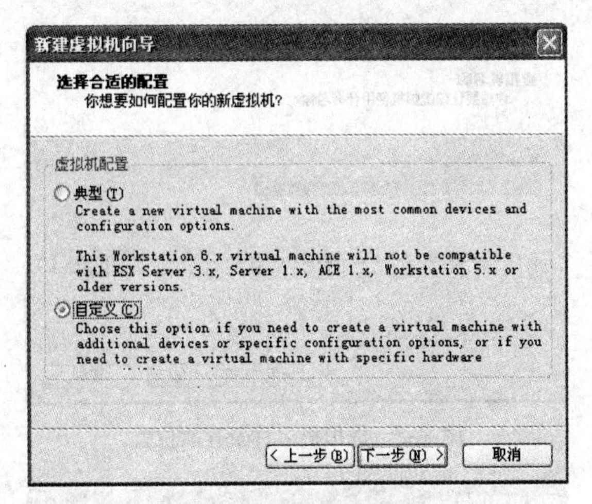

图 5-2　虚拟机配置

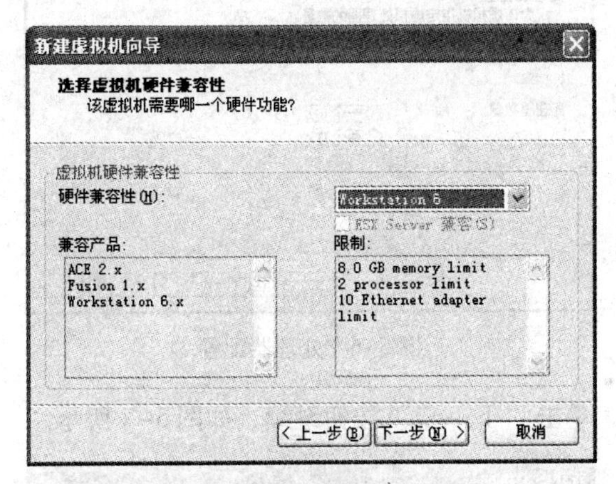

图 5-3　虚拟机硬件设置

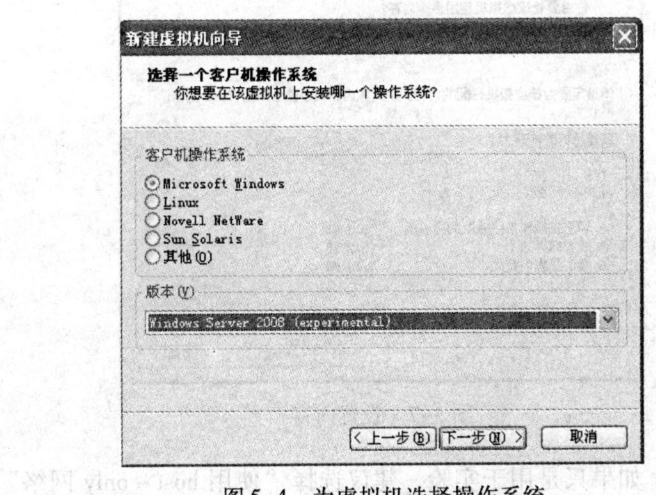

图 5-4　为虚拟机选择操作系统

5）设置虚拟机名称及存放路径，单击“下一步”按钮继续，如图 5-5 所示。

6）设置处理器后单击“下一步”按钮继续，如图 5-6 所示。

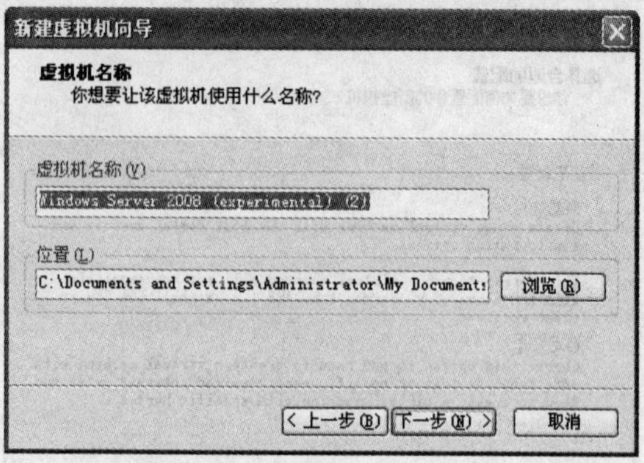

图 5-5　虚拟机名称及存放位置

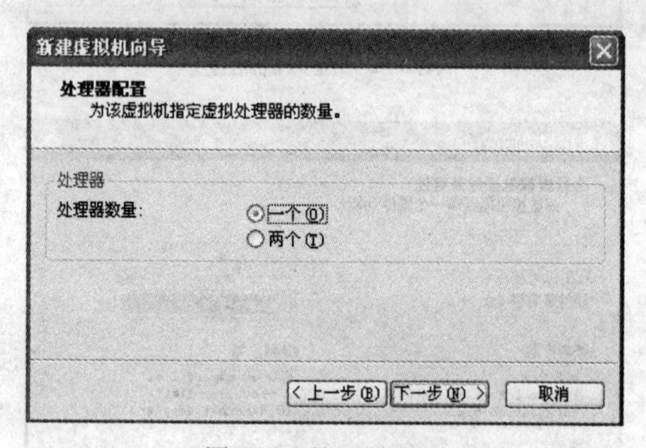

图 5-6　处理器配置

7）设置内存大小，单击“下一步”按钮继续，如图 5-7 所示。

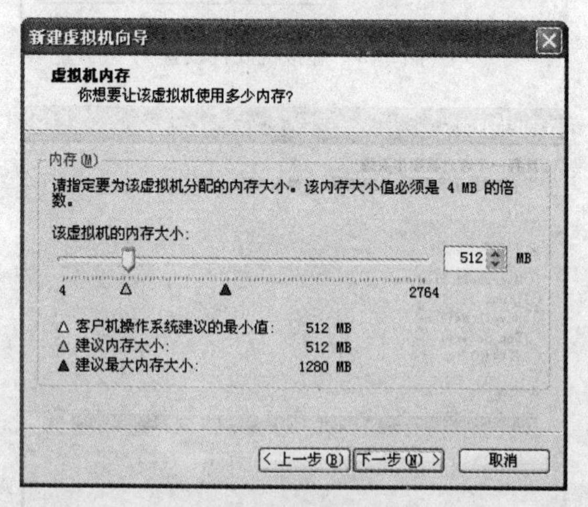

图 5-7　设置内存

8）选择网络类型，如果只是用于实验，建议选择“使用 host - only 网络”，单击“下一步”按钮继续，如图 5-8 所示。

9）选择输入/输出适配器类型，这里保持默认，单击“下一步”按钮继续，如图 5-9 所示。

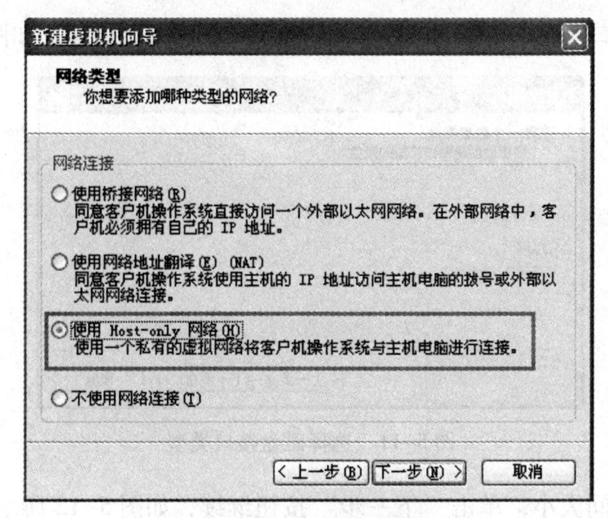

图 5-8　选择网络类型

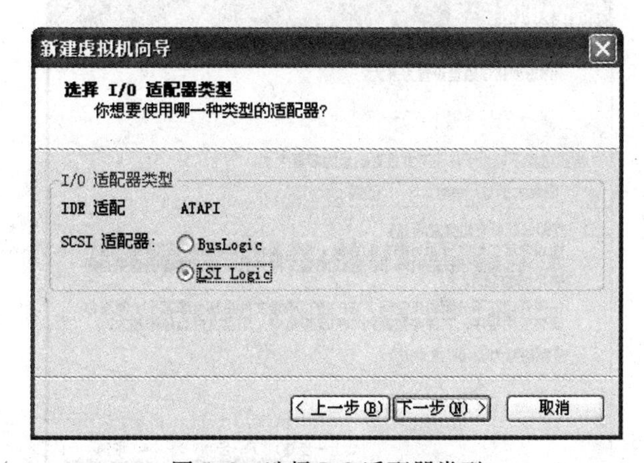

图 5-9　选择 I/O 适配器类型

10）选择“创建一个新的虚拟磁盘”，单击“下一步”按钮继续，如图 5-10 所示。

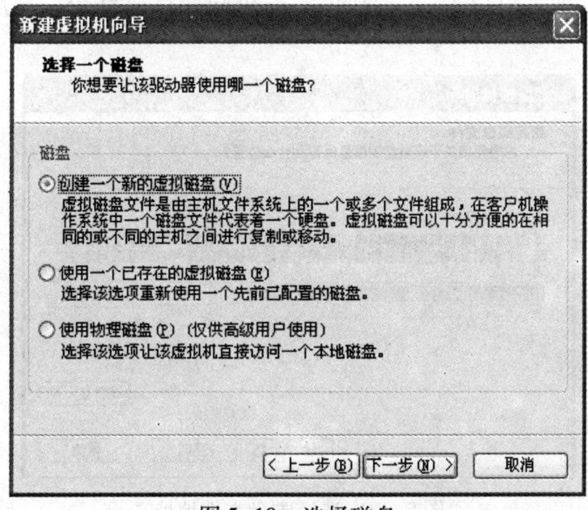

图 5-10　选择磁盘

11）选择磁盘接口类型，保持默认，单击“下一步”按钮继续，如图 5-11 所示。

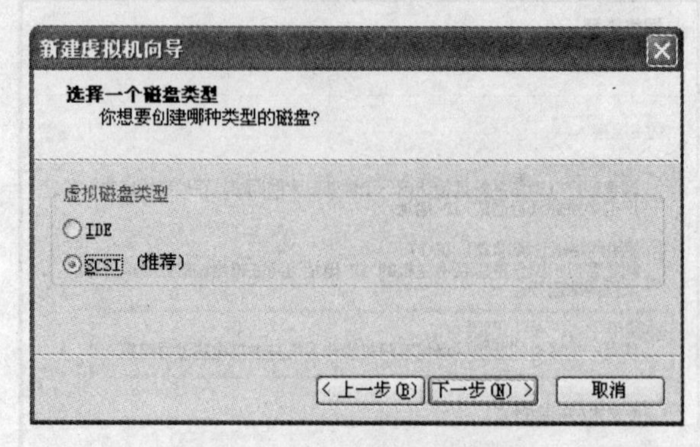

图 5-11　选择磁盘接口类型

12）设置磁盘空间大小，单击“下一步”按钮继续，如图 5-12 所示。

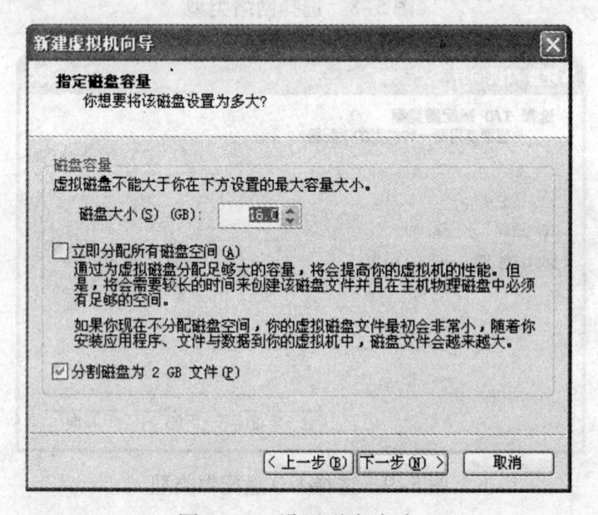

图 5-12　设置磁盘大小

13）设置磁盘文件名，可以通过“浏览”按钮选择存放路径，之后单击“下一步”按钮，如图 5-13 所示。

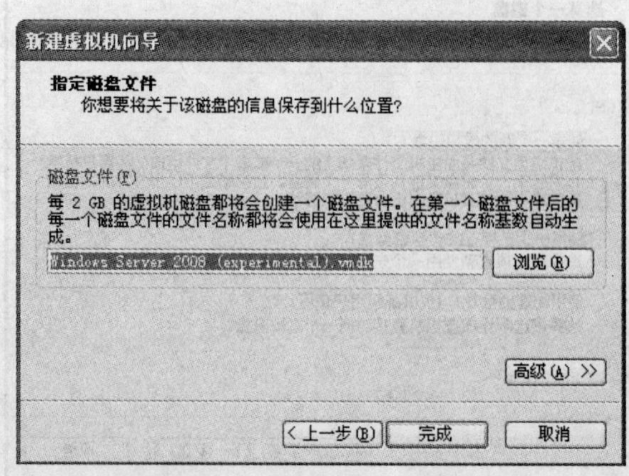

图 5-13　选择磁盘文件地址

14）随后就可以在新创建的虚拟机属性窗口设置使用镜像文件安装客户机系统了，如图5-14所示。设置完后单击“启动该虚拟机”便可以开始安装Windows Server 2008系统了。

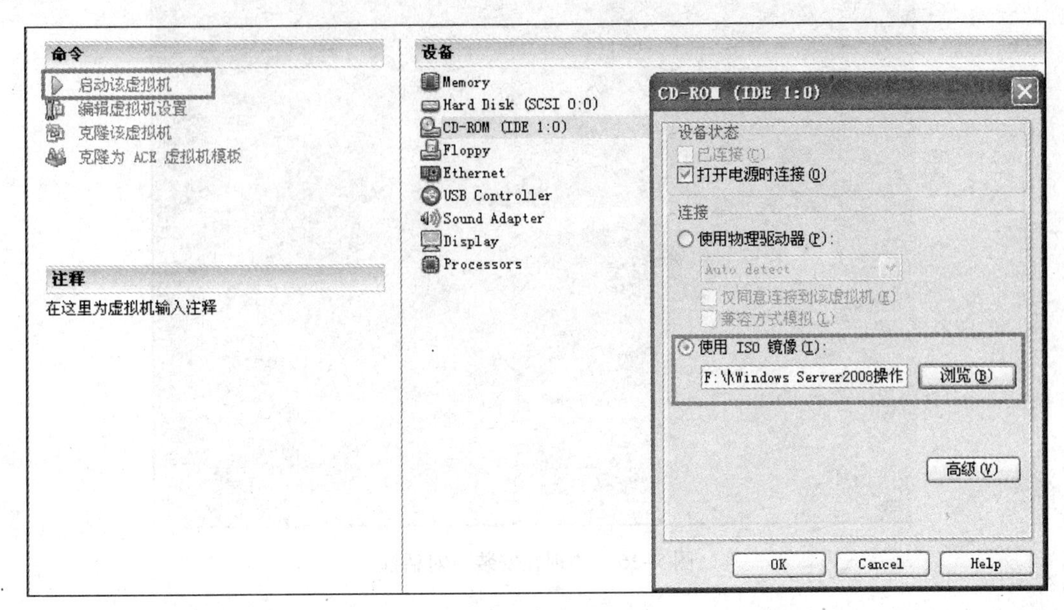

图5-14　指定镜像文件

2. 安装Windows Server 2008

1）启动服务器，待文件加载完成后，显示“安装Windows”窗口，如图5-15所示，选择好安装的语言种类、时间和货币格式、键盘和输入方法种类，单击“下一步”按钮。

图5-15　安装窗口

2）出现“现在安装”提示对话框，如图5-16所示，单击“现在安装”按钮继续。

图5-16　“现在安装”对话框

3）输入产品密钥，选中“联机时自动激活 Windows”复选框，如图5-17所示单击“下一步”按钮继续。

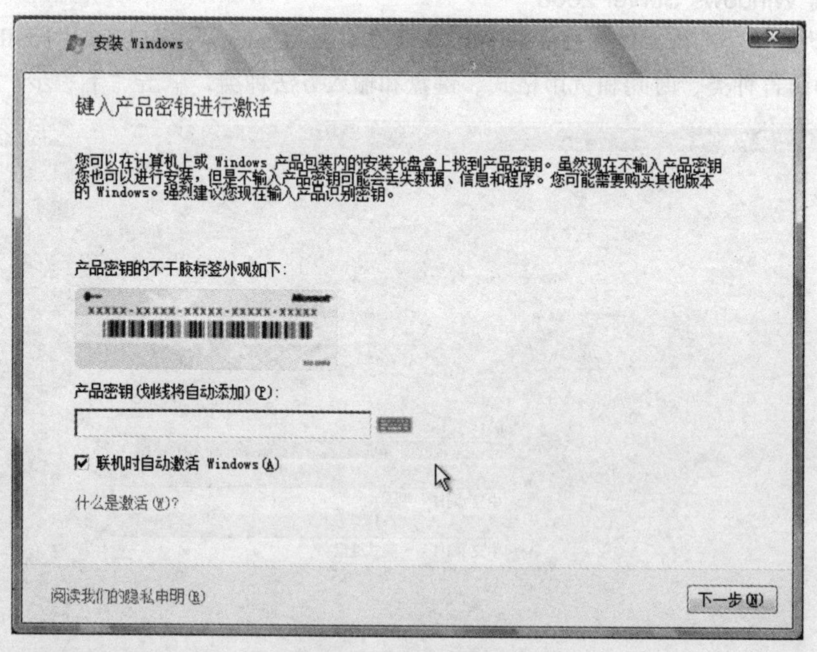

图5-17　输入产品密钥

4）在操作系统列表框中选择正确的 Windows Server 2008 安装版本，启用“我已经选择了购买的 Windows 版本”，如图5-18所示，单击“下一步”按钮继续。

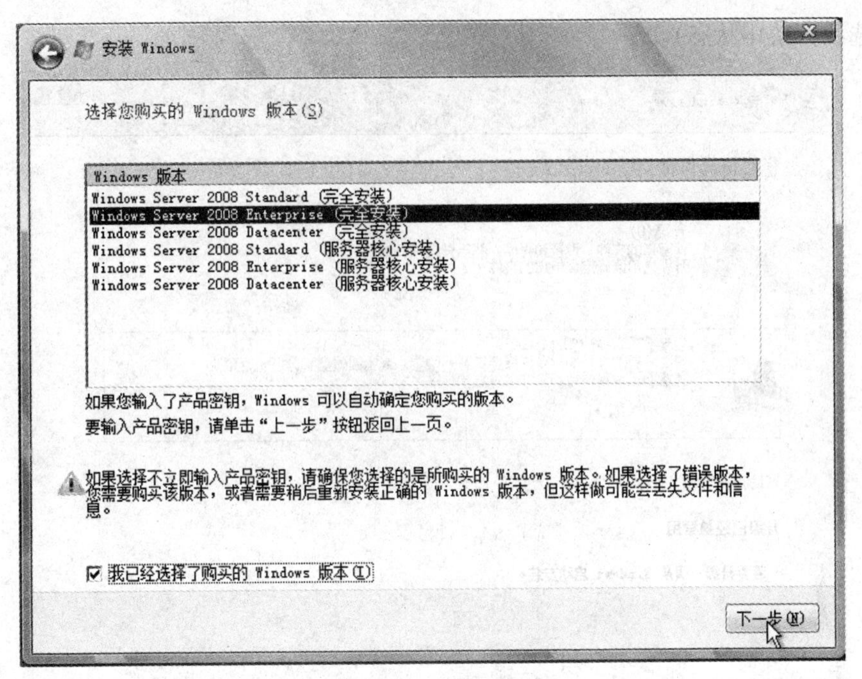

图 5-18　选择版本

5）打开“请阅读许可条款”界面，选中“我接受许可条款”复选框，如图 5-19 所示，单击“下一步”按钮继续。

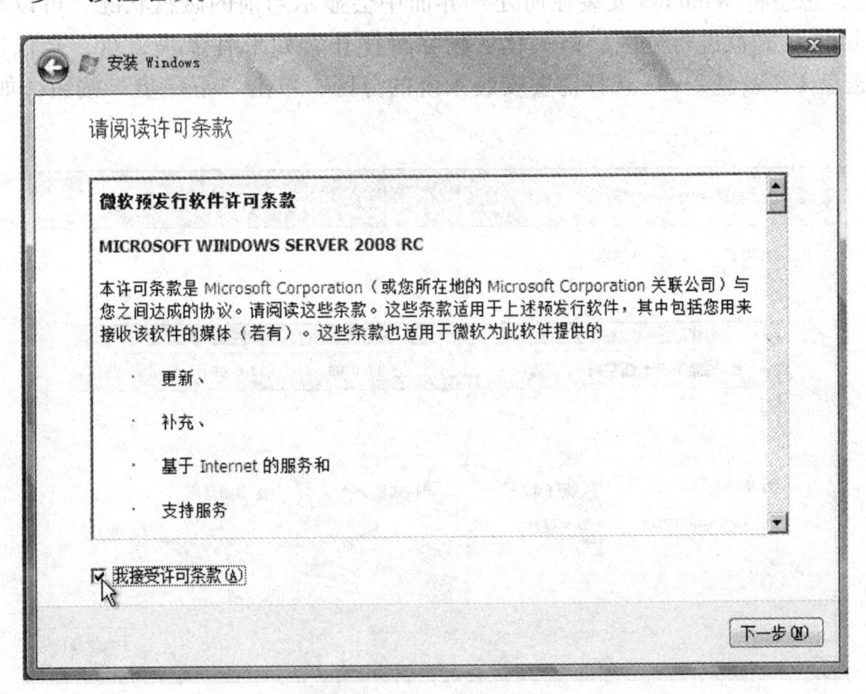

图 5-19　阅读条款

6）打开“您想进行何种类型的安装”界面，如图 5-20 所示，选择“自定义（高级）”选项（由于是全新安装，并不是从旧版本的 Windows Server 系统进行升级，所以该界面中的

“升级”选项为禁用状态)。

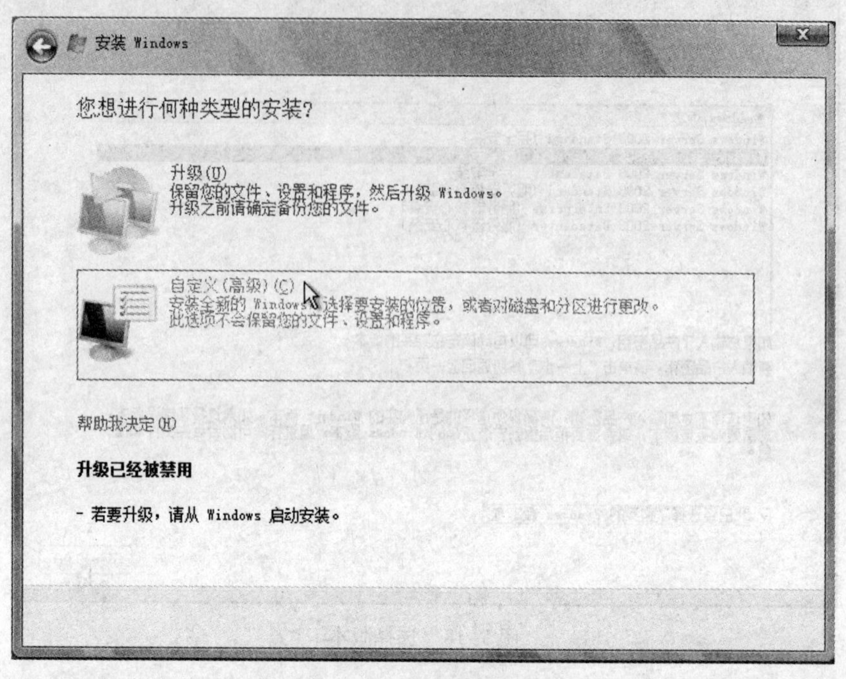

图 5-20　选择安装类型

7）在“您想将 Windows 安装在何处”界面中会显示当前的磁盘状况，可以单击“磁盘选项”链接对磁盘进行分区、格式化、删除等操作，如果有多块磁盘，会依次显示为磁盘 0、磁盘 1、磁盘 2……选择需要安装系统的分区，单击“下一步”按钮，如图 5-21 所示。

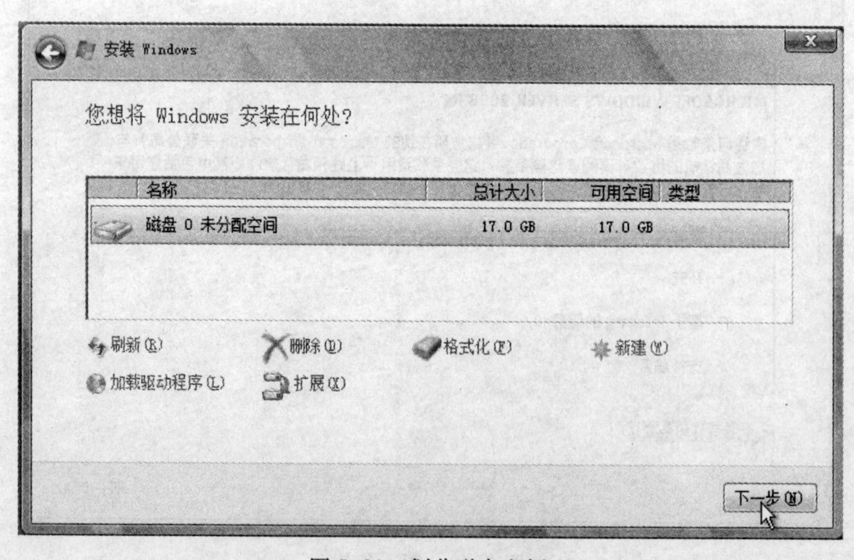

图 5-21　划分磁盘空间

8）打开“正在安装 Windows”界面，开始复制文件并安装 Windows，如图 5-22 和图 5-23 所示，在安装过程中可能会多次重启，属于正常现象。

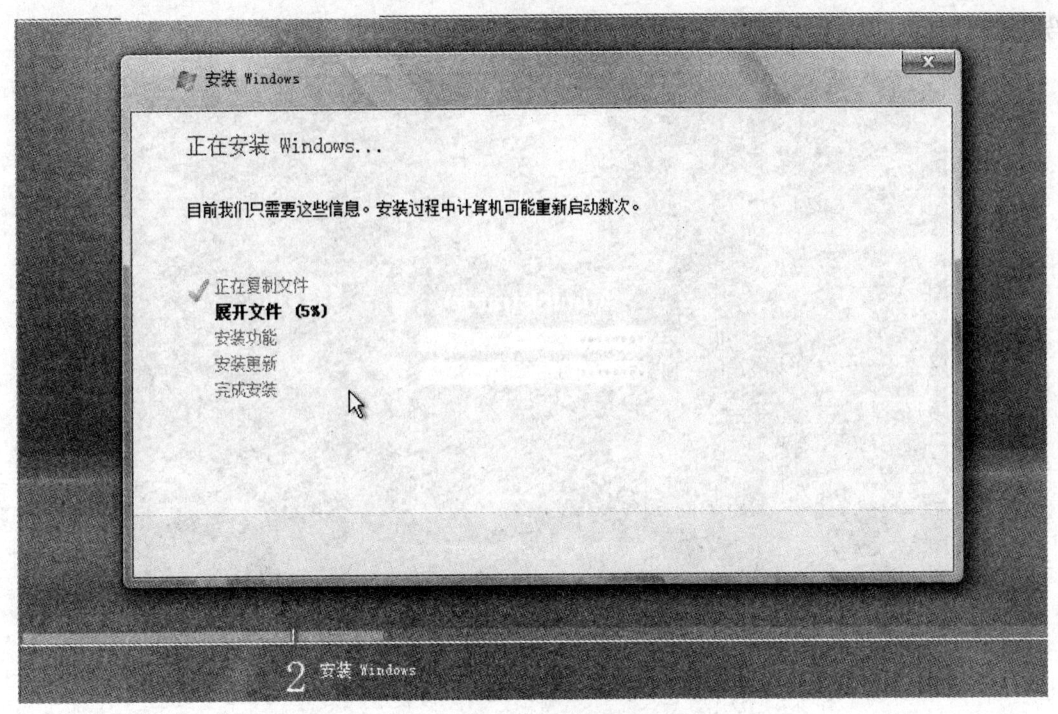

图 5-22　安装进行中

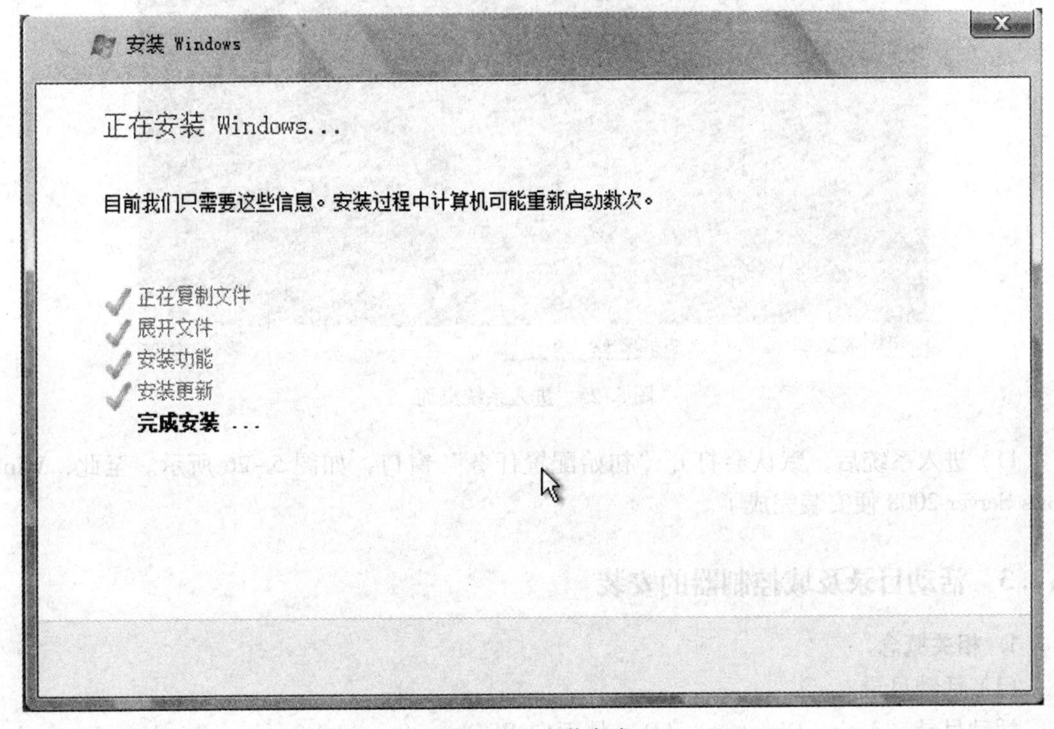

图 5-23　安装完成

9）当系统安装完成并重启后，要求第一次登录必须修改 Administrator 的密码，输入两次新密码，单击〈Enter〉键，如图 5-24 所示（在 Windows Server 2008 中，强制使用强密码，这与 Windows Server 2003 不同）。

图 5-24　修改用户密码

10）提示修改成功，单击确认图标按钮便会进入系统，如图 5-25 所示。

图 5-25　进入系统桌面

11）进入系统后，默认会打开“初始配置任务”窗口，如图 5-26 所示。至此，Windows Server 2008 便安装完成了。

5.2.3　活动目录及域控制器的安装

1. 相关概念

（1）活动目录

活动目录（Active Directory，AD）是面向 Windows Standard Server、Windows Enterprise Server 及 Windows Datacenter Server 的目录服务，它存储有关网络对象（如用户、组、计算机、共享资源、打印机和联系人等）的信息，并将结构化数据存储作为目录信息逻辑和分层组织的基础，使管理员比较方便地查找并使用这些网络信息。活动目录实际上是一种用于

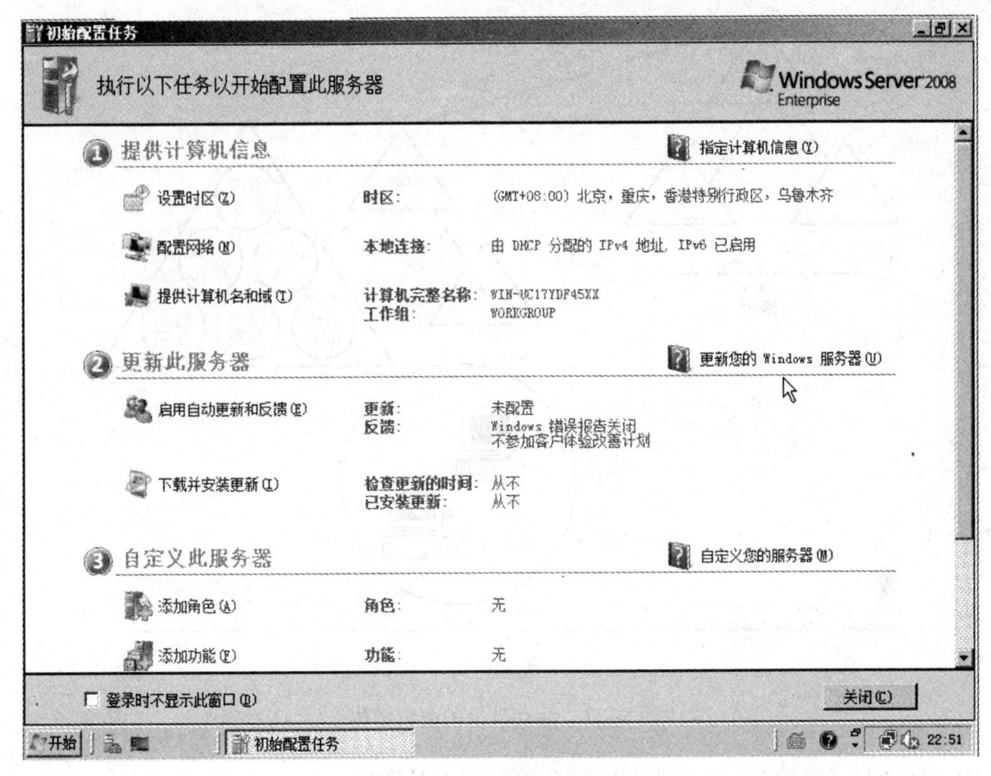

图 5-26　“初始配置任务”窗口

组织、管理和定位网络资源的企业级工具。对于 Windows 网络来说，规模越大，需要管理的资源就越多，建立活动目录服务也就越有必要。

如果把网络看做一本书，活动目录就好像是书的目录，用户查询活动目录就类似查询书的目录，通过目录就可以访问相应的网络资源。这时的目录是活动的、动态的，当网络上的资源变化时，其对应的目录项就会动态更新。

活动目录的逻辑结构非常灵活，它为活动目录提供了完全的树状层次结构视图，如图 5-27 所示的逻辑结构为用户和管理员查找、定位对象提供了极大的方便。活动目录中的逻辑单元包括：域、组织单元（Organizational Unit，OU）、域树、域森林。

（2）工作组、域和域控制器

工作组（Work Group）就是将不同的计算机按功能分别列入不同的组中，以方便管理。例如在一个网络内，可能有成百上千台计算机，如果不对它们进行分组，都列在“网上邻居”内，会很难管理。为了解决这一问题，Windows 9x/NT/2000 才引入了“工作组”这个概念，例如一所高校，分为电子系、经管系等，电子系的计算机全都列入电子系的工作组中，经管系的计算机全部都列入到经管系的工作组中……如果要访问某个系别的资源，就在“网上邻居”里找到那个系的工作组名，双击就可以看到那个系别的计算机了。

工作组可以随便进出，而域则需要严格控制。域（Domain）是一个安全的边界，也可以理解为服务器控制网络上的计算机能否加入的计算机组合。一提到组合，势必需要严格的控制。所以实行严格的管理对网络安全是非常必要的。在使用了域后，服务器和用户的计算机都在同一域中，用户在域中只要拥有一个账户，用账户登录后即取得一个身份，有了该身

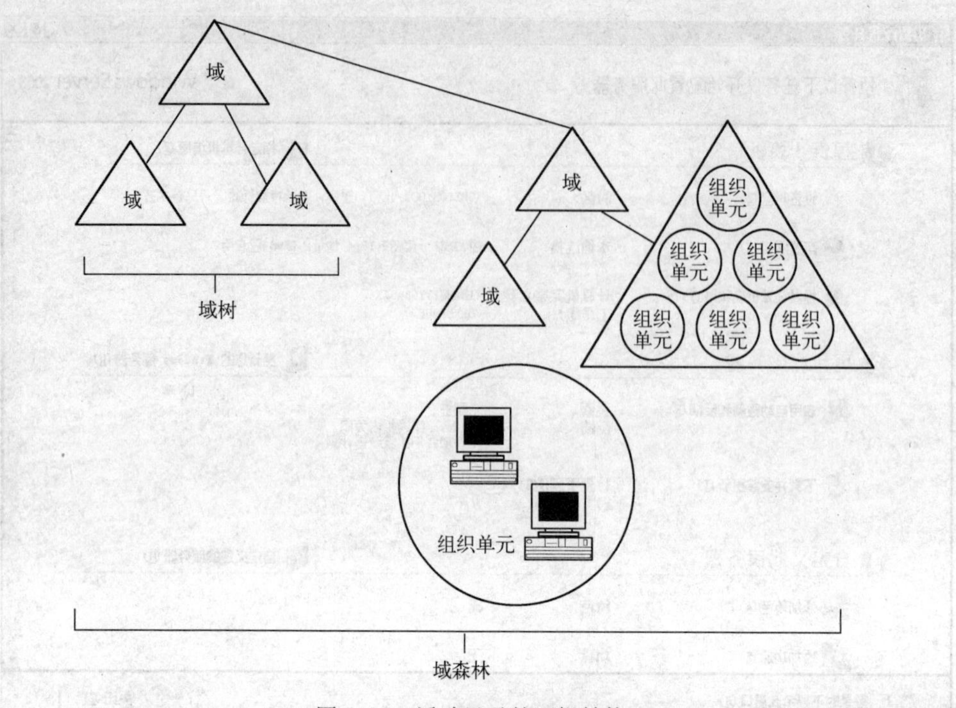

图 5-27　活动目录的逻辑结构

份便可以在域中“漫游”，访问域中任一台服务器上的资源。

在“域”模式下，至少有一台服务器负责每一台接入网络的计算机和用户的验证工作，相当于一个单位的门卫一样，称为域控制器（Domain Controller，DC）。它包含了由这个域的账户、密码、属于这个域的计算机等信息构成的数据库。当计算机接入网络时，域控制器首先判断它是否属于这个域，以及用户使用的登录账号是否存在、密码是否正确。如果以上信息有一样不正确，那么域控制器就会拒绝这个用户从这台计算机登录。不能登录，用户就不能访问服务器上有权限保护的资源，而只能以对等网用户的方式访问 Windows 共享出来的资源，这样就在一定程度上保护了网络上的资源。

要把一台计算机加入域，仅仅使它和服务器在网上邻居中能够相互“看”到是远远不够的，必须由网络管理员进行相应的设置，把这台计算机加入到域中，这样才能实现文件的共享。

（3）创建域的条件

- 在 Windows Server 2008 系统中必须安装了 Windows Server 2008 标准版、企业版或者数据中心版中的任何一种操作系统，但不能是网络版。
- 必须有一个静态的 IP 地址。
- 必须有一个分区是 NTFS 格式的，用于放置 SYSVOL 文件夹。
- 安装时必须有管理员权限。
- 符合 DNS 域名标准。
- DNS 服务器。

（4）域控制器、成员服务器、独立服务器的区别

安装了活动目录的服务器就是域控制器，加入域但没有安装活动目录的服务器是成员服

务器，没有加入域的服务器是独立服务器。

2. 创建网络中第一台域控制器

1）依次单击“开始”→“服务器管理器”，在新窗口中单击“添加角色”，打开“添加角色向导”对话框，如图5-28所示。

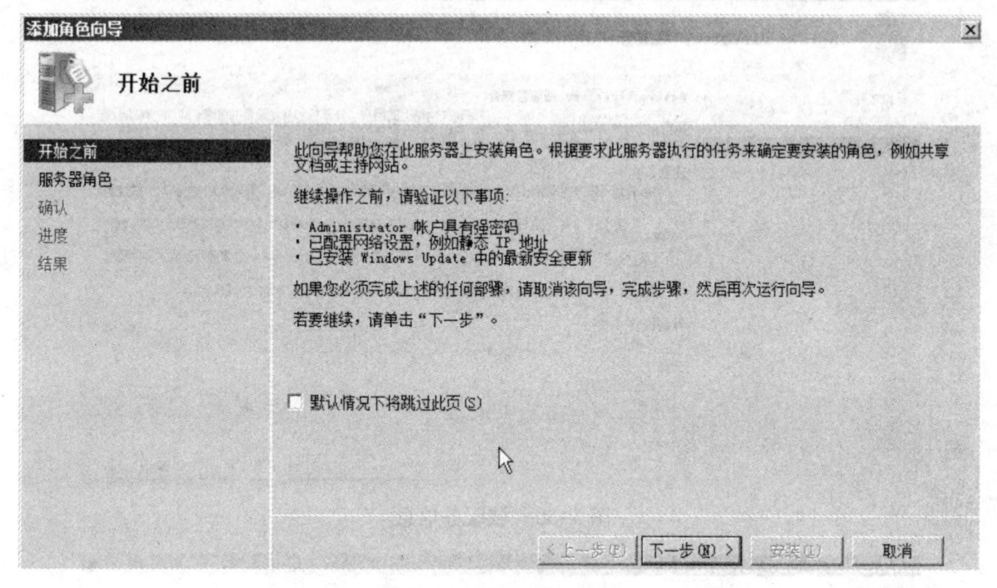

图5-28　准备添加角色

2）单击“下一步”按钮，打开“选择服务器角色”界面，如图5-29所示。选中“Active Directory域服务”复选框，单击“下一步”按钮。

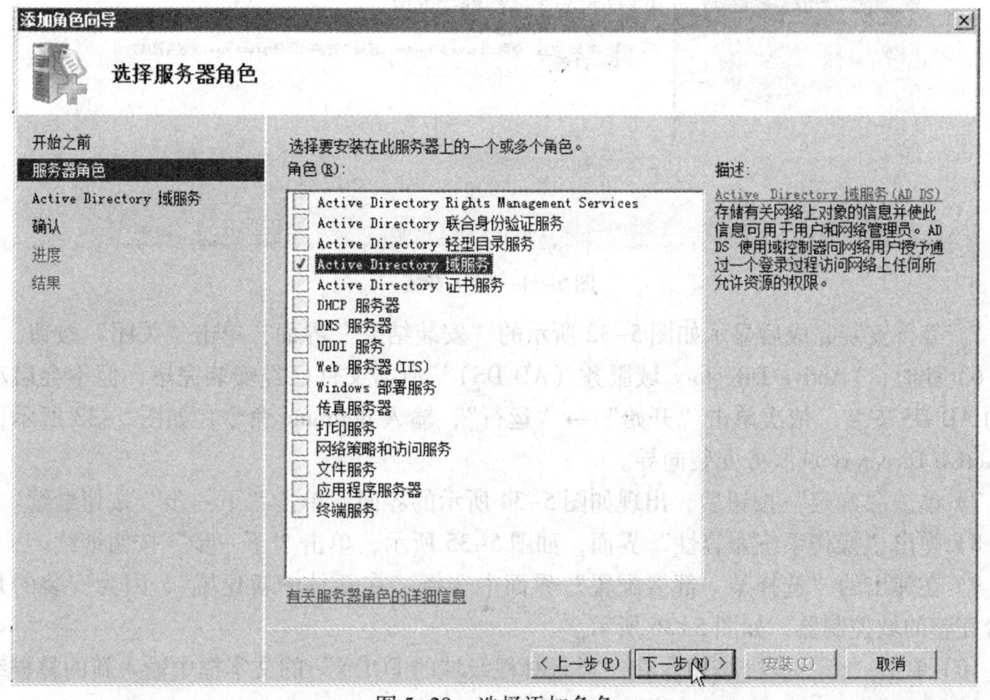

图5-29　选择添加角色

3）在打开的界面中出现 Active Directory 域服务相关简介，这里面会介绍安装及配置以及相关注意事项，如图 5-30 所示，单击“下一步”按钮。

4）出现如图 5-31 所示界面后，单击“安装”按钮。

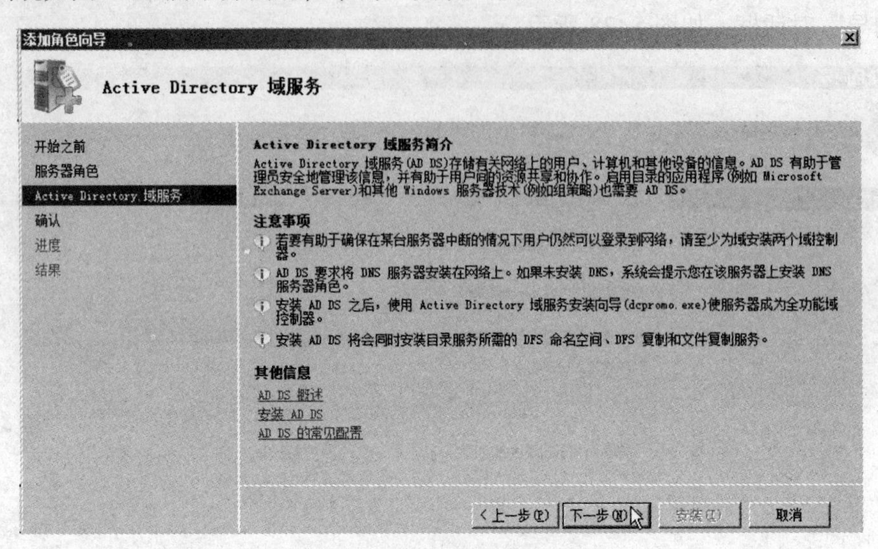

图 5-30　域服务信息

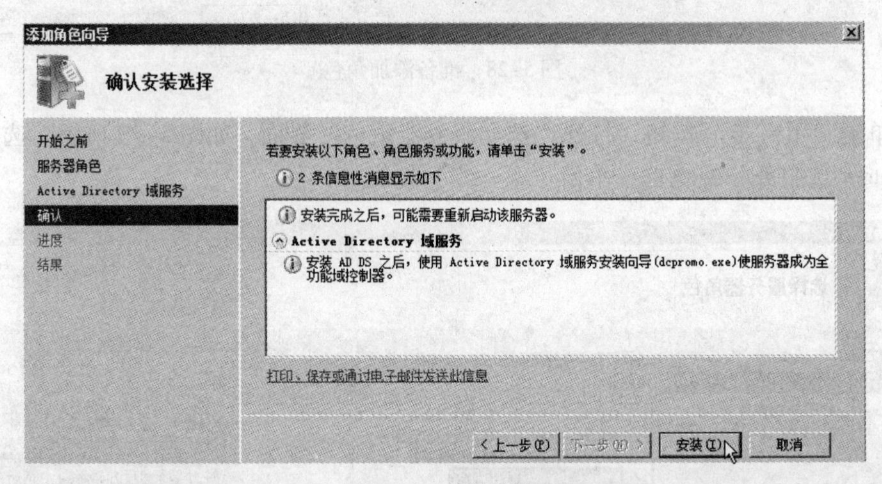

图 5-31　确认安装

5）等待安装完成后显示如图 5-32 所示的“安装结果”界面，单击“关闭”按钮。

6）此时，“Active Directory 域服务（AD DS）”所需文件已经安装完毕，但不会启动实际的 AD DS 安装。依次单击“开始”→“运行”，输入 dcpromo 命令，如图 5-33 所示，启动 Active Directory 域服务安装向导。

7）单击“确定”按钮后，出现如图 5-34 所示的界面，单击“下一步”按钮继续。

8）弹出“操作系统兼容性”界面，如图 5-35 所示，单击“下一步”按钮继续。

9）在弹出的“选择某一部署配置”界面中选择“在新林中新建域”，因为安装的是第一台完整的域控制器，如图 5-36 所示。

10）单击“下一步”按钮，在“目录林根级域的 FQDN”的文本框中输入新的林根级完整的域名，如“zynet.com”，如图 5-37 所示。

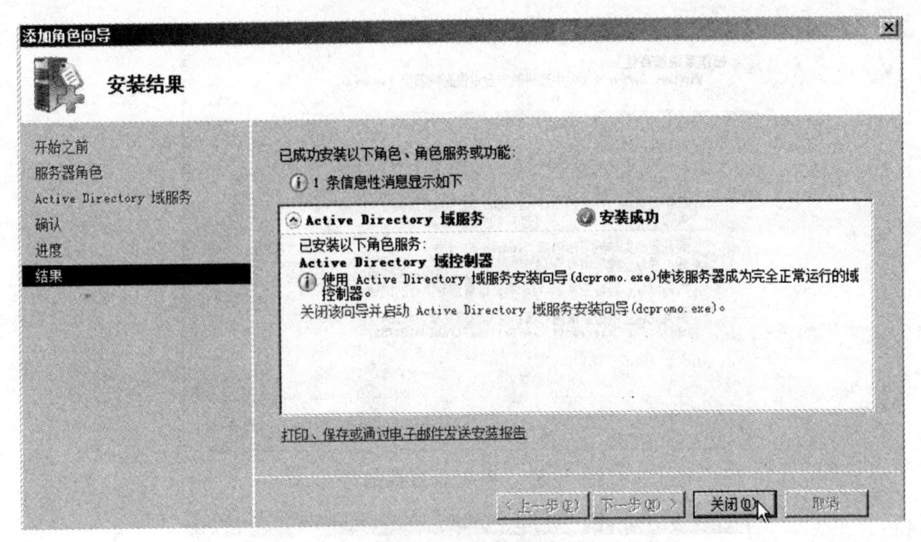

图 5-32　安装成功

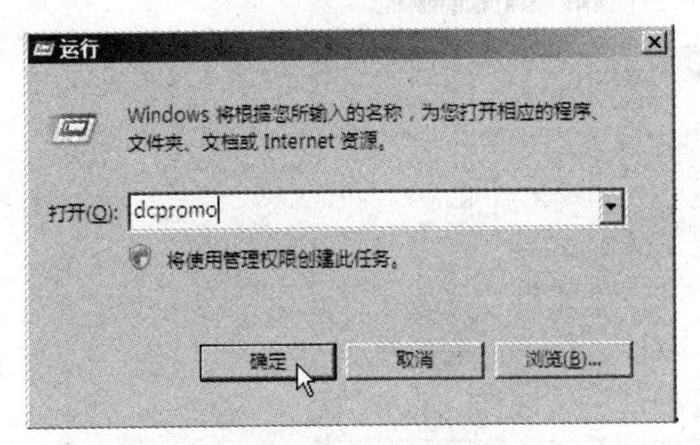

图 5-33　“运行”对话框

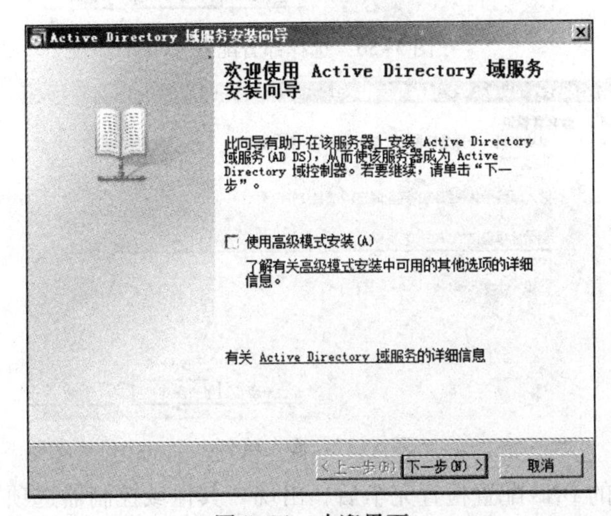

图 5-34　欢迎界面

11）单击“下一步”按钮，待检查完整个网络中是否已经使用该林的名称后，出现如图 5-38所示的“设置林功能级别”界面，林功能有 Windows 2000、Windows Server 2003、Windows Server 2008 三个级别，默认林功能级别为 Windows 2000，这里选择 Windows Server 2003，单击“下一步”按钮继续。

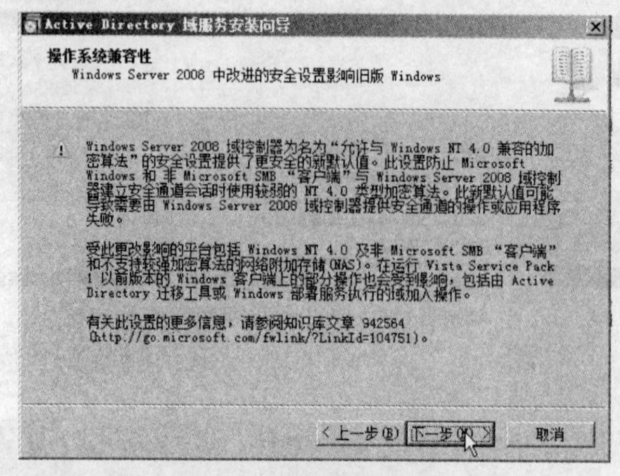

图 5-35　系统兼容性信息

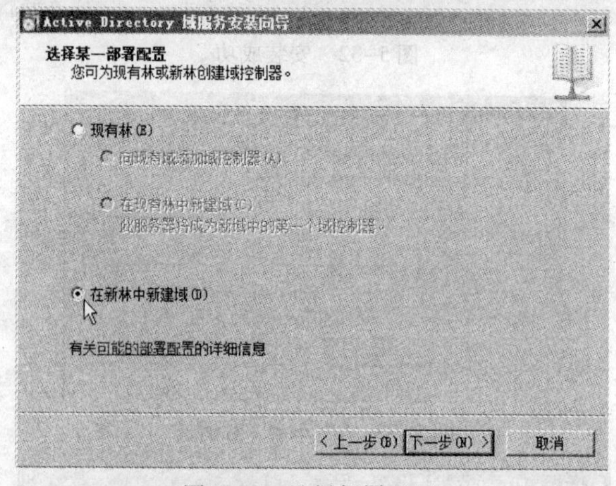

图 5-36　选择部署配置

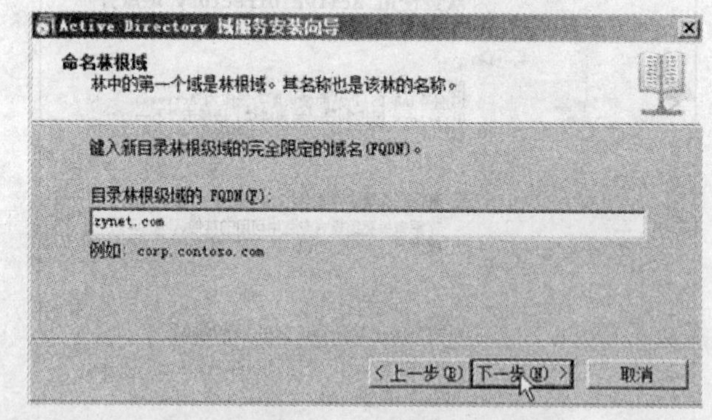

图 5-37　输入域名

12）待计算机上的 DNS 配置检查完毕后，出现“其他域控制器选项”界面，如图 5-39 所示。

13）选中“DNS 服务器”复选框，单击“下一步”按钮，出现如图 5-40 所示的对话框。

14）选择“是，该计算机将使用动态分配的 IP 地址”，单击后出现如图 5-41 所示的对话框。

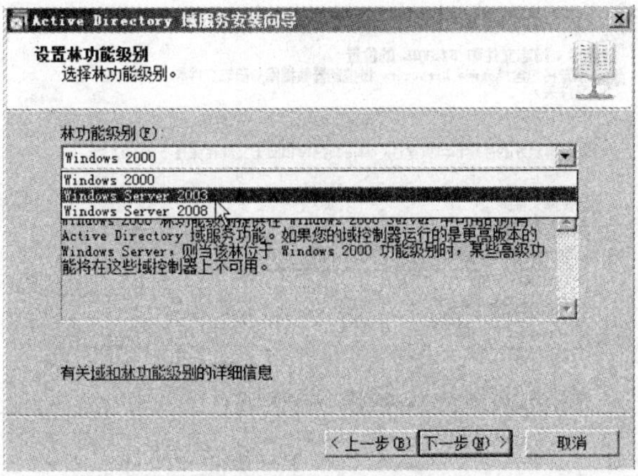

图 5-38　选择林功能级别

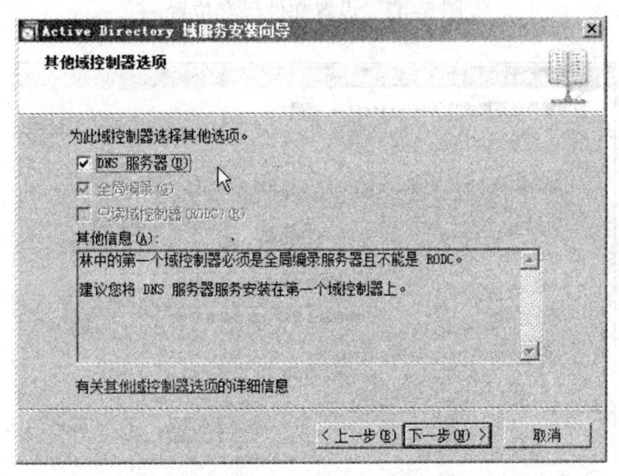

图 5-39　其他域控制器选项

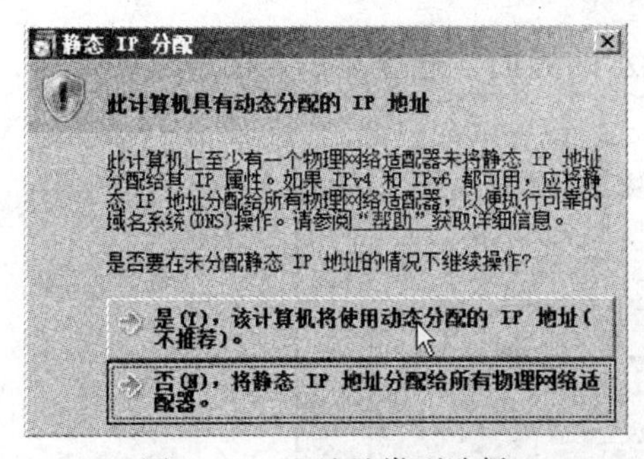

图 5-40　IP 地址类型选择

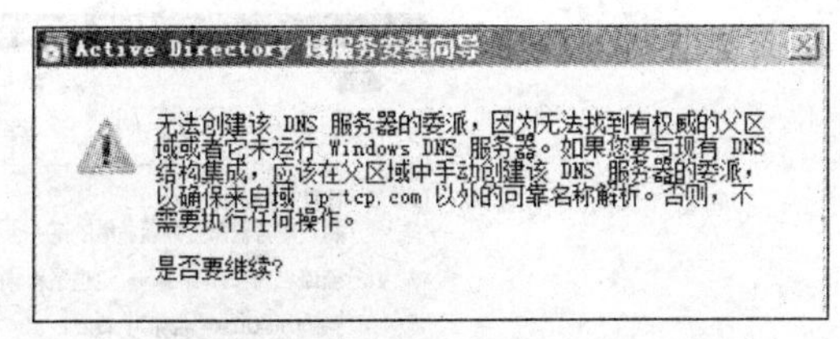

图 5-41　提示信息

15）如图 5-41 所示的对话框中建议安装 DNS，这样这个向导将自动创建 DNS 区域委派。无论 DNS 服务器服务是否与活动集成，都必须将其他安装在部署的活动目录林根域的第一个域控制器上，选择“是”，出现“数据库、日志文件和 SYSVOL 的位置”界面，这时可以修改其他安装的目录，如图 5-42 所示。

16）单击“下一步”按钮，出现如图 5-43 所示的界面，还原模式是 AD DS 未运行时的一种模式，这种模式下原来的域控制器密码不再起作用，这时要登录域控制器必须有还原模式的密码。

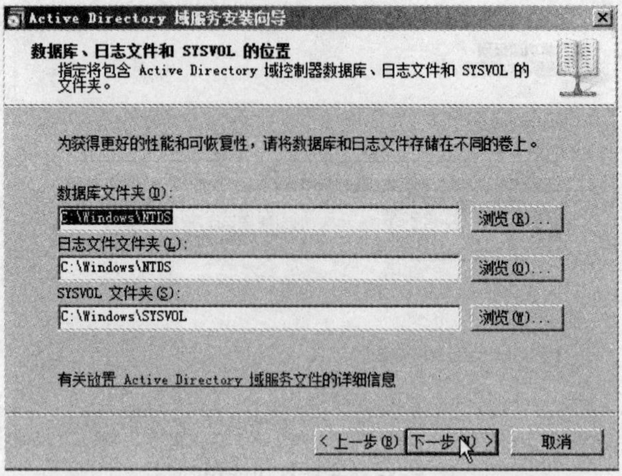

Active Directory 域服务安装向导
数据库、日志文件和 SYSVOL 的位置
指定将包含 Active Directory 域控制器数据库、日志文件和 SYSVOL 的文件夹。
为获得更好的性能和可恢复性，请将数据库和日志文件存储在不同的卷上。
数据库文件夹(D):
C:\Windows\NTDS
浏览(R)...
日志文件文件夹(L):
C:\Windows\NTDS
浏览(O)...
SYSVOL 文件夹(S):
C:\Windows\SYSVOL
浏览(W)...
有关放置 Active Directory 域服务文件的详细信息
< 上一步(B)
下一步(N) >
取消

图 5-42　设置文件保存位置

Active Directory 域服务安装向导
目录服务还原模式的 Administrator 密码
目录服务还原模式 Administrator 帐户不同于域 Administrator 帐户。
为 Administrator 帐户分配一个密码，将在以目录服务还原模式启动此域控制器时使用该帐户。我们建议您选择一个强密码。
密码(P):
确认密码(C):
关于目录服务还原模式密码的详细信息
< 上一步(B)
下一步(N) >
取消

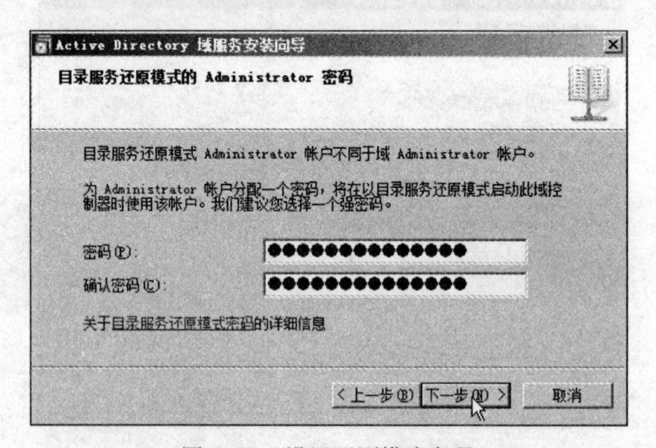

图 5-43　设置还原模式密码

17）单击“下一步”按钮，出现如图 5-44 所示的界面，这里显示之前所有的操作，检查无误后单击“下一步”按钮继续。

Active Directory 域服务安装向导
摘要
检查您的选择(R):
将该服务器配置为新林中的第一个 Active Directory 域控制器。
新域名为 zynet.com。这也是新林的名称。
域的 NetBIOS 名称为 ZYNET
林功能级别: Windows Server 2003
域功能级别: Windows Server 2003
站点: Default-First-Site-Name
其他选项:
要更改选项，单击“上一步”。要开始操作，单击“下一步”。
可以将这些设置导出到一个应答文件中以用于其他无人参与操作。
导出设置(E)...
有关使用应答文件的详细信息
< 上一步(B)
下一步(N) >
取消

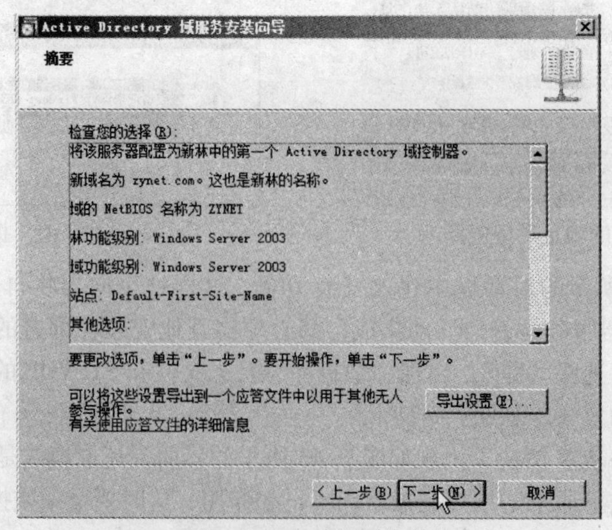

图 5-44　显示摘要信息

18）等待配置相关信息完成，如图5-45所示，单击“完成”按钮，等待服务器重启过后，使用ZYNET/Administrator域用户登录即可。

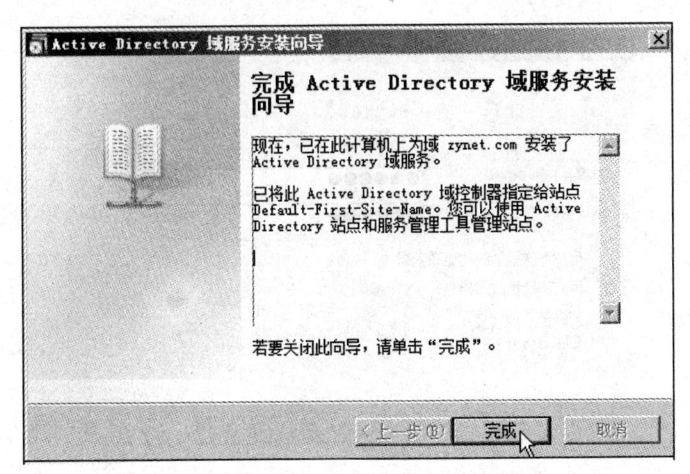

图5-45　安装完成

3. 将客户机添加到域

域是集中管理的，方便用户对各种资源进行管理，如文件、打印机、计算机等，将Windows客户机添加到域并接受域控制器集中管理的具体步骤如下，其他类型操作系统的客户机可以参照完成。

1）在域控制器上，依次单击“开始”→“管理工具”→“Active Directory用户和计算机”，在打开的窗口中展开“zynet.com”，右击“Users”，在弹出的快捷菜单中选择“新建”→“用户”命令，打开如图5-46所示对话框，输入用户信息，单击“下一步”按钮继续。

图5-46　输入用户信息

2）输入用户密码，取消勾选“用户下次登录时须更改密码”复选框（此处为简化实验操作，在真实环境下，应勾选该项），如图5-47所示。单击“下一步”按钮，完成用户的创建。

3）下面把安装Windows XP系统的计算机加入域，并使用刚才新建的用户名t1登录。

由于 Windows Server 2008 的活动目录使用 DNS 服务器来解析活动目录建立的域名，因此首先要在客户机上设置使用的 DNS 服务器的 IP 地址。

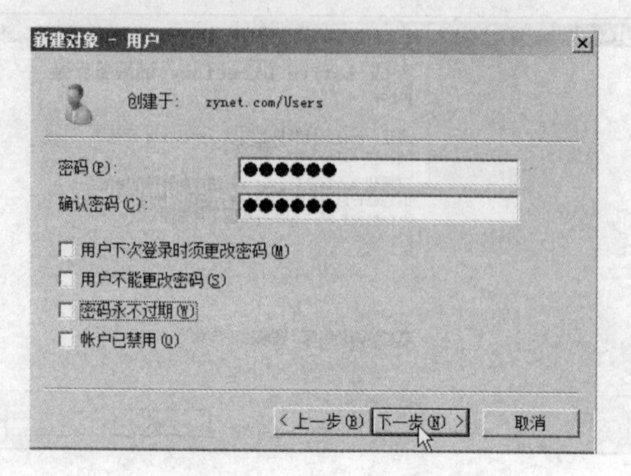

图 5-47 设置用户密码

4）在客户机的控制面板中选择“系统”选项，打开如图 5-48 所示的“系统属性”的“计算机名”选项卡，单击“更改”按钮。

5）出现如图 5-49 所示的“计算机名称更改”对话框，单击“隶属于”区域的“域”单选按钮，并且在文本框中输入域名“zynet. com”。

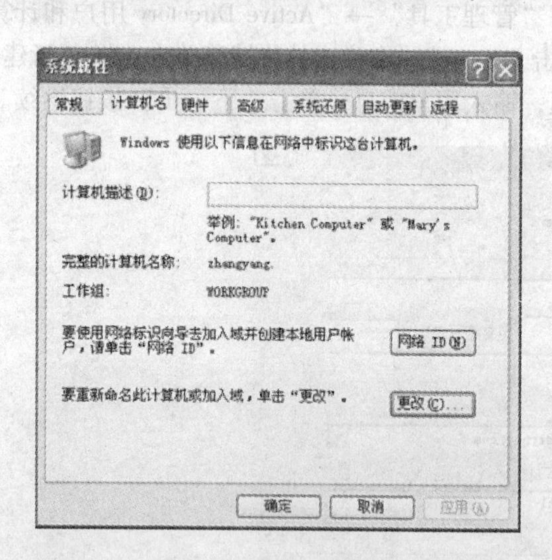

图 5-48 “系统属性”的“计算机名”选项卡

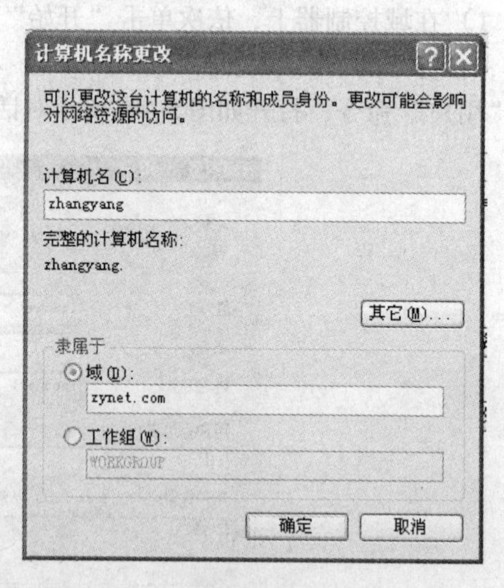

图 5-49 “计算机名称更改”对话框

6）客户机将通过 DNS 服务器查询是否有域名为“zynet. com”的域控制器存在，解析成功后出现“计算机名更改”对话框。需要在如图 5-50 所示的对话框中输入域账号名称和密码进行登录。

7）域控制器对账号和密码成功进行验证后出现如图 5-51 所示的对话框，表示客户机的设置已经成功得到域控制器的认可。

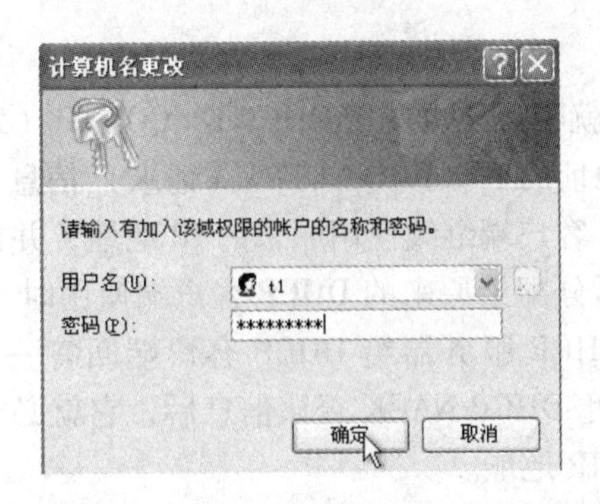

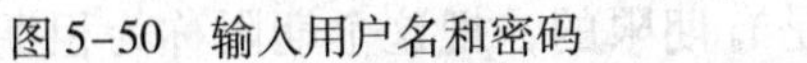
图 5-50　输入用户名和密码

图 5-51　登录到域

8）待出现提示重新启动计算机界面后，按下“确定”按钮重启计算机，则客户机加入域的操作就能生效了，客户机就将接受域控制器的统一管理。客户机要访问网络的资源，只要在“网上邻居”中查找“域”下各种服务器或者客户机提供的共享资源即可。

5.3　基于 Windows Server 2008 的网络服务与管理

5.3.1　DHCP 的设置与管理

1. DHCP 相关概念

（1）DHCP 的引入

在基于 TCP/IP 通信协议的网络中，每一台工作站都至少需要一个 IP 地址，才能与局域网中的其他工作站连接通信。为了便于统一管理和规划局域网中的 IP 地址，DHCP 服务便应运而生了。DHCP（Dynamic Host Configuration Protocol，动态主机分配协议）是一种客户端—服务器技术，允许 DHCP 服务器将其地址池中的 IP 地址自动分配给局域网中的每一台工作站，也允许局域网中的服务器租用其中的预留 IP 地址。

对于包含工作站数量比较多的单位网络来说，在更换或修改 IP 地址的时候，只需在 DHCP 服务器系统中，对它的作用域参数进行更改，便能自动更新 DHCP 客户端中的 IP 地址参数，而根本不需要在每一台工作站上分别执行 IP 地址变更操作，从而有效降低单位局域网管理员的网络管理工作量。局域网中的所有工作站 IP 地址都被保存在 DHCP 服务器的数据库中。

（2）DHCP 服务器工作原理

根据客户端是否第一次登录网络，DHCP 的工作形式会有所不同。当 DHCP 客户端第一次登录网络的时候，也就是客户端发现本机上没有任何 IP 数据设定时，它会向网络发出一个 DHCP DISCOVER 封包，向网络中寻求 DHCP 服务；当 DHCP 服务器监听到客户端发出的 DHCP DISCOVER 广播后，会从那些还没有租出的地址范围内，选择最前面的空置 IP 地址，连同其他 TCP/IP 设定，响应给客户端一个 DHCP OFFER 封包；如果客户端收到网络上多台 DHCP 服务器的响应，只会挑选其中一个 DHCP OFFER 而已（通常是最先抵达的那个），并且会向网络发送一个 DHCP REQUEST 广播封包，告诉所有 DHCP 服务器它将指定接受哪一台服务器提供的 IP 地址；当 DHCP 服务器接收到客户端的 DHCP REQUEST 之后，会向客户端发出一个 DHCP ACK 响应，以确认 IP 租约的正式生效，也就结束了一个完整的 DHCP 工作过程。

以后 DHCP 客户端每次重新登录网络时，就不需要再发送 DHCP DISCOVER（发现）信息了，而是直接发送包含前一次所分配的 IP 地址的 DHCP REQUEST（请求）信息。当 DHCP 服务器收到这一信息后，它会尝试让 DHCP 客户端继续使用原来的 IP 地址，并回答一个 DHCP ACK 确认信息。如果此 IP 地址已无法再分配给原来的 DHCP 客户端使用时（如此 IP 地址已分配给其他 DHCP 客户端使用），则 DHCP 服务器给 DHCP 客户端回答一个 DHCP NACK 否认信息。当原来的 DHCP 客户端收到此 DHCP NACK 否认信息后，它就必须重新发送 DHCP DISCOVER（发现）信息来请求新的 IP 地址。

DHCP 服务器所提供的 IP 地址一般都是有期限的，把这个期限称为租期，租期的长短通过 DHCP 服务器来设置。设置这个期限是为了让那些过了租期又不活动的 IP 地址能空出来，由 DHCP 服务器重新分配给 DHCP 客户端，这样就会有效减少 IP 地址的浪费现象。租期满后 DHCP 服务器便会收回出租的 IP 地址。如果 DHCP 客户端要延长其 IP 租约，则必须更新其 IP 租约。DHCP 客户端启动时和 IP 租约期限过一半时，DHCP 客户端都会自动向 DHCP 服务器发送更新其 IP 租约的信息。

（3）提供 DHCP 服务需满足的要求

- 服务器应具有静态 IP 地址。
- 在域环境下需要使用活动目录服务授权 DHCP 服务。
- 建立作用域（作用域是一段 IP 地址的范围）并激活。

2. DHCP 服务器角色的安装

一般来说，DHCP 服务器往往都需要安装在有 Windows Server 2000 以上版本的计算机系统中；并且，作为 DHCP 服务器的计算机系统必须安装使用 TCP/IP，同时需要设置静态的 IP 地址、子网掩码，指定好默认网关地址及 DNS 服务器地址等。对于 Windows Server 2008 系统来说，在默认状态下，DHCP 服务器并没有被安装，可以先按照如下步骤来将 DHCP 服务器安装成功。

1）依次单击“开始”→“管理工具”→“服务器管理器”，在弹出的“服务器管理器”窗口中，单击左侧显示区域的“角色”选项，如图 5-52 所示，在对应该选项的右侧显示区域中，单击“添加角色”按钮，出现如图 5-53 所示的“服务器角色”列表。

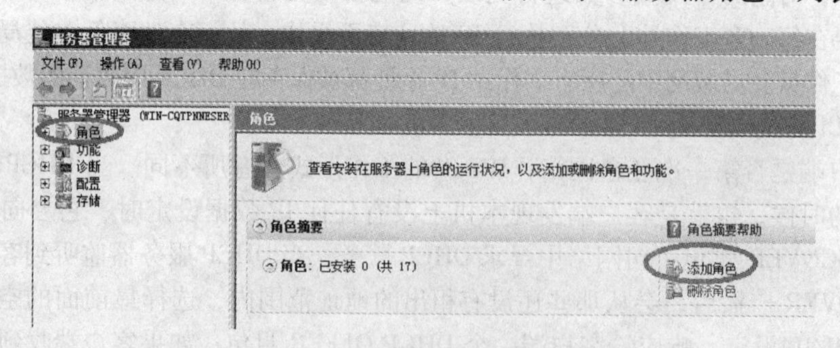

图 5-52　添加服务器角色

2）选择安装“DHCP 服务器”，单击“下一步”按钮，进入“选择网络连接绑定”界面，安装程序将检查该服务器是否具有一个静态 IP 地址，如果检测到会显示出来，如图 5-54 所示。选择要设定为服务器所使用的 IP 地址，单击“下一步”按钮。

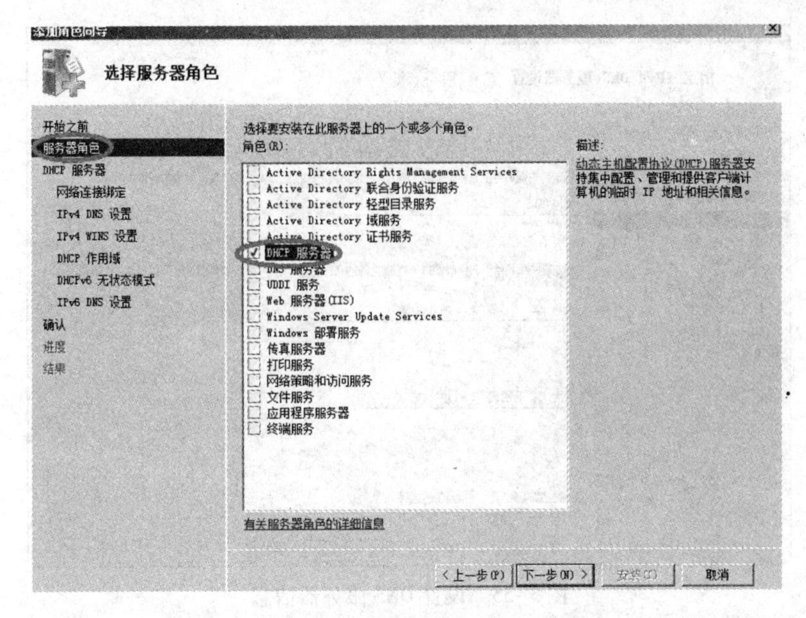

图 5-53　选择服务器角色

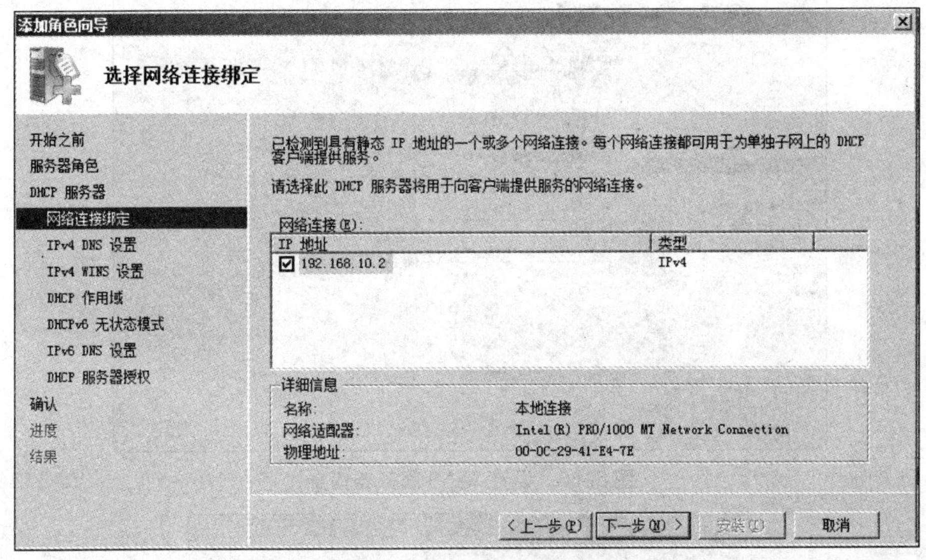

图 5-54　设定服务器 IP 地址

3）下面需要输入域名和 DNS 服务器的 IP 地址，如图 5-55 所示。通过将 DHCP 与 DNS 集成，当 DHCP 更新 IP 地址时，相应的 DNS 更新会将计算机名到 IP 地址的关联进行同步。

4）单击“下一步”按钮后，出现的是 WINS 服务器设置，如图 5-56 所示，对于某些企业来说，网络中包含使用 NetBIOS 名称的计算机和使用域名的计算机，则需要同时包含 WINS 服务器和 DNS 服务器。当然，如果用不到它的话，选择第一个选项，单击“下一步”按钮继续。

5）接下来添加或编辑 DHCP 作用域，作用域是为了便于管理而对子网上使用 DHCP 服务的计算机 IP 地址进行的分组。管理员首先为每个物理子网创建一个作用域，然后使用此作用域定义客户端所用的参数。单击“添加作用域”按钮后，出现如图 5-57 所示的对话框。

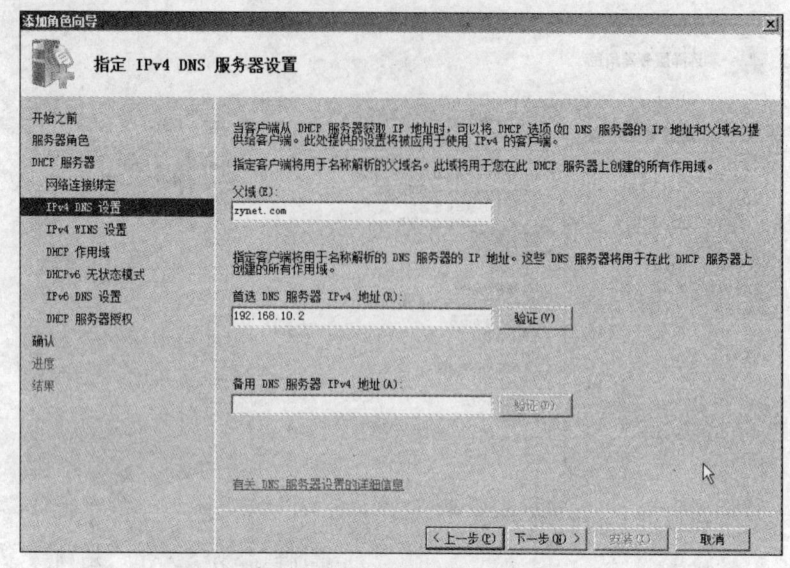

图 5-55　设置 DNS 服务器信息

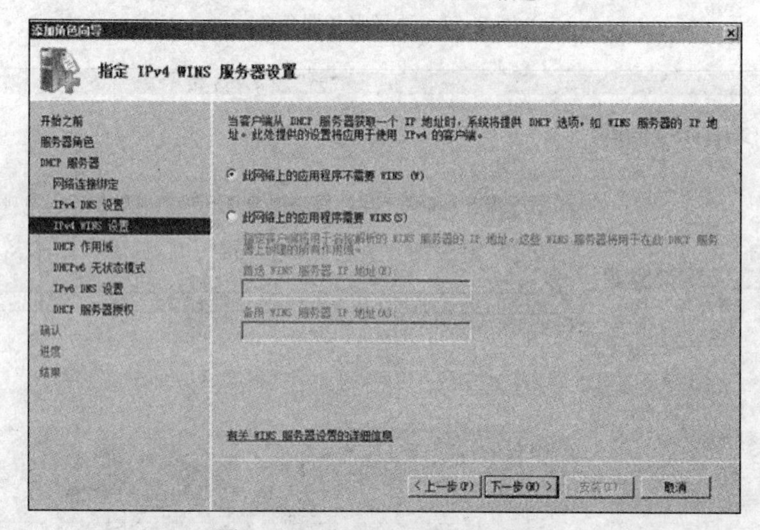

图 5-56　设置 WINS 服务器信息

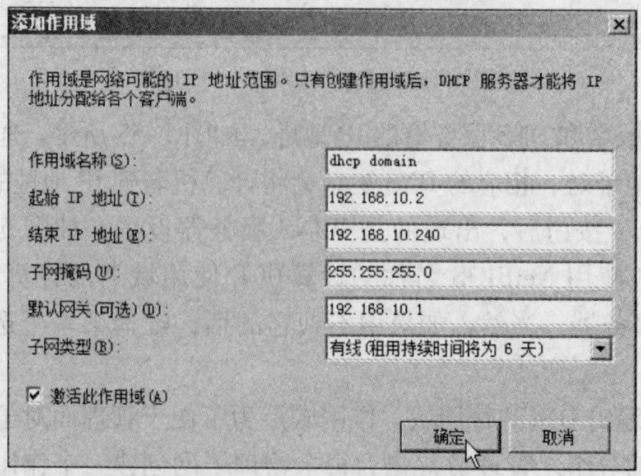

添加作用域

作用域是网络可能的 IP 地址范围。只有创建作用域后，DHCP 服务器才能将 IP 地址分配给各个客户端。

作用域名称(S)：dhcp domain
起始 IP 地址(T)：192.168.10.2
结束 IP 地址(E)：192.168.10.240
子网掩码(U)：255.255.255.0
默认网关(可选)(D)：192.168.10.1
子网类型(B)：有线(租用持续时间将为 6 天)

☑ 激活此作用域(A)

确定　取消

图 5-57　设置作用域信息

6）在 Windows Server 2008 中默认增加了对下一代 IP 地址规范——IPv6 的支持，不过就目前的网络现状来说很少用到 IPv6，因此可以选择“对此服务器禁用 DHCPv6 无状态模式”，如图 5-58 所示，单击“下一步”按钮继续。

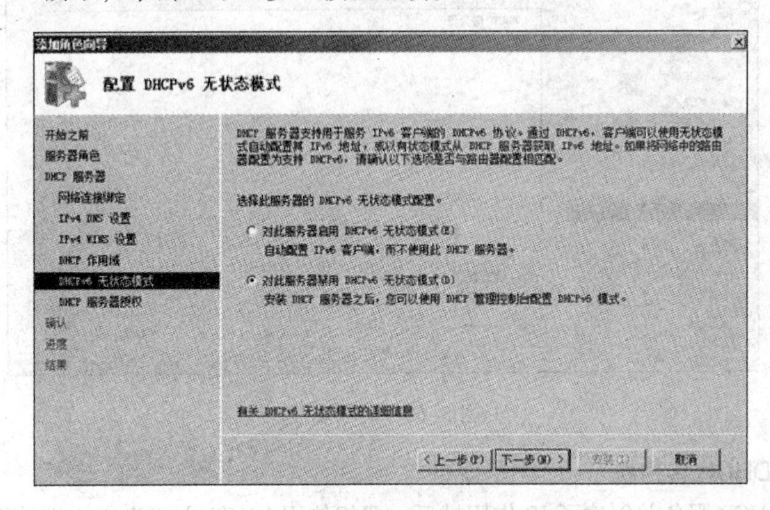

图 5-58　IPv6 设置

7）接下来授权 DHCP 服务器，因为实验使用的是管理员登录，所以选择第一项就可以，如图 5-59 所示，单击“下一步”按钮继续。

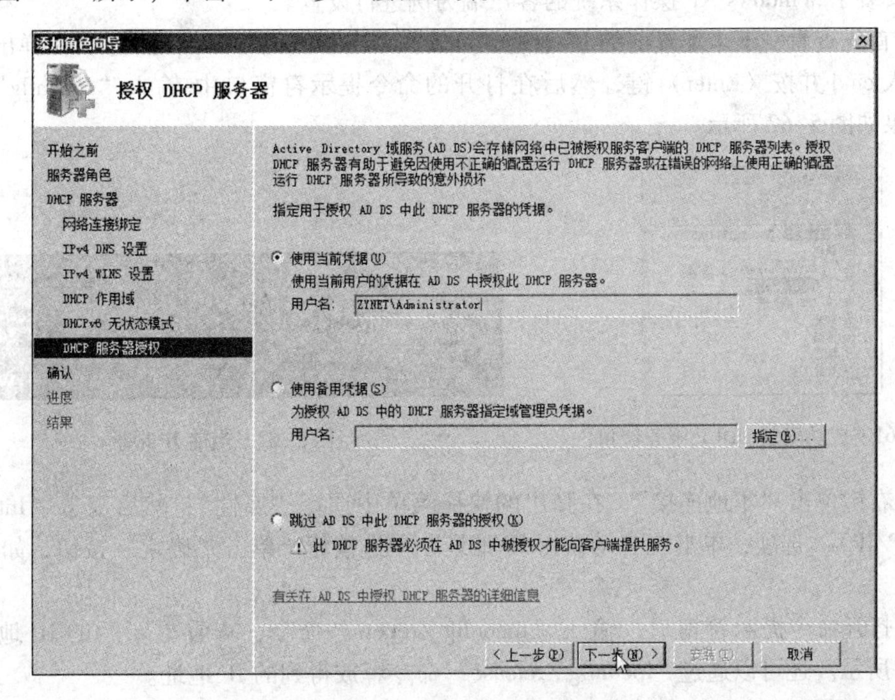

图 5-59　授权 DHCP 服务器

8）如果没有问题的话单击“安装”按钮开始安装，如图 5-60 所示。

9）最后提示安装成功与否。再打开服务器管理器确认一下“DHCP 服务器”是否已经成功安装。图 5-61 显示安装 DHCP 服务器角色成功。

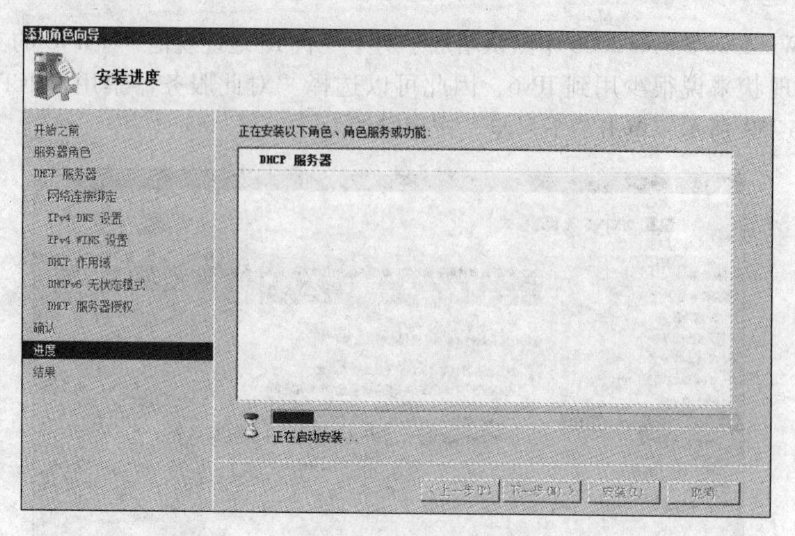

图 5-60　确认安装

3. 配置 DHCP 客户机

安装了 DHCP 服务并创建了 IP 作用域后，要想使用 DHCP 方式为客户端计算机分配 IP 地址，除了网络中有一台 DHCP 服务器外，还要求客户端计算机具备自动向 DHCP 服务器获取 IP 地址的能力，这些客户端称为 DHCP 客户端。因此，需要对客户端的 TCP/IP 属性进行设置。

以安装了 Windows XP 操作系统的客户端为例进行设置。

1）首先查看一下未配置前的 IP 地址。可依次单击“开始”→“运行”，在弹出的文本框中输入 cmd 并按〈Enter〉键，然后在打开的命令提示符窗口中 输入“ipconfig”命令，显示结果如图 5-62 所示。

图 5-61　成功安装 DHCP 服务器角色

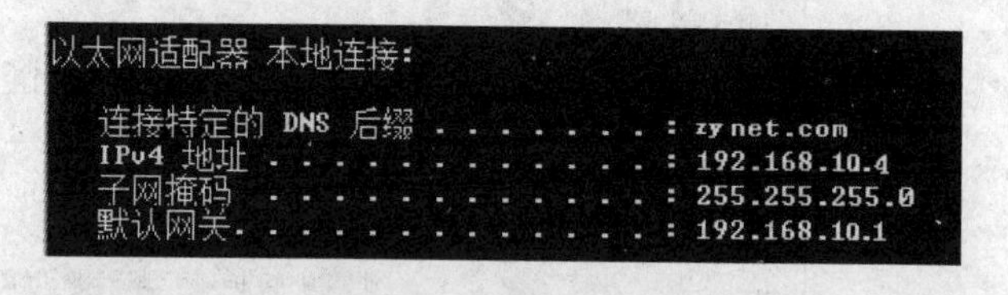

图 5-62　当前 IP 地址

2）右键单击“本地连接”，在弹出的快捷菜单中选择“属性”，然后双击“Internet 协议（TCP/IP）”选项，单击“自动获得 IP 地址”单选按钮，单击“确定”按钮，如图 5-63 所示。

3）打开命令提示符窗口，输入“ipconfig /renew”命令，查看更新后的 IP 地址，如图 5-64 所示。还可以通过“ipconfig /release”命令释放得到的 IP 地址。

4. 修改作用域选项

当服务器完成了自动分配 IP 地址的配置任务，客户端可以自动获取相关的 IP 信息，如果由于网关 IP 的变化或 DNS 服务器 IP 变化，需要重新发布这些信息，这时，可以通过修改 DHCP 作用域选项来完成。

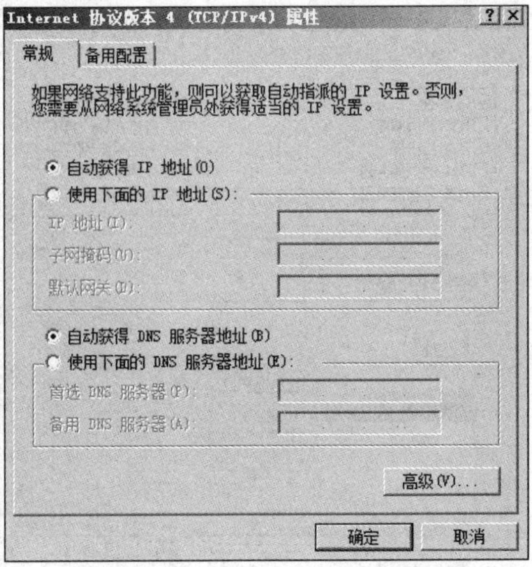

Internet 协议版本 4 (TCP/IPv4) 属性
常规
备用配置
如果网络支持此功能，则可以获取自动指派的 IP 设置。否则，您需要从网络系统管理员处获得适当的 IP 设置。
自动获得 IP 地址(O)
使用下面的 IP 地址(S):
IP 地址(I):
子网掩码(U):
默认网关(D):
自动获得 DNS 服务器地址(B)
使用下面的 DNS 服务器地址(E):
首选 DNS 服务器(P):
备用 DNS 服务器(A):
高级(V)...
确定
取消

图 5-63　客户端 TCP/IP 设置

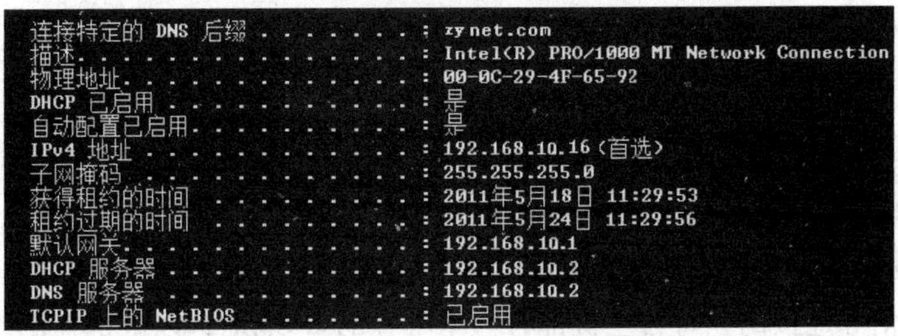

连接特定的 DNS 后缀 . . . . : zynet.com
描述. . . . . : Intel(R) PRO/1000 MT Network Connection
物理地址. . . . . : 00-0C-29-4F-65-92
DHCP 已启用 . . . . : 是
自动配置已启用. . . . . : 是
IPv4 地址 . . . . : 192.168.10.16(首选)
子网掩码 . . . . : 255.255.255.0
获得租约的时间 . . . . : 2011年5月18日 11:29:53
租约过期的时间 . . . . : 2011年5月24日 11:29:56
默认网关. . . . . : 192.168.10.1
DHCP 服务器 . . . . : 192.168.10.2
DNS 服务器 . . . . : 192.168.10.2
TCPIP 上的 NetBIOS . . . . : 已启用

图 5-64　客户端获得 IP 地址情况

1）依次单击“开始”→“管理工具”→“DHCP”，打开 DHCP 服务器管理界面，单击服务器前面的“+”号，展开服务器列表，再展开“IPv4”和下一层的“作用域”前面的“+”号，单击“作用域选项”，如图 5-65 所示。

DHCP
文件(F)　操作(A)　查看(V)　帮助(H)
DHCP
win-uc17ydf45xx.zynet.com
IPv4
作用域 [192.168.10.
地址池
地址租用
保留
作用域选项
服务器选项
IPv6
作用域选项
选项名　供应商　值
003 路由器　标准　192.168.10.1
006 DNS 服务器　标准　192.168.10.2
015 DNS 域名　标准　zynet.com

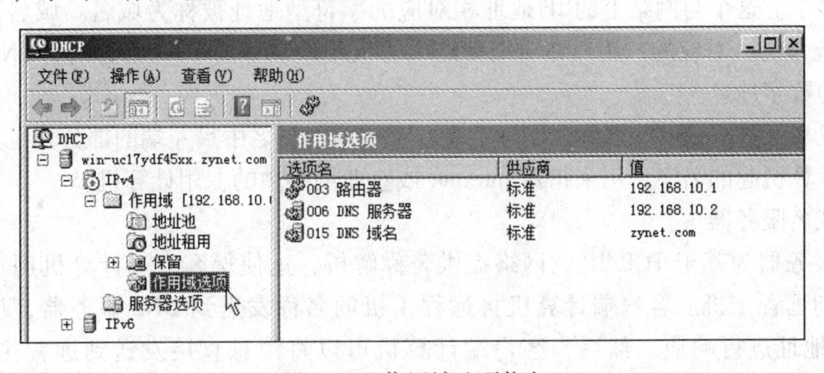

图 5-65　作用域选项信息

2）在右侧窗格中双击“003 路由器”或“006 DNS 服务器”，在出现的对话框中根据需要进行修改，例如，将路由器 IP 地址改为 192.168.10.147，单击“确定”按钮，如图 5-66 所示，即完成了对相关作用域选项的设定。

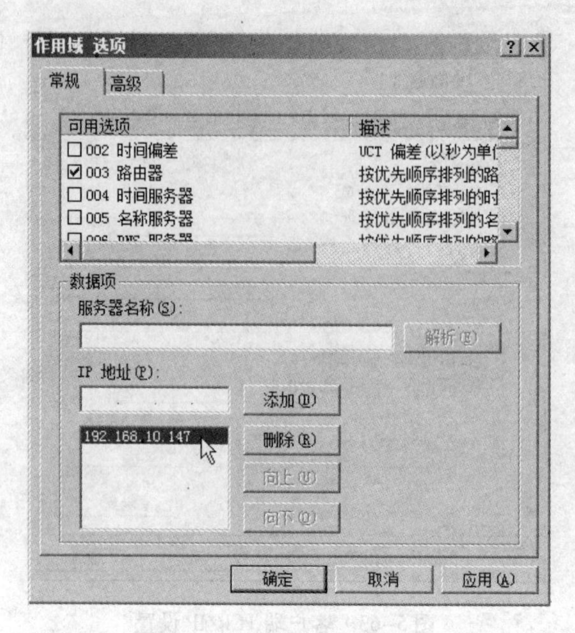

图 5-66 设置路由器地址

5.3.2 DNS 的设置管理

1. DNS 相关概念

(1) 域名和计算机名

域名是 Internet 中用于解决地址对应问题的一种方法，是一个技术名词。Internet 是基于 TCP/IP 进行通信和连接的，每台主机都有一个唯一的 IP 地址，以区别在网络上成千上万台计算机。为了保证网络上每台计算机 IP 地址的唯一性，用户必须向特定机构申请注册，该机构根据用户单位的网络规模和近期发展计划，分配 IP 地址。由于 IP 地址是数字标识，使用时难以记忆和书写，因此在 IP 地址的基础上又发展出一种符号化的地址方案，来代替数字型的 IP 地址。每一个符号化的地址都与特定的 IP 地址对应，这样网络上的资源访问起来就容易得多了。这个与网络上的 IP 地址相对应的字符型地址被称为域名。域名地址系统与 IP 地址系统是一一对应的。用户在应用程序中输入用户友好的 DNS 名称时，DNS 服务会将名称解析为数字地址。

计算机名又称 NetBIOS 名称，实际上是一个完整的域名中最左端的部分，也是安装操作系统时为计算机起的名字，用来指定 Internet 或企业网络中的专用计算机。

(2) 域名服务器

DNS 服务器为基于 TCP/IP 的网络提供名称解析，这使得客户端计算机用户能够使用名称来识别远程主机。客户端计算机将远程主机的名称发送到 DNS 服务器，该服务器以相应的 IP 地址进行响应。然后，客户端计算机可以将消息直接发送到远程主机的 IP 地址。如果 DNS 服务器的数据库中没有与远程主机对应的条目，则可以使用很可能具有该远程主机相关信息的 DNS 服务器的地址对客户端进行响应，或者可以亲自查询其他 DNS 服务器，直到客户端计算机收到 IP 地址或已确定查询的名称不属于特定 DNS 命名空间中的主机为止。

DNS 服务器在网络中主要具有以下优势：

1）支持活动目录域服务（ADDS）。

DNS 是支持 ADDS 的必要条件。如果在服务器上安装 AD 域服务角色，而找不到满足 ADDS 要求的 DNS 服务器，则可以自动安装和配置 DNS 服务器。DNS 区域可以存储在 ADDS 的域或应用程序目录分区中。分区是 ADDS 中针对不同复制用途对数据进行区分的数据容器。可以指定将区域存储在哪个 AD 分区中，进而指定将在其间复制区域数据的域控制器组。

2）存根区域。

在 Windows Server 2008 上运行的 DNS 支持一种被称为存根区域的区域类型。存根区域是区域的一个副本，它仅包含标识该区域的权威 DNS 服务器所必需的资源记录。存根区域中保留的 DNS 服务器承载知晓其子区域的权威 DNS 服务器的父区域。这有助于维护 DNS 名称解析的效率。

3）与其他 Microsoft 网络服务集成。

DNS 服务器服务提供与其他服务的集成，并包含 DNSRFC 中指定的功能之外的其他功能。这些功能包括与诸如 ADDS、WINS 和 DHCP 等其他服务的集成。

4）更易于管理。

Microsoft 管理控制台（MMC）中的 DNS 管理单元提供了一个用于管理 DNS 服务器服务的图形用户界面（GUI）。还有一些配置向导可用来执行常见的服务器管理任务。除 DNS 控制台之外，还提供了其他工具来帮助用户更好地管理和支持网络上的 DNS 服务器和客户端。

5）符合 RFC 的动态更新协议支持。

客户端可以使用 DNS 服务器服务根据动态更新协议（RFC2136）以动态方式更新资源记录。通过减少手动管理这些记录所需的时间改进了 DNS 管理。运行 DNS 客户端服务的计算机可以动态方式注册其 DNS 名称和 IP 地址。此外，还可以将 DNS 服务器服务和 DNS 客户端配置为执行安全动态更新，即只允许经过身份验证且具有适当权限的用户更新服务器上的资源记录的功能。安全动态更新只能用于与 ADDS 集成的区域。

（3）命名规则

DNS 名字包括两部分：第一部分为主机名，如 WWW、FTP，表示主机的用途；第二部分为域名，如 sina. com. cn，用来表示主机所属的组织、国家或地区等。最长可以达到 255 个字符。

（4）域名空间结构

DNS 的域名空间结构是一种层次化的树状结构，分为根域、顶级域、各级子域、主机名。域名空间的层次结构类似一个倒置的树状结构，在域名层次结构中，每一层称做一个域，每个域用一个点号“.”分开。

如图 5-67 所示，根（Root）域是由 Internet 名字注册授权机构管理，该机构把域名空间各部分的管理责任分配连接到 Internet 的各个组织。

DNS 根域的下一级就是顶级域，由 Internet 名字授权机构管理。共有 2 种类型的顶级域：通用域表示 DNS 域中包含组织的主要功能与活动；国家或地区域采用两个字符表示国家或地区代号。常用的顶级域如图 5-68 所示。

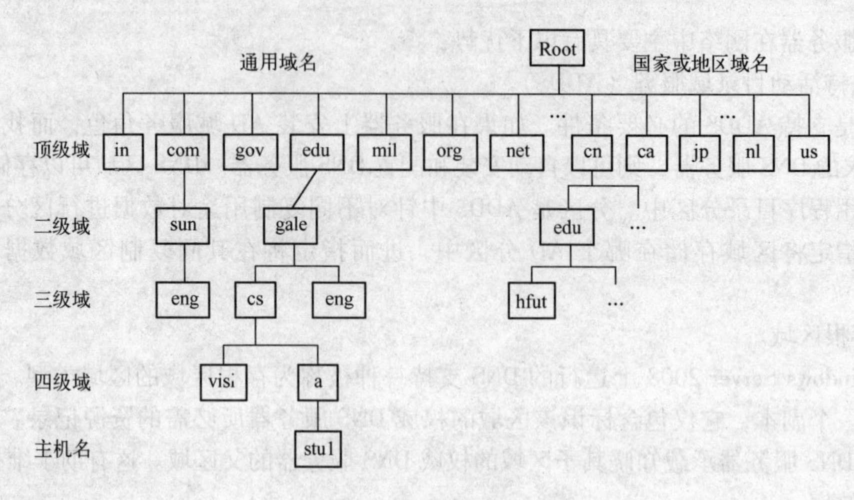

图 5-67　域名空间

顶级域名	分配给
com	商业组织
edu	教育机构
gov	政府部门
mil	军事部门
net	主要网络支持中心
org	上述以外的组织
int	国际组织
国家或地区代码	各个国家或地区

图 5-68　顶级域名的划分模式

二级域注册到个人、组织或公司的名称。这些名称基于相应的顶级域，二级域下可以包括主机和子域。常用的二级域如图 5-69 所示。

划分模式	二级域名	分配给
类别域名（6 个）	ac	科研机构
	com	工、商、金融等企业
	edu	教育机构
	gov	政府部门
	net	互联网络、接入网络的信息中心和运行中心
	org	各种非盈利性的组织
行政区域名	bj	北京市
	sh	上海市
	tj	天津市
	cq	重庆市
	he	河北省
	sx	山西省
	nm	内蒙古自治区
	…	

图 5-69　二级域名分配举例

主机名在域名空间结构的最底层，主机名和前面的域名结合构成 FQDN（完全合格的域名），主机名是 FQDN 的最左端。例如，图 5-67 中主机 stu1 的域名为 stu1. a. cs. gale. edu。

（5）域名解析方式

DNS 提供了两种解析方式，即：递归解析和反复解析。

递归解析的特点是要求域名服务器系统一次性完成全部名字—地址变换，而反复解析的特点是每次请求一个服务器，不行再请求其他的服务器。

为了提高域名解析效率，解析从本地域名服务器开始。域名服务器将其最近解析过的域名与 IP 地址的映射关系存放在自己的高速缓冲区中，为了保证缓冲区中域名与 IP 地址映射关系的有效性，为缓冲区中每一映射关系设置了最大生存周期。

（6）域名解析过程

在互联网中，一个域名的顺利解析离不开两类域名服务器，只有由这两类域名服务器可以提供"权威性"的域名解析。第一类就是国际域名管理机构，主要负责国际域名的注册和解析，第二类就是国内域名注册管理机构，主要负责国内域名注册和解析。当然，尽管分为国际和国内，但两者一主一辅，相互同步信息，最终实现在全球任何一个有网络的地方都可以顺利访问任何一个有效合法的域名。

DNS 域名解析的完整过程如下：

1）首先，客户端提出域名解析请求，并将该请求发送或转发给本地的 DNS 服务器。

2）接着，本地 DNS 服务器收到请求后就去查询自己的数据库和缓存，如果有该条记录，则将查询的结果返回给客户端。

反之，如果 DNS 服务器本地没有搜索到相应的记录，则会把请求转发到根 DNS 服务器。

3）然后，根 DNS 服务器收到请求后会判断这个域名是谁来授权管理，并会返回一个负责解析该域名的 DNS 服务器地址。例如，查询 ent. 163. com 的 IP 地址，根 DNS 服务器就会在负责 . com 顶级域名的 DNS 服务器中选择一个，返回给本地 DNS 服务器。可以说，根域对顶级域名有绝对管理权。

4）本地 DNS 服务器收到这个地址后，就开始联系对方并发送请求。负责 . com 域名的某台服务器收到此请求后，如果自己无法解析，就会返回一个管理 . com 的下一级的 DNS 服务器地址给本地 DNS 服务器，也就是负责管理 163. com 的 DNS。

5）当本地 DNS 服务器收到这个地址后，就会重复上面的动作，继续向下联系。

6）不断重复这样的过程，直到有一台 DNS 服务器可以顺利解析出这个地址为止。在这个过程中，客户端一直处于等待状态。

7）直到本地 DNS 服务器获得 IP 地址时，才会把这个 IP 地址返回给客户端，到此在本地的 DNS 服务器取得 IP 地址后，递归查询就算完成了。本地 DNS 服务器同时会将这条记录写入自己的缓存，以备后用。到此，整个解析过程完成。

客户端得到这个地址后，就可以顺利往下进行了。但假设客户端请求的域名根本不存在，解析自然不成功，DNS 服务器会返回"此域名不可达"，在客户端的体现就是网页无法浏览或网络程序无法连接等。

为了更好地理解整个解析过程，请参考图 5-70。

在实际应用中，解析过程通常是非常迅速的，主要由几个方面的原因所决定。一是客户端网络状况是否良好；二是与本地 DNS 连接的速度是否很快；三是本地 DNS 上是否有访问地址的缓存等，如果以上的因素答案都是肯定的，那么访问就会很迅速，图 5-70 中的步骤也会骤减至 2 个，因为有缓存，所以本地 DNS 服务器会很快告之域名对应的 IP 地址而实现迅速访问。

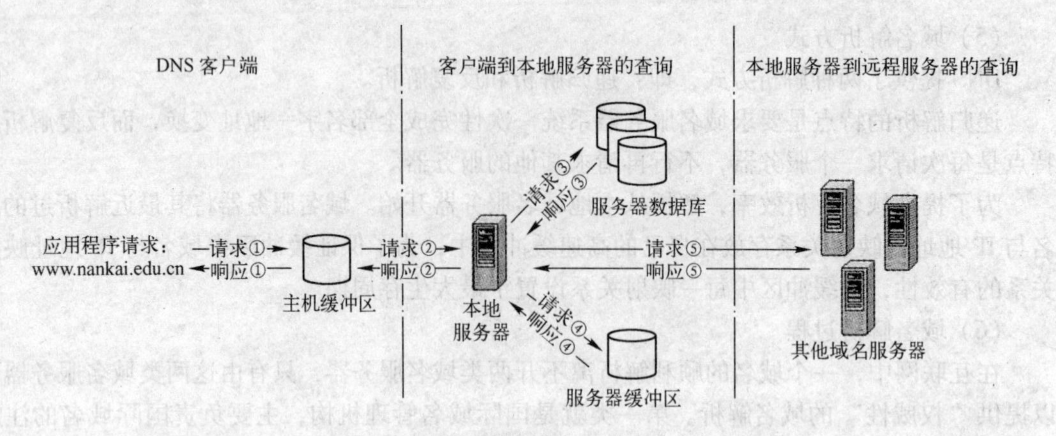

图 5-70　域名解析全过程

（7）DNS 区域的概念

为了便于根据实际情况来分散 DNS 名称管理工作的负荷，将 DNS 名称空间划分为区域（Zone）来进行管理。区域是 DNS 服务器的管辖范围，是由 DNS 名称空间中的单个区域或由具有上下隶属关系的紧密相邻的多个子域组成的一个管理单位。因此，DNS 名称服务器是通过区域来管理名称空间的，而并非以域为单位来管理名称空间，但区域的名称与其管理的 DNS 名称空间的域的名称是一一对应的。一台 DNS 服务器可以管理一个或多个区域，而一个区域也可以由多台 DNS 服务器来管理。在 DNS 服务器中必须先建立区域，然后再根据需要在区域中建立子域以及在区域或子域中添加资源记录，才能完成其解析工作。

DNS 区域分为两大类：正向查找区域和反向查找区域：

- 正向查找区域用于 FQDN 到 IP 地址的映射，当 DNS 客户端请求解析某个 FQDN 时，DNS 服务器在正向查找区域中进行查找，并返给 DNS 客户端对应的 IP 地址。
- 反向查找区域用于 IP 地址到 FQDN 的映射，当 DNS 客户端请求解析某个 IP 地址时，DNS 服务器在反向查找区域中进行查找，并返回给 DNS 客户端对应的 FQDN。

每一类区域又分为 3 种区域类型：主要区域、辅助区域、存根区域。

- 主要区域（Primary）：包含相应 DNS 命名空间所有的资源记录，是区域中所包含的所有 DNS 域的权威 DNS 服务器。可以对区域中所有资源记录进行读写，即 DNS 服务器可以修改此区域中的数据，默认情况下区域数据以文本文件格式存放。
- 辅助区域（Secondary）：主要区域的备份，从主要区域直接复制而来，同样包含相应 DNS 命名空间所有的资源记录，是区域中所包含的所有 DNS 域的权威 DNS 服务器；和主要区域不同之处是，DNS 服务器不能对辅助区域进行任何修改，即辅助区域是只读的。辅助区域数据只能以文本文件格式存放。
- 存根区域（Stub）：此区域只是包含了用于分辨主要区域权威 DNS 服务器的记录。

2. DNS 服务器的安装

1）以管理员账户登录到 Windows Server 2008 系统，依次单击“开始”→“程序”→“管理工具”→“服务器管理器”，打开如图 5-71 所示的“服务器管理器”窗口。

2）单击“角色”，运行“添加角色向导”，选中“DNS 服务器”复选框，如图 5-72 所示。

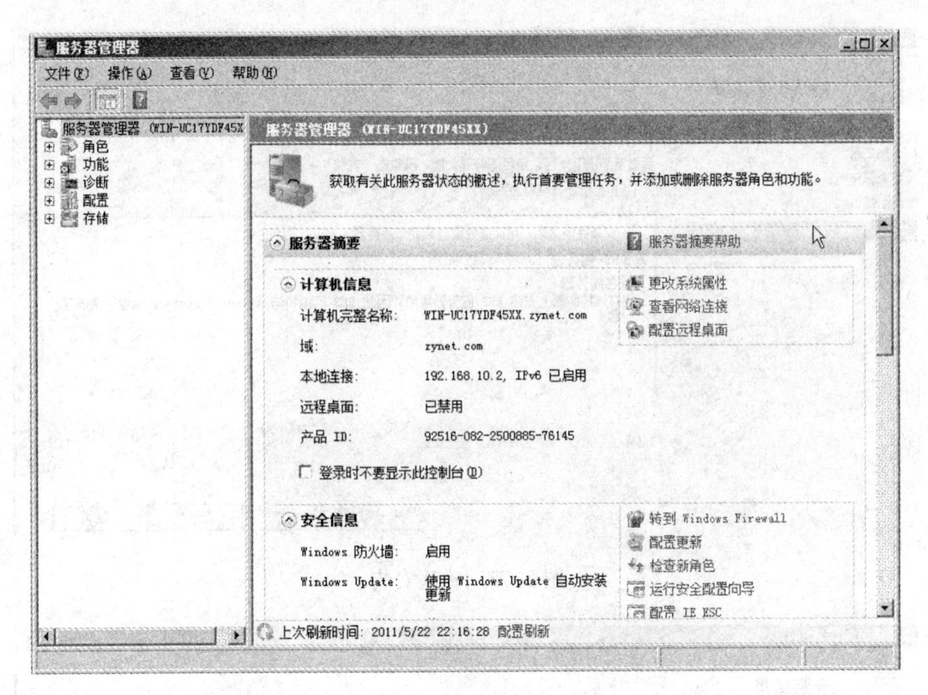

图 5-71 服务器管理器

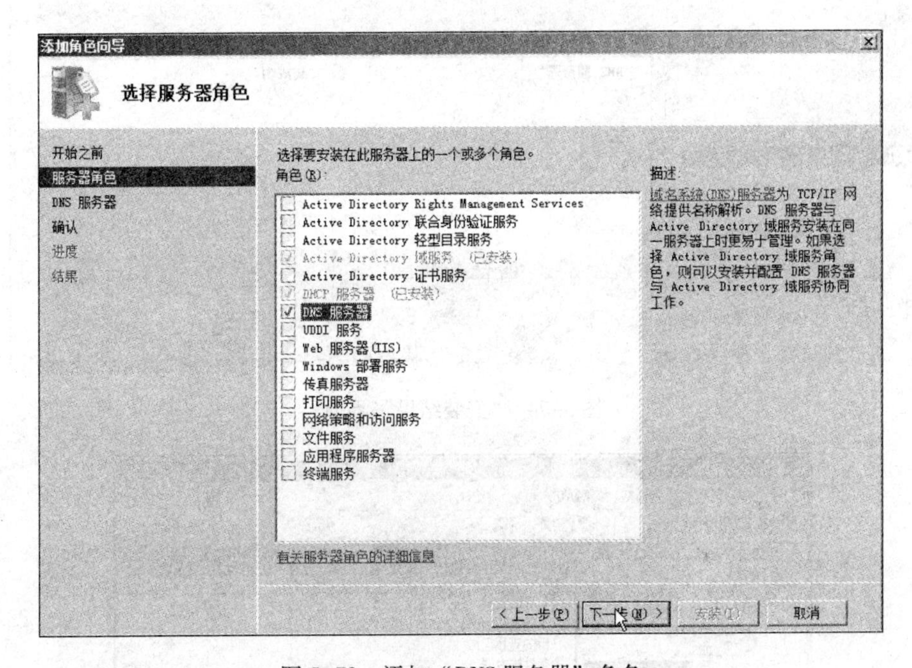

图 5-72 添加“DNS 服务器”角色

3）单击“下一步”按钮，在打开的界面中，查看显示内容并单击“下一步”按钮，然后在“确认”步骤中，单击“安装”按钮，如图 5-73 所示。

4）等待安装结束，单击“关闭”按钮，如图 5-74 所示。

5）在安装完 DNS 服务后，打开“服务器管理器”，单击“角色”，查看 DNS 服务器是否安装完成，如图 5-75 所示。

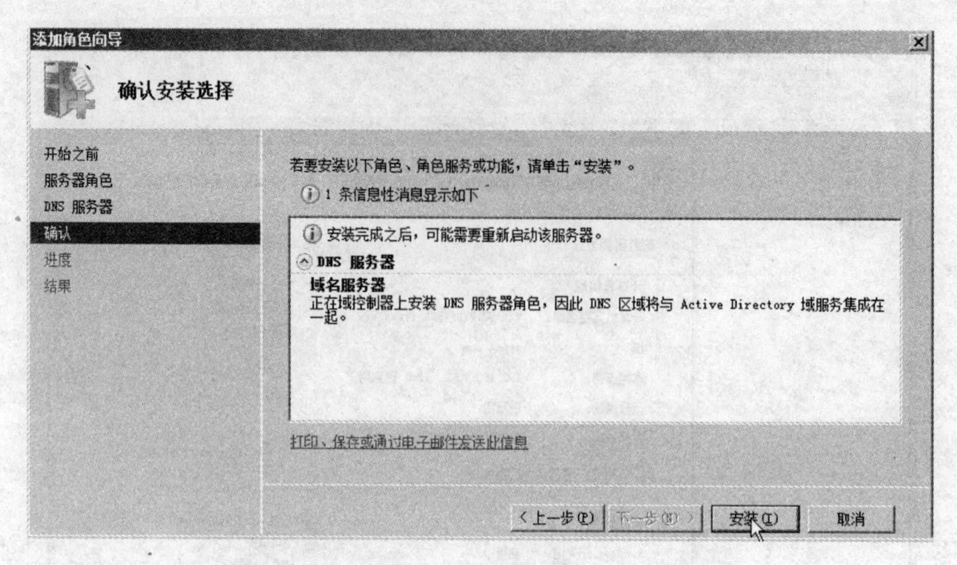

图 5-73　确认安装

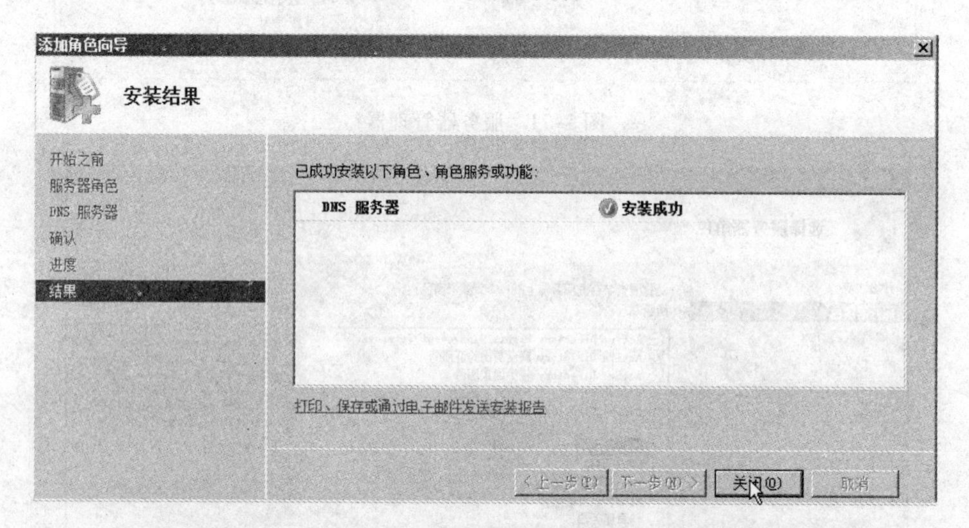

图 5-74　“安装结果”界面

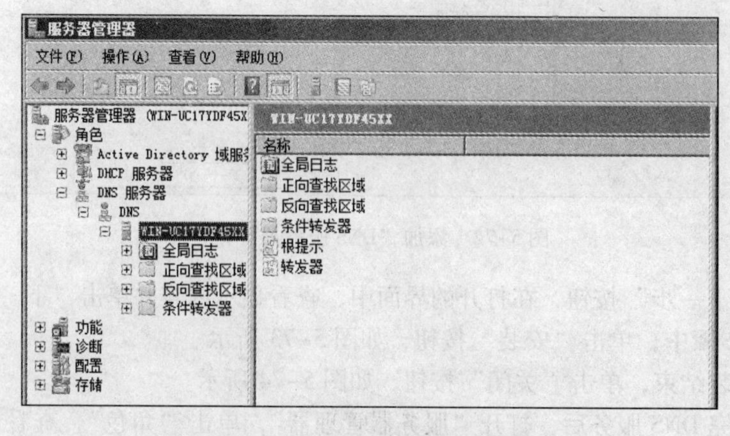

图 5-75　查看 DNS 服务器是否安装成功

3. DNS 客户端的设置

DNS 服务器安装完成后，还需要对客户端进行设置。

1）打开一台已安装 Windows XP 操作系统的客户端的“Internet 协议（TCP/IP）属性”对话框，在“首选 DNS 服务器”位置添加刚刚建立的 DNS 服务器 IP 地址，如图 5-76 所示。

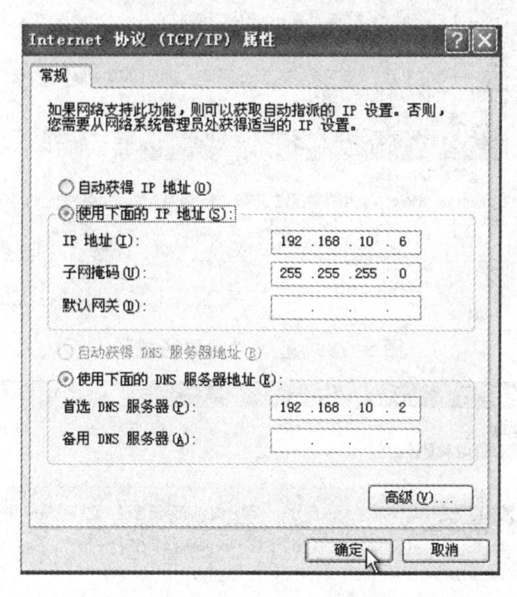

图 5-76　DNS 客户端配置

2）在客户端计算机命令提示符下输入 nslookup 命令，来查看是否设置成功。当在 Address 位置出现设置的 DNS 服务器 IP 地址 192. 168. 10. 2 时，证明已经设置成功了，如图 5-77 所示。

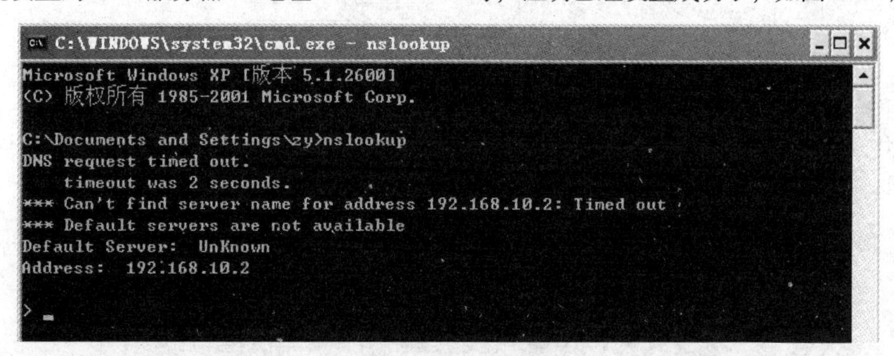

图 5-77　DNS 客户端测试

4. 区域的建立

前面已经介绍了关于区域的概念，建立好 DNS 服务器后，第一步要做的就是创建区域。为了使 DNS 服务器能够将域名解析成 IP 地址，必须首先在 DNS 区域中添加正向查找区域。

1）在图 5-75 中，右击“正向查找区域”，在弹出的快捷菜单中选择“新建区域”，在打开的“新建区域向导”对话框中单击“下一步”按钮，并在“区域类型”界面中选择“主要区域”，单击“下一步”按钮，如图 5-78 所示。

2）在“区域名称”界面的“区域名称”文本框中输入域名 zynet. com，然后单击“下一步”按钮，如图 5-79 所示。

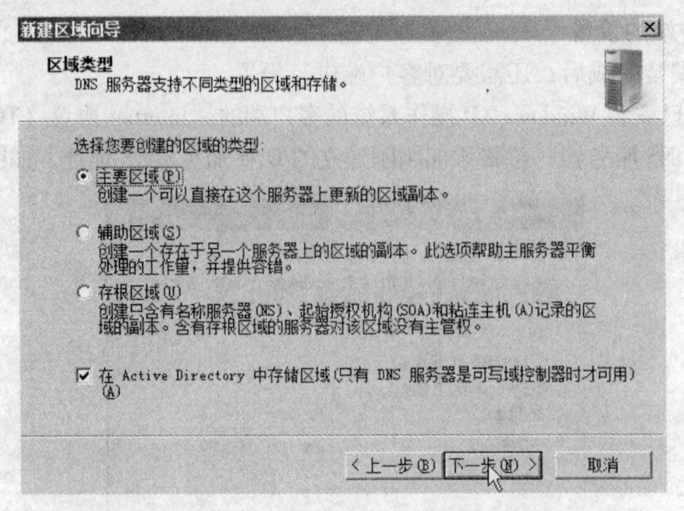

图 5-78　建立“主要区域”

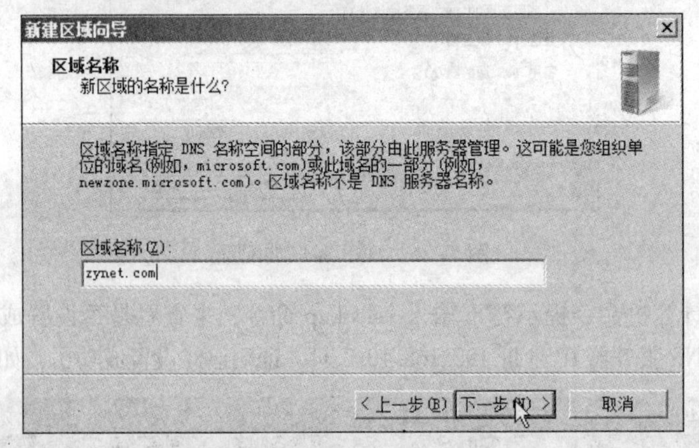

图 5-79　设置“区域名称”

3）在“动态更新”步骤中，设置动态更新属性，为了实现多台计算机的自动注册，选择第一项，单击“下一步”按钮，如图 5-80 所示。

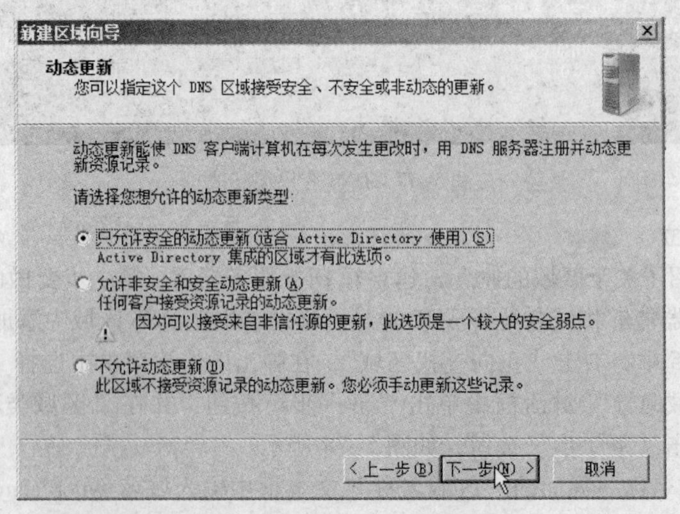

图 5-80　设置“动态更新”

4）在“正在完成新建区域向导”界面中，仔细核对所做设置是否正确，然后单击“完成”按钮结束主要区域的创建，如图 5-81 所示。

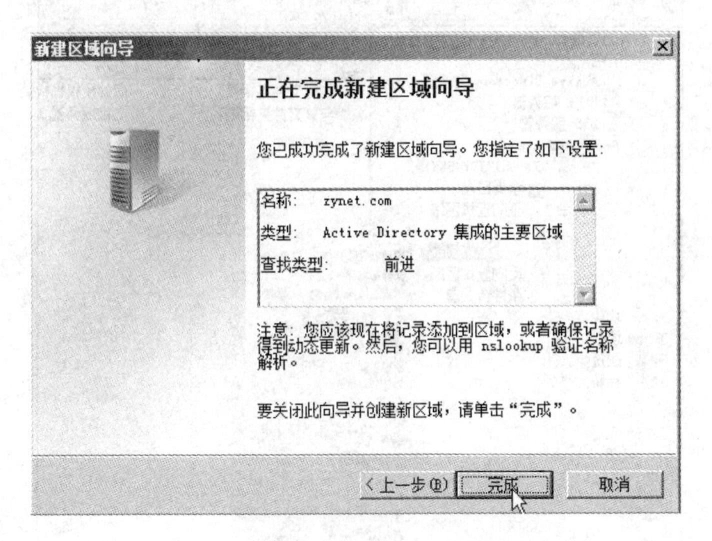

图 5-81　完成正向区域设置

5）在“服务器管理器”控制台中，查看正向查找区域中是否已经生成了刚才建立的主要区域 zynet.com，如图 5-82 所示。

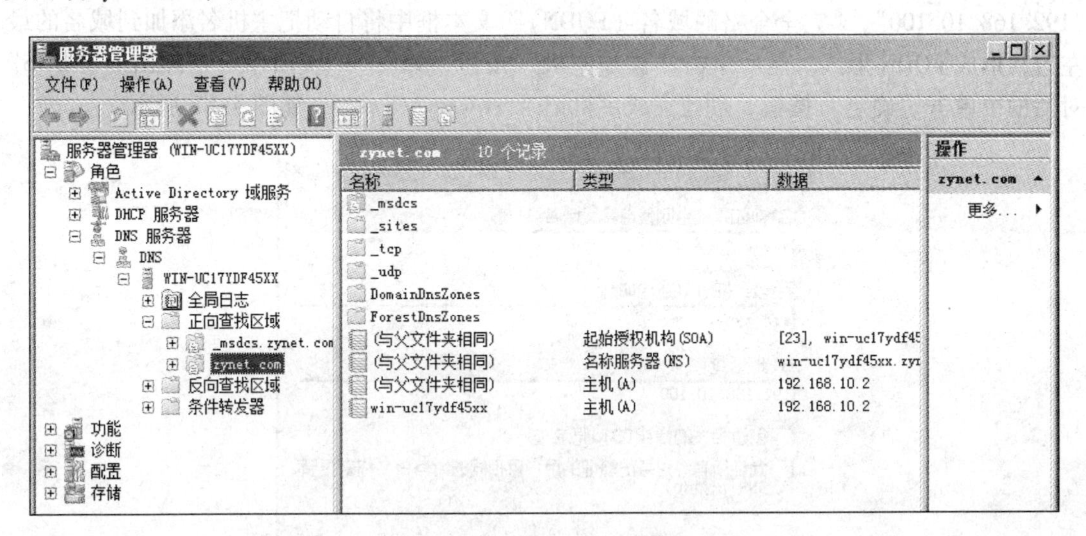

图 5-82　查看正向查找区域

5. 在区域中创建资源记录

DNS 服务器配置完成后，要为所属的域（zynet.com）提供域名解析服务，还必须在 DNS 域中添加各种 DNS 记录，如 Web 及 FTP 等使用 DNS 域名的网站等都需要添加 DNS 记录来实现域名解析。以 Web 网站为例，就需要添加主机记录。

1）打开“服务器管理器”控制台，选择 DNS 服务器角色，右击区域“zynet.com”在弹出的快捷菜单中，选择“新建主机”，如图 5-83 所示。

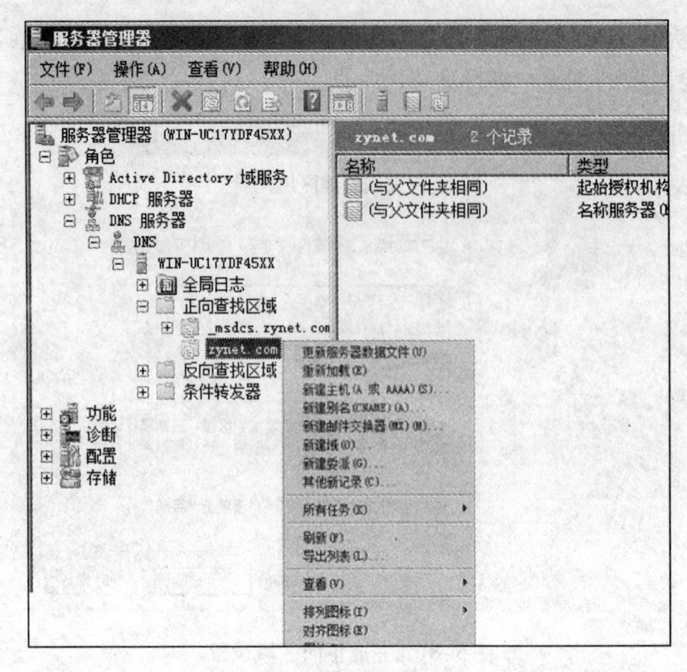

图 5-83　新建主机

2）在“名称”文本框中输入服务器的主机名称 www，“IP 地址”文本框中输入“192.168.10.100”，“完全合格的域名（FQDN）”文本框中将自动把主机名添加到域名的最左边，形成 FQDN 形式。然后单击“添加主机”按钮，如图 5-84 所示。在弹出的“DNS”对话框中单击“确定”按钮，创建完成主机记录 www.zynet.com，如图 5-85 所示。

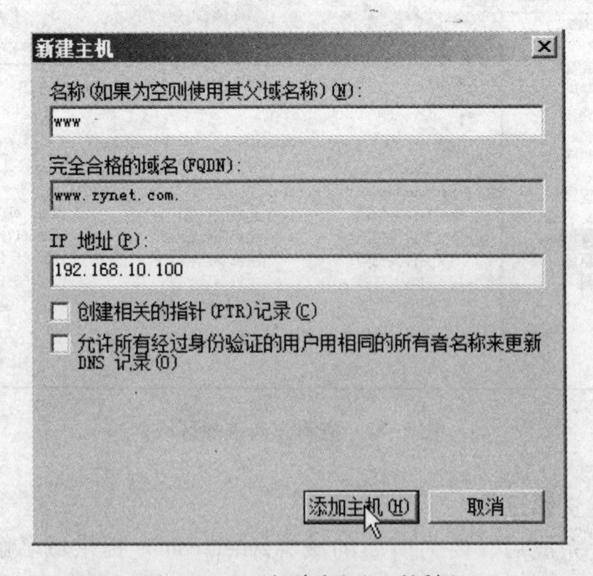

图 5-84　“新建主机”对话框

3）根据需要，建立相应的 E-mail、OA 的主机资源记录，最后单击“完成”按钮，如图 5-86 所示。

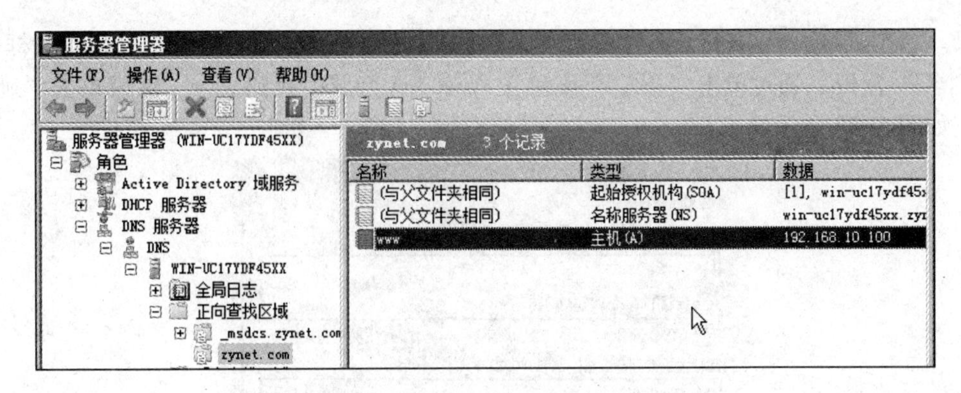

图 5-85 完成主机的建立

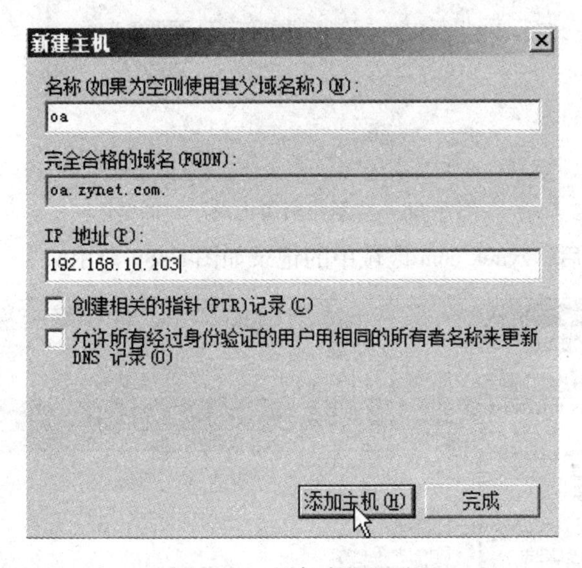

图 5-86 添加主机记录

4）当所有的主机记录都添加完毕后，在正向查找区域 zynet. com 中将出现相应的域名及 IP 地址的对应关系，如图 5-87 所示。

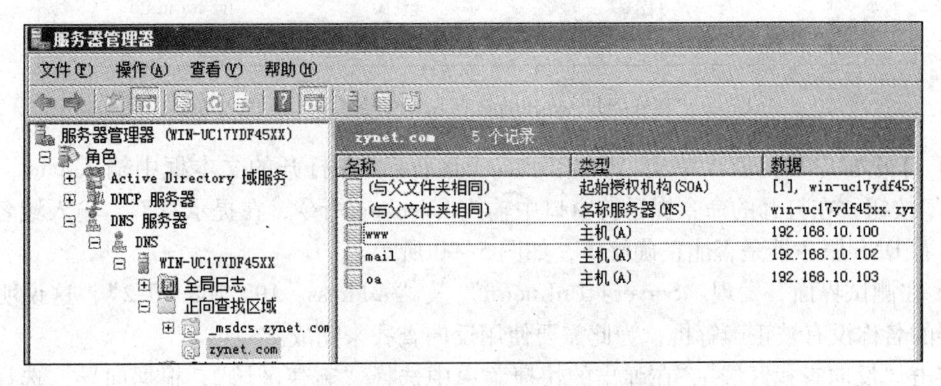

图 5-87 zynet. com 区域的主机记录

5）在企业环境中，Web 服务器和 FTP 服务器共用一个 IP 地址 192. 168. 10. 100，当企业的服务承载量不大时，通常都会将多个服务器集成在一台服务器上，为此需要建立相应的别名记录。右击区域 zynet. com，在弹出的快捷菜单中选择“新建别名”，在打开的对话框中输入“别名”为 ftp，通过单击“浏览”按钮在 zynet. net 区域中找到 www，然后单击“确定”按钮，如图 5-88 所示。

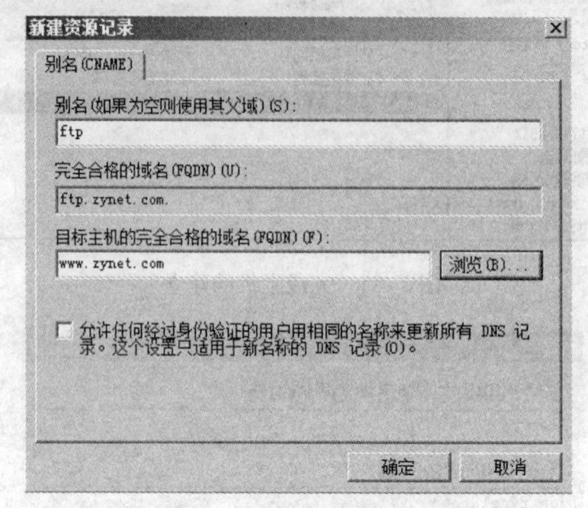

图 5-88 “新建资源记录”对话框

6）新建别名记录后，zynet. com 区域中的记录如图 5-89 所示。

图 5-89 zynet. com 区域中的资源记录

7）打开客户端，依次单击“开始”→“运行”，在打开的文本框中输入 cmd，单击“确定”按钮，在打开的命令提示符窗口中输入 nslookup 命令，在提示符下，输入域名进行验证，看 DNS 服务器是否能正确解析，如图 5-90 所示。

8）在测试界面，发现“Server：UnKnown”及“Address：192. 168. 10. 2”，这说明 DNS 服务器的名称没有被正确解析，为此需要使用反向查找来完成。

右击“反向查找区域”，在弹出的快捷菜单中选择“新建区域”，根据向导，选择创建主要区域，在反向查找区域名称步骤处选择“IPv4 反向查找区域”，在“反向查找区域名称”界面中的“网络 ID”文本框中输入服务器所用的 IP 地址的网络地址，单击“下一步”按钮，如图 5-91 所示。

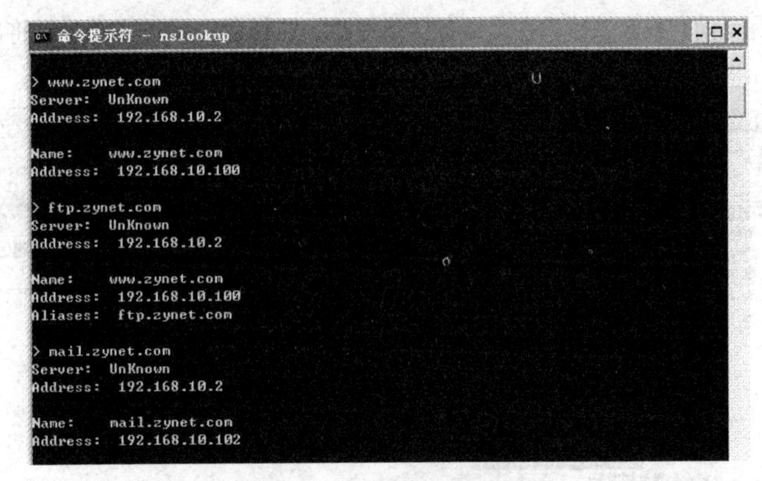

图 5-90　客户端域名解析测试

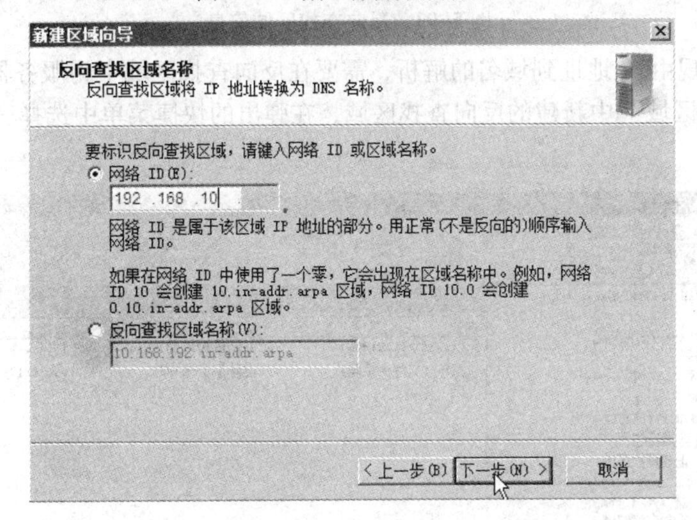

图 5-91　反向查找区域

9）配置动态更新，检查摘要，确认无误后单击“完成”按钮，如图 5-92 所示。

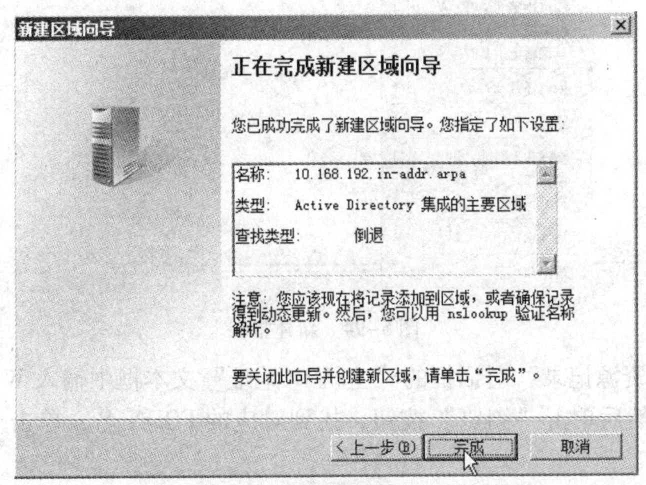

图 5-92　摘要信息

10）建立完反向查找区域后，在“服务器管理器”控制台的DNS角色中，将出现如图5-93所示的信息。

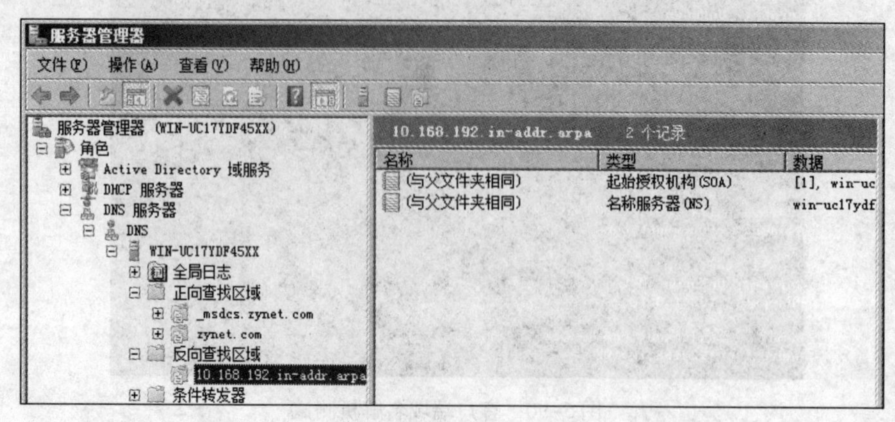

图5-93 反向查找区域信息

11）为了实现由IP地址到域名的解析，需要在反向查找区域中为服务器建立指针记录。右击“反向查找区域”中新建的反向查找区域，在弹出的快捷菜单中选择“新建指针”，如图5-94所示。

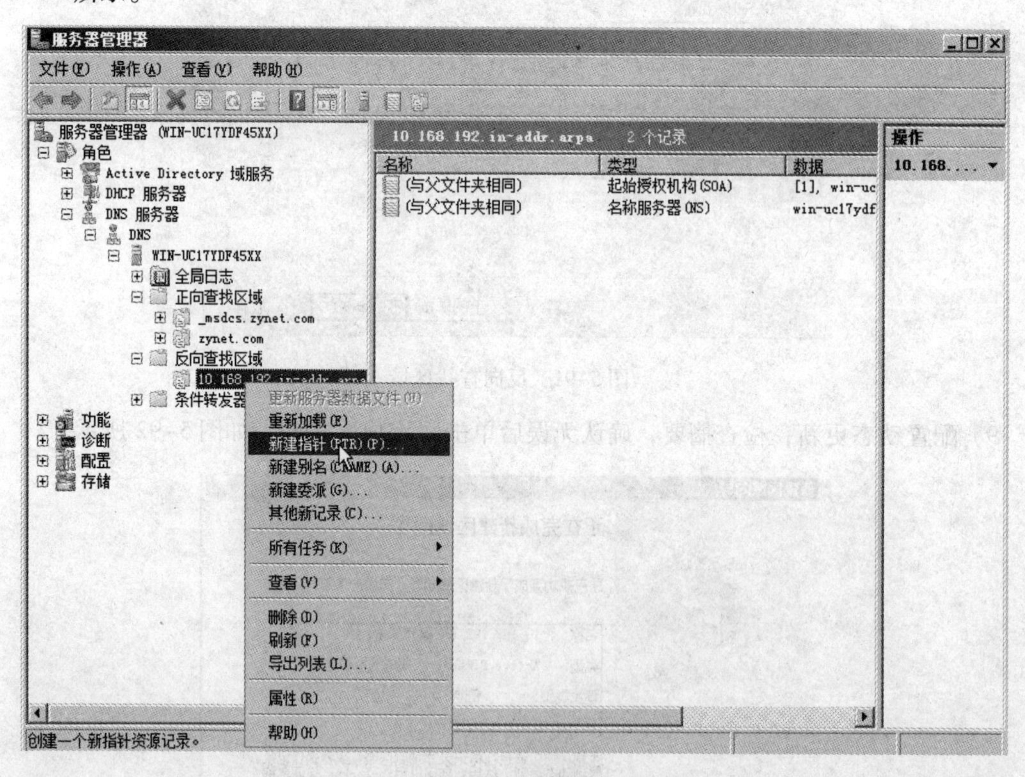

图5-94 新建指针

12）在“新建资源记录”对话框的“主机IP地址”文本框中输入Web服务器主机地址192.168.10.100，然后单击“浏览”按钮，找到对应的FQDN名，单击“确定”按钮，如图5-95所示。

13）用同样的方法将E-mail、OA等服务器的指针记录建立好，如图5-96所示。

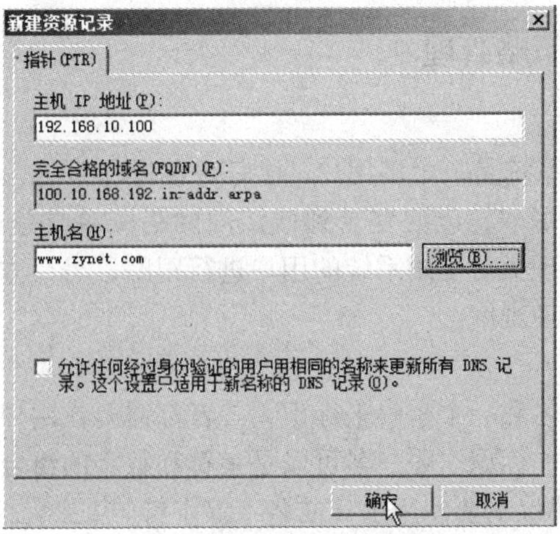

图 5-95　建立指针记录

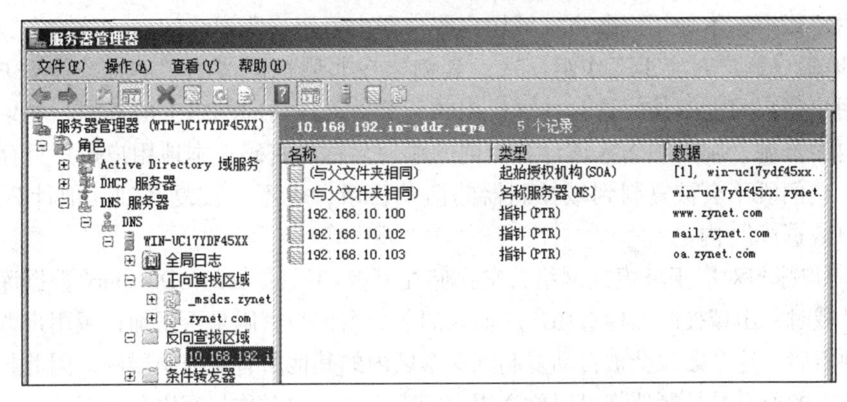

图 5-96　在区域 192.168.10 中建立的指针记录

14）在客户端计算机中执行 nslookup 命令，测试建立的反向指针记录，查看是否能进行正确的解析，如图 5-97 所示。

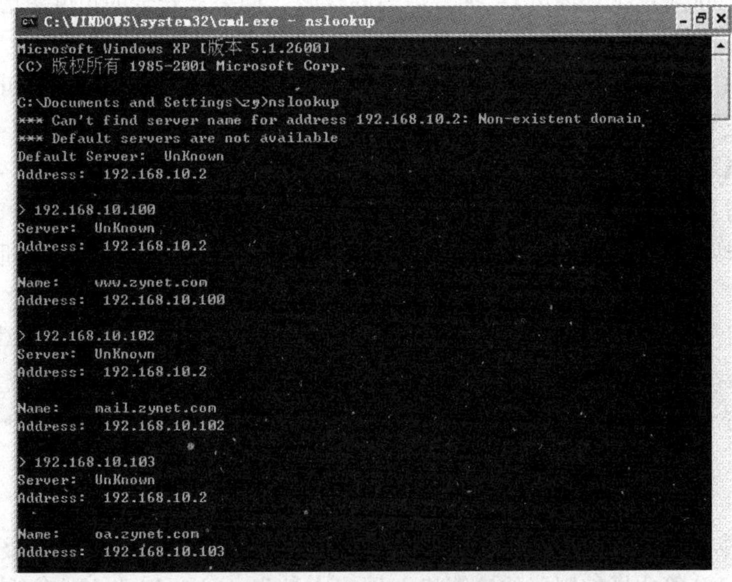

图 5-97　指针记录的测试

5.3.3 用户账户与组策略管理

1. 相关概念

Windows Server 2008 系统是一个多用户、多任务的操作系统，任何一个要使用系统资源的用户，都必须申请一个账户，以便登录到域访问网络资源或登录到计算机访问该机的资源。这一方面可以帮助管理员对使用系统的用户进行跟踪，另一方面也可以利用组账户帮助管理员简化操作，降低管理难度。

（1）用户账户

用户账号由一个账户名和一个密码来标识，二者都需要在用户登录时输入。账户名和密码都是在网络中个人的唯一标识。账户名可以是字符和数字的组合，不能与组名相同，密码的长度不要超过 14 位，建议不要使用生日或名字等字符。

Windows Server 2008 服务器有工作组和域两种工作模式，针对不同模式，提供了 3 种不同类型的用户账户：本地用户账户、域用户账户和内置用户账户。

1）本地用户账户对应于工作组模式，其创建在非域控制器的“本地安全账户数据库”内，本地用户账户只能够访问这台计算机内的资源，无法访问网络上的资源。如果要访问其他计算机内的资源，则必须输入该计算机内的账户名称与密码；本地用户账户只存在于这台计算机内，它们既不会被复制到域控制器的活动目录，也不会被复制到其他计算机的“本地安全账户数据库”内。

2）域用户账户对应于域模式网络，它存储在域控制器的 Active Directory 数据库内；域用户账户登录域时，由域控制器检查用户所输入的账户名称与密码是否正确；域用户账户创建在某台域控制器后，这个账户会被自动复制到这个域内的其他所有域控制器内，因此，当用户登录时，该域内的所有域控制器都可以检查用户所输入的账户名称与密码是否正确。

3）内置的用户账户与服务器的工作模式无关，当 Windows Server 2008 安装完毕后，它会自动创建一些内置的账户，其中比较常见的两个为：

- Administrator（系统管理员）：拥有最高的权限，如果从安全的角度考虑，不想使用这个默认的名称，那么可以将其改名，但是无法删除这个账户。
- Guest（客户）：是供用户临时使用的账户，只有少部分的权限。用户可以更改账户名称，但是无法将它删除。该账户默认是不开放的。

（2）组的概念

用户组是指具有相同或者相似特性的用户集合，当要给一批用户分配同一个权限时，就可以将这些用户归到一个组中，只要给这个组分配权限，组内的用户就会都拥有此权限，就好像 QQ 群一样。

组是本地计算机或 Active Directory 中的对象，包括用户、联系人、计算机和其他组。在 Windows Server 2008 中，用组账户来表示组，用户只能通过用户账户登录计算机，不能通过组账户登录计算机。在 Windows Server 2008 中，通过组来管理用户和计算机对共享资源的访问。

与用户账户一样，可以分别在本地和域中创建组账户。

1）创建在本地的组账户：可以在 Windows Server 2008/2003/2000 独立服务器或成员服务器、Windows XP 等非域控制器的计算机上创建本地组。这些组账户的信息被存储在本地安全账户数据库内。

2）创建在域的组账户：创建在 Windows Server 2008 的域控制器上，组账户的信息被存储在 AD 数据库中，这些组能被使用在整个域中的计算机上。域内的组又分为 3 种：

- 通用作用域：在本机模式域中，可将其成员作为来自任何域的账户、来自任何域的全局组和来自任何域的通用组；在本机模式域中，不能创建有通用作用域的安全组；组可被放入其他组（当域处于本机模式时）并且在任何域中指派权限；不能转换为任何其他组作用域。
- 全局作用域：在本机模式域中，可将其成员作为来自相同域的账户和来自相同域的全局组；在本机模式域中，可将其成员作为来自相同域的账户；组可被放入其他组并且在任何域中指派权限；只要它不是有全局作用域的任何其他组的成员，则可以转换为通用作用域。
- 域本地作用域：在本机模式域中，可将其成员作为来自任何域的账户、全局组和通用组，以及来自相同域的域本地组；在本机模式域中，可将其成员作为来自任何域的账户和全局组；组可被放入其他域本地组并且仅在相同域中指派权限；只要它不把具有域本地作用域的其他组作为其成员，则可转换为通用作用域。

2. 创建与管理本地用户账户

只有系统管理员才能在本地计算机创建用户。

1）依次选择“开始”→“管理工具”→“计算机管理”→“本地用户和组”命令，在弹出的窗口中，右键单击“用户”，在弹出的快捷菜单中选择“新用户”选项，弹出“新用户”对话框，如图 5-98 所示。

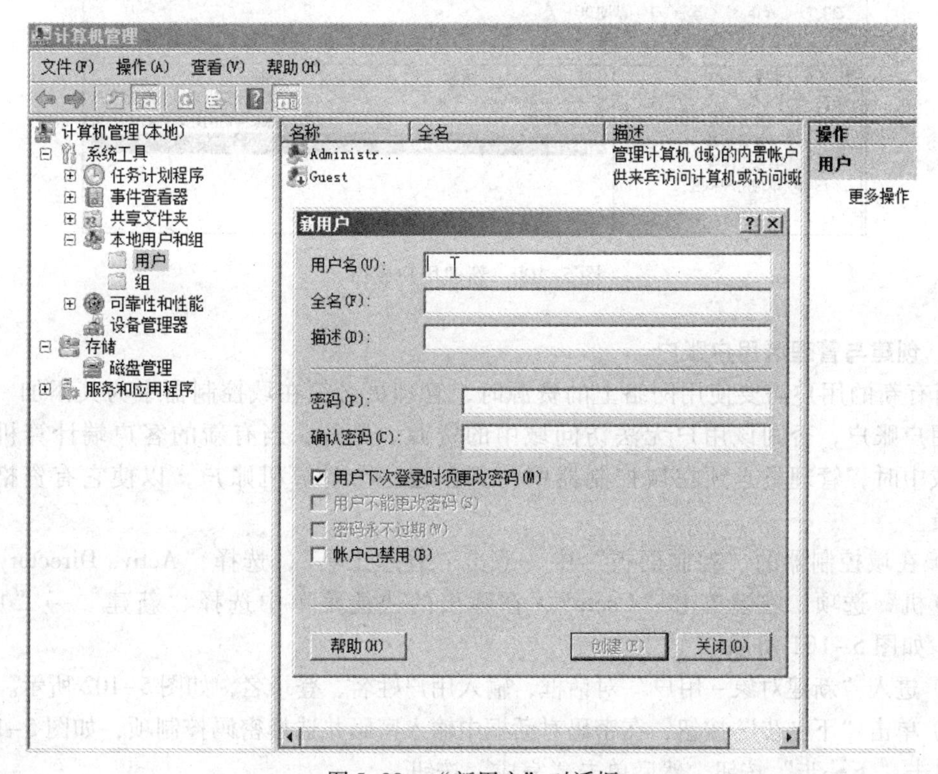

图 5-98 “新用户”对话框

2）填写各选项，单击“创建”按钮，如图5-99所示，完成本地用户账户的创建。

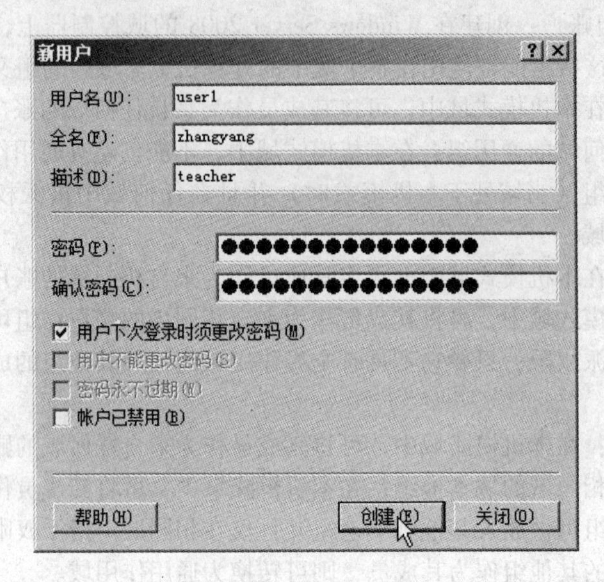

图5-99　填写用户信息

3）右键单击图5-100中新建用户“user1”，可以对其进行更改、删除、禁用与激活等操作。

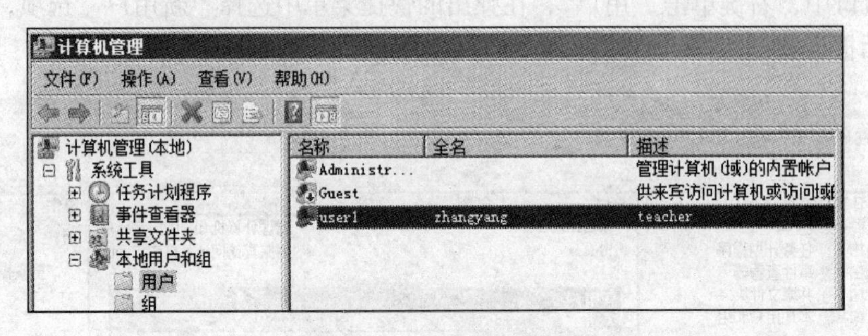

图5-100　新建用户成功

3. 创建与管理域用户账户

当有新的用户需要使用网络上的资源时，管理员必须在域控制器中为其添加一个相应的用户账户，否则该用户无法访问域中的资源。另外，当有新的客户端计算机要加入到域中时，管理员必须在域控制器中为其创建一个计算机账户，以使它有资格成为域成员。

1）在域控制器的“控制面板”中，双击“管理工具”，选择“Active Directory 用户和计算机”选项，右键单击“Users”，在弹出的快捷菜单中选择“新建”→“用户”命令，如图5-101所示。

2）进入“新建对象-用户”对话框，输入用户姓名、登录名，如图5-102所示。

3）单击“下一步”按钮，在密码对话框中输入密码并选择密码控制项，如图5-103所示。单击“下一步”按钮，然后单击“完成”按钮。

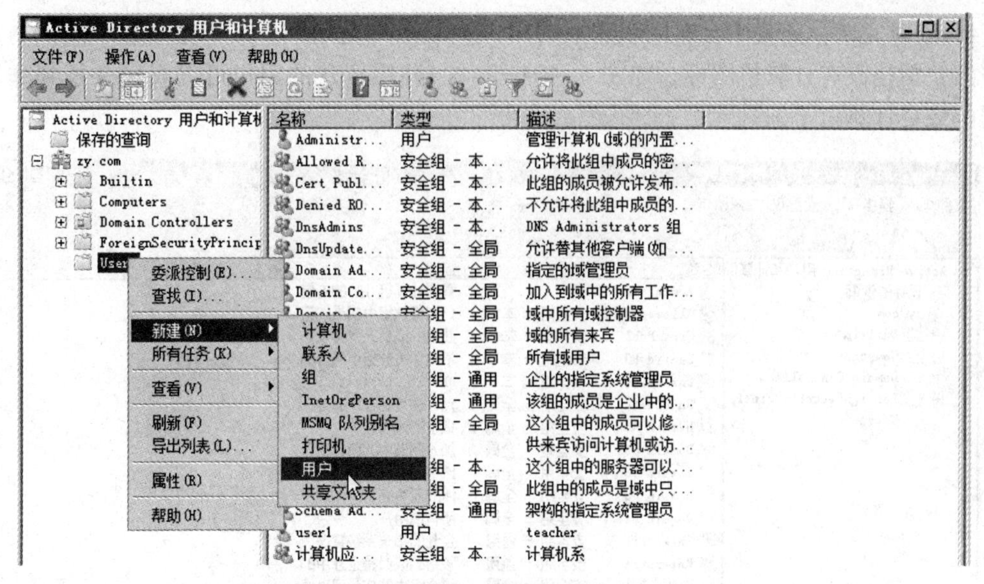

图 5-101　创建域用户账户

图 5-102　输入姓名和登录名

图 5-103　输入密码

4）创建完毕，列表中会有刚刚建立的用户，域用户是用一个人头像来表示的，与本地用户的差别是没有计算机图标，如图 5-104 所示。利用新建的用户可以直接登录到非域控制器的成员计算机上。

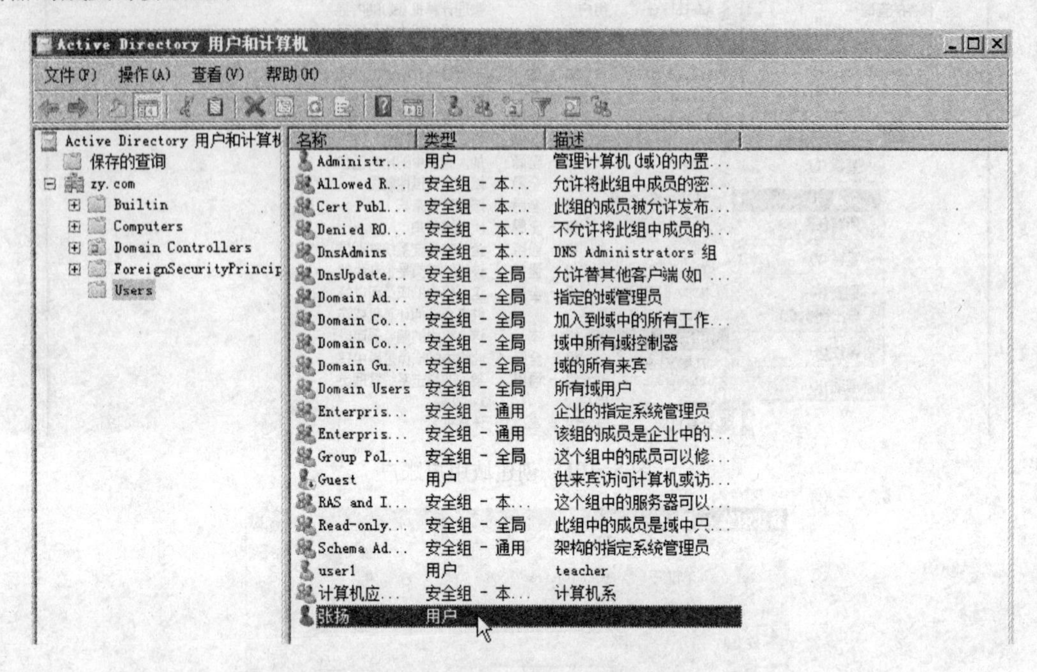

图 5-104 创建用户成功

5）右键单击该用户，可以对其进行删除、禁用、复制、移动、修改密码等操作，如图 5-105 所示。

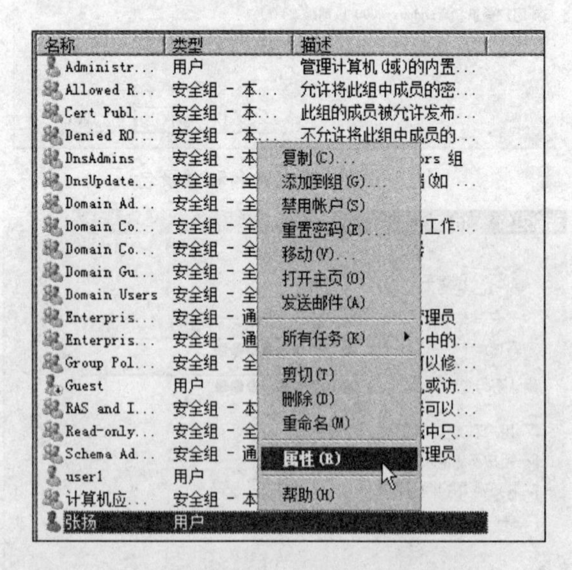

图 5-105 管理域用户

4. 创建与管理本地组账户

在 Windows Server 2008 中，用户可以根据实际需要创建自己的用户组，将一个部门的用户全部放置到一个用户组中，然后针对这个用户组进行属性设定，这样就能快速完成组内所有用户的属性改动。

创建本地组账户的用户必须是 Administrators 组或者 Account Operators 组的成员。

1）以 Administrator 身份登录，右键单击“我的电脑”，在弹出的快捷菜单中选择“管理”→“计算机管理”→“本地用户和组”→“组”命令，右键单击“组”，在弹出的快捷菜单中选择“新建组”命令，打开“新建组”对话框，如图 5-106 所示。

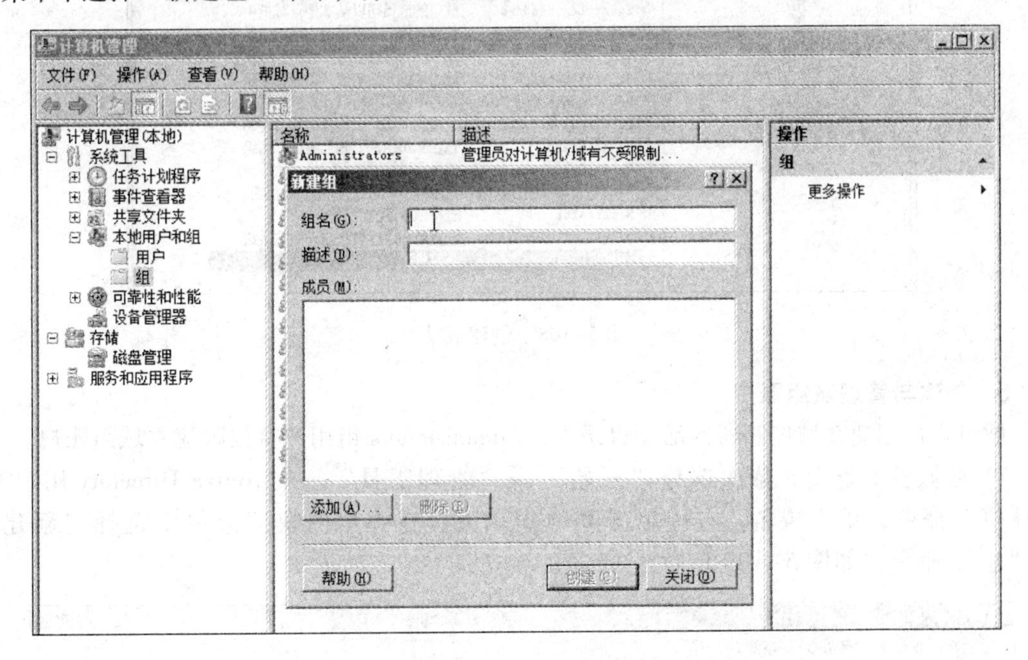

图 5-106　创建本地组

2）输入组名、组的描述，然后单击“添加”按钮，即可把已有的账户或组添加到该组中。该组的成员在列表中列出，如图 5-107 所示。

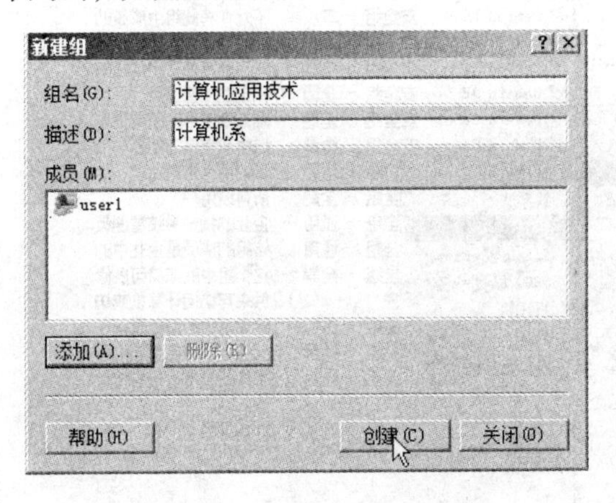

图 5-107　“新建组”对话框

3）单击“创建”按钮完成创建工作。本地组用背景为计算机的两个头像表示，如图 5-108 所示。右键单击该组，选择快捷菜单中的命令可以删除组、更改组名、添加或删除组成员。

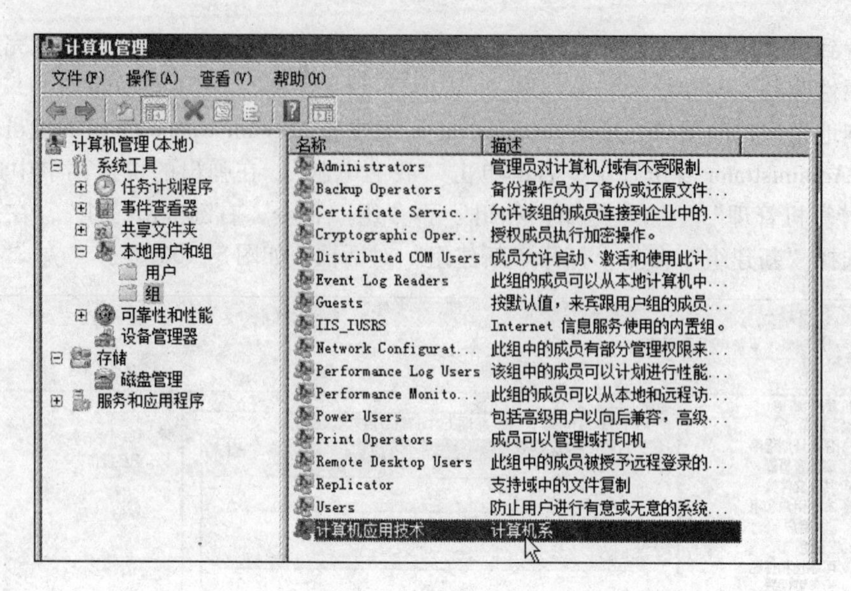

图 5-108 创建成功

5. 创建与管理域组账户

域组账户创建在域控制器的活动目录中，Administrators 组用户有权限建立域组账户。

1）在域控制器上，依次选择“开始”→“管理工具”→“Active Directory 用户和计算机”命令，单击域名，右键单击某组织单元，在弹出的快捷菜单中选择“新建”→“组”命令，如图 5-109 所示。

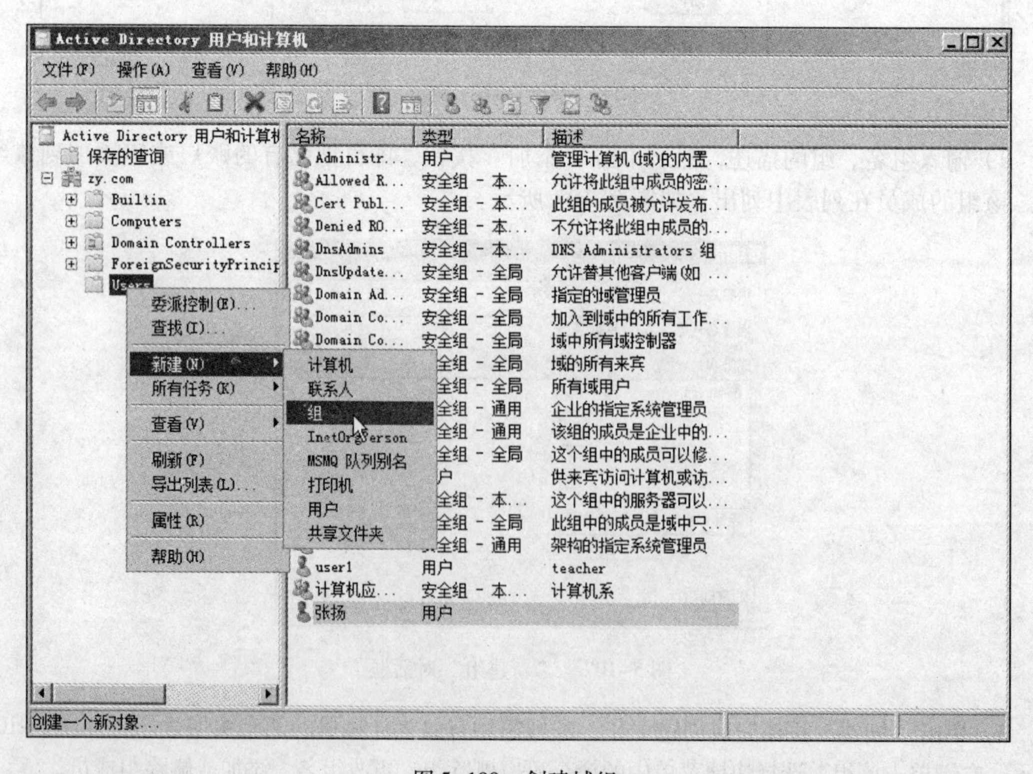

图 5-109 创建域组

2）打开如图 5-110 所示的对话框，输入组名，选择“组作用域”、“组类型”后（默认创建全局安全组），单击“确定”按钮完成创建工作。

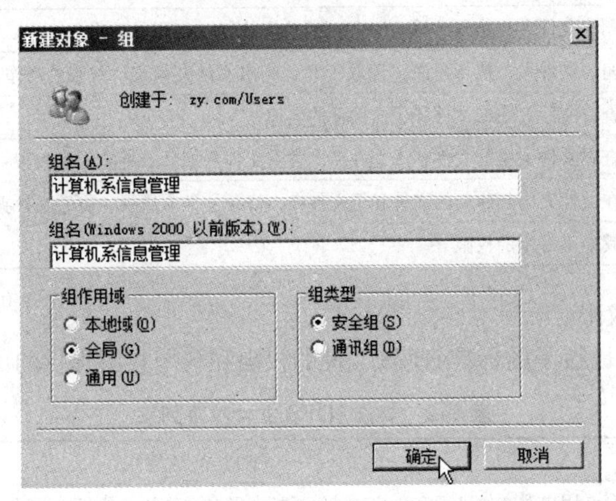

图 5-110 “新建对象 - 组”对话框

3）和管理本地组的操作相似，在“Active Directory 用户和计算机”窗口中，右键单击选定的组，可以进行删除、更改组名、添加成员、删除成员等操作。

5.3.4 文件管理

1. NTFS

NTFS（New Technology File System）是 Windows Server 2008 最核心的文件系统，它提供了相当多的数据管理功能。与 FAT 文件系统相比，它支持许多新的文件安全、存储和容错功能。

NTFS 是一个特别为网络和磁盘配额、文件加密等管理安全特性设计的磁盘格式。它支持对于关键数据的访问控制和私有权限。除了可以赋予计算机中的共享文件夹特定权限外，NTFS 文件和文件夹无论共享与否都可以被赋予权限。它是唯一允许为单个文件制定权限的文件系统。

2. NTFS 权限

网络中最重要的是安全，安全中最重要的是权限。利用 NTFS 权限，可以控制用户账号和组对文件夹和个别文件的访问。NTFS 权限只适用于 NTFS 磁盘分区，而不能用于 FAT 文件系统格式化的分区。可以利用 NTFS 权限指定哪些用户、组和计算机能够访问文件和文件夹。NTFS 权限也指明了哪些用户、组和计算机能够操作文件或者文件夹中的内容。

（1）NTFS 文件夹权限

表 5-1 列出了可以授予的标准 NTFS 文件夹的权限和各个权限提供的访问类型。

表 5-1 标准 NTFS 文件夹权限列表

NTFS 文件夹权限	允许访问类型
完全控制	改变权限、成为拥有人、删除子文件夹和文件，以及执行允许所有其他 NTFS 文件夹权限进行的动作

（续）

NTFS 文件夹权限	允许访问类型
修改	删除文件夹，执行“写入”和“读取和执行”权限的动作
读取和执行	遍历文件夹，执行允许“读取”和“列出文件夹目录”权限的动作
列出文件夹目录	查看文件夹中的文件和子文件夹的名称
读取	查看文件夹中的文件和子文件夹，查看文件夹属性、拥有人和权限
写入	在文件夹内创建新的文件和子文件夹，修改文件夹属性，查看文件夹的拥有人和权限
特殊权限	其他不常用的权限

（2）NTFS 文件权限

表 5-2 列出了可以授予的标准 NTFS 文件的权限和各个权限提供的访问类型。

表 5-2　标准 NTFS 文件权限列表

NTFS 文件权限	允许访问类型
完全控制	允许用户对文件进行完全控制，等于拥有了对文件的其他所有权限
修改	修改和删除文件，执行“写入”和“读取和执行”权限的动作
读取和执行	运行应用程序，执行“读取”权限的动作
读取	读文件，查看文件属性、拥有人和权限
写入	覆盖写入文件，修改文件属性、查看文件拥有人和权限
特殊权限	其他不常用的权限

（3）权限的应用规则

- NTFS 权限是累加的。
- 文件权限超越文件夹权限。
- 拒绝权限超越其他权限。
- 移动和复制操作对权限的影响，见表 5-3。

表 5-3　移动和复制操作对权限的影响

操 作 类 型	同一 NTFS 分区	不同 NTFS 分区	FAT 分区
移动	继承目标文件（夹）权限	继承目标文件（夹）权限	丢失权限
复制	保留源文件（夹）权限	继承目标文件（夹）权限	丢失权限

（4）查看及更改权限

查看文件或文件夹属性时，选定目标文件或文件夹，右键单击它，在打开的快捷菜单中选择“属性”，单击“安全”选项卡，在“组或用户名”列表框中，列出了对选定文件或文件夹具有访问许可权的组和用户。选定某个组或用户后，其权限将出现在权限列表框中，如图 5-111 所示。

当用户需要修改文件或文件夹权限时，必须具有对它的更改权限或拥有权。选择需要设置的用户或组后，单击“编辑”按钮，打开选定对象的权限项目对话框，如图 5-112 所示，这时用户可以对选定对象的访问权限进行设置。还可以单击图 5-111 中的“高级”按钮，打开如图 5-113 所示的对话框，针对特殊权限或高级权限进行详细设置。

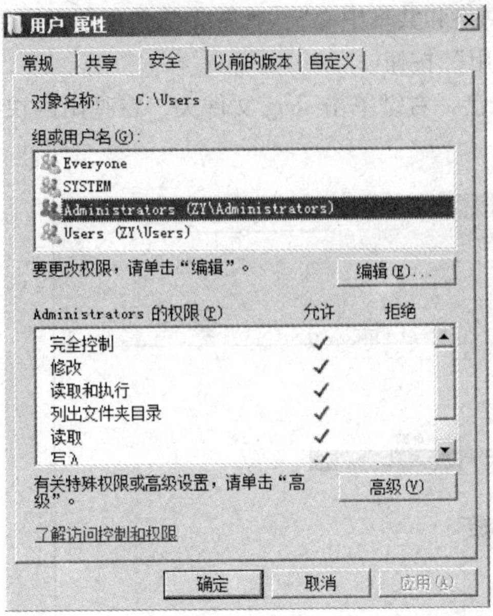

图 5-111　文件夹权限

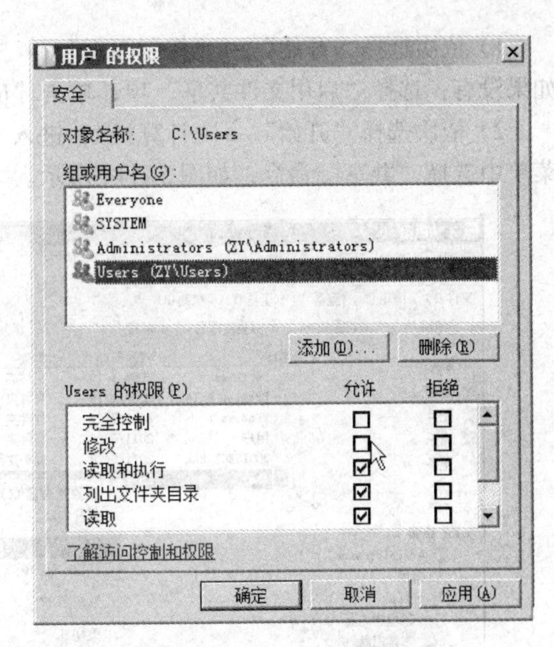

图 5-112　更改访问权限

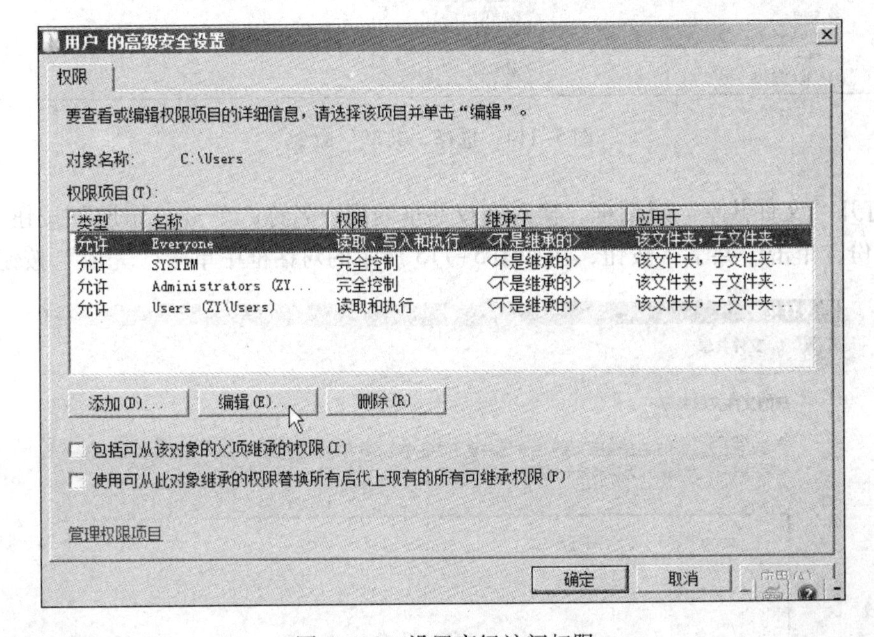

图 5-113　设置高级访问权限

3. 共享文件夹的创建

在创建共享文件夹之前，首先应确定用户是否有权创建共享文件夹，用户必须满足两个条件才能创建：

- 用户必须属于 Administrators、Server Operators、Power Users 等用户组的成员。
- 如果文件夹位于 NTFS 磁盘分区，用户至少需要对此文件夹拥有“读取”的权限。

以下举例说明如何将 C:\song 文件夹设置为共享文件夹。

1）依次选择“开始”→“控制面板”→“网络和共享中心”，查看文件共享是否启用，如果没有，选择“启用文件共享”项，单击“应用”按钮。

2）依次选择“开始”→“计算机”，进入 C 盘，右键单击 song 文件夹，在弹出的快捷菜单中选择“共享”命令，如图 5-114 所示。

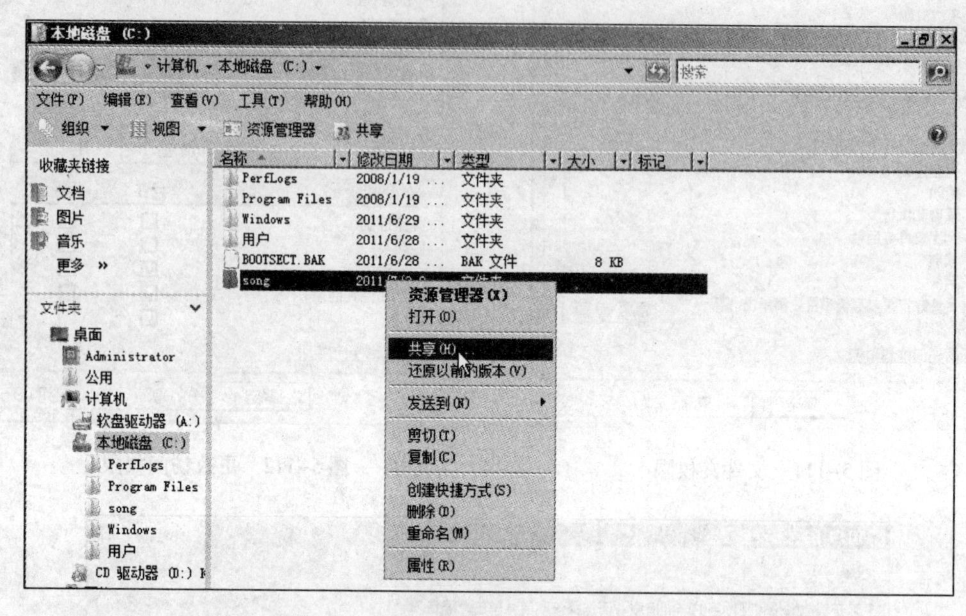

图 5-114 选择“共享”命令

3）打开“文件共享”对话框，输入有权共享的用户名称，单击“添加”按钮，然后选择用户身份，单击“共享”按钮，在如图 5-115 所示的对话框中单击“完成”按钮即可。

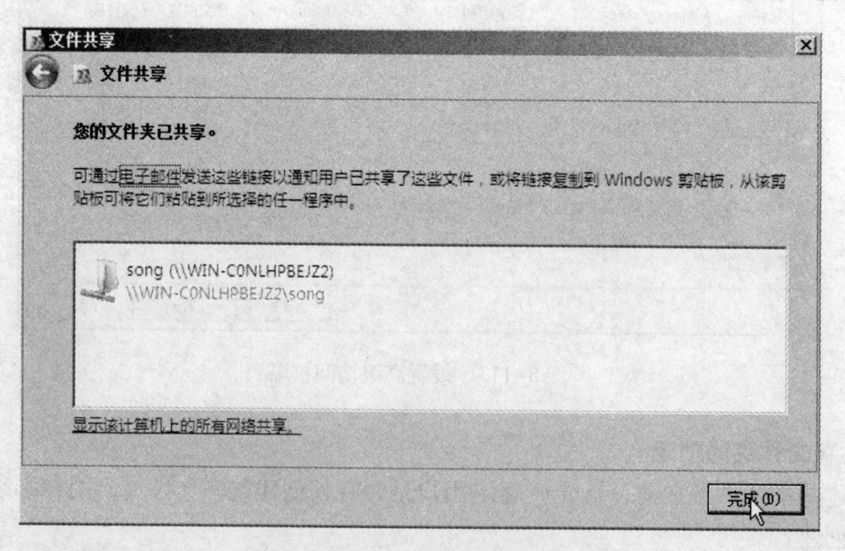

图 5-115 完成共享文件夹的创建

4）依次选择“开始”→“计算机”，在 C 盘中可以看到 song 文件夹的图标已经发生变化，如图 5-116 所示。

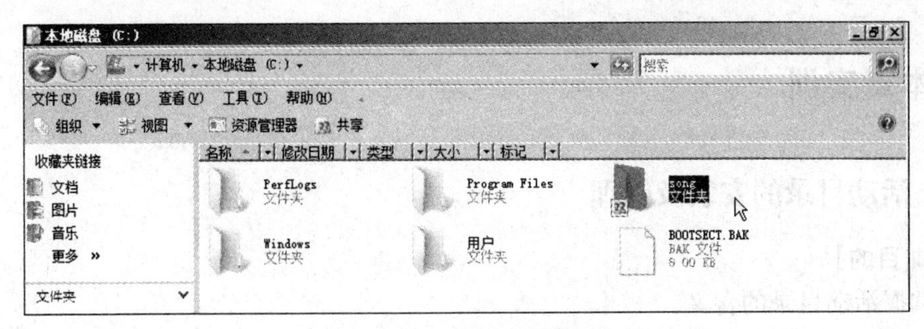

图 5-116　共享文件夹图标

4. 设置高级共享

每个共享文件夹可以有一个或者多个共享名，而且每个共享名还可以设置共享权限，默认的共享名就是文件夹的名字，如果要更改或添加共享名，可以通过右键单击共享文件夹，在弹出的快捷菜单中选择“属性”，在弹出的对话框中单击“共享”选项卡，然后单击“高级共享”按钮，在弹出的“高级共享”对话框中单击“添加”按钮，在打开的“新建共享”对话框中输入新的共享名即可，如图 5-117 所示。

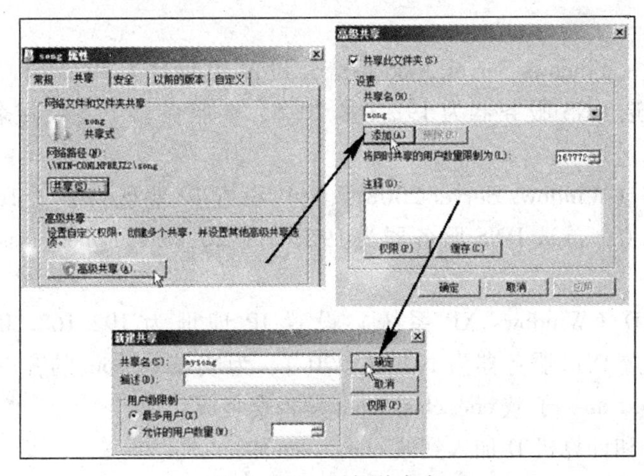

图 5-117　添加共享名

如果要修改共享权限，可以在输入共享名时单击“权限”按钮，打开设置权限对话框并进行设置，如图 5-118 所示。

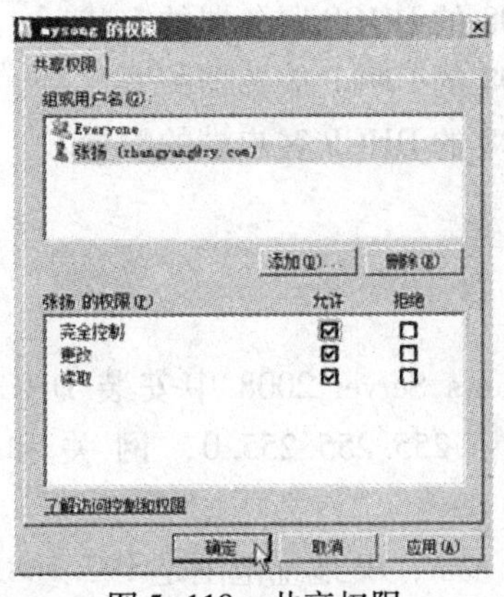

图 5-118　共享权限

5.4 本章实训

实训1 活动目录的安装及管理

【实训目的】

1）掌握活动目录的含义。

2）熟悉 Windows Server 2008 域控制器的安装。

3）掌握确认域控制器安装成功的方法。

【实训环境】

4台以上的计算机组成的以太网。

【实训内容】

1）为计算机A（Windows Server 2008 系统）设置 IP 地址为 192. 168. 20. 1，子网掩码为 255. 255. 255. 0，首选 DNS 服务器为 192. 168. 20. 1，在服务器上安装域名为 class. com 的域控制器。

2）为计算机B（Windows Server 2008 系统）设置 IP 地址为 192. 168. 20. 2，子网掩码为 255. 255. 255. 0，首选 DNS 服务器为 192. 168. 20. 1，在服务器上安装域名为 one. class. com 的域控制器。

3）为计算机C（Windows Server 2008 系统）设置 IP 地址为 192. 168. 20. 3，子网掩码为 255. 255. 255. 0，首选 DNS 服务器为 192. 168. 20. 1，为 one. class. com 中的成员服务器。

4）为计算机D（Windows XP 系统）设置 IP 地址为 192. 168. 20. 4，子网掩码为 255. 255. 255. 0，首选 DNS 服务器为 192. 168. 20. 1，为域 class. com 的客户机。

5）测试域 class. com、子域 one. class. com 是否安装成功。

6）将计算机C和计算机D加入到域 class. com 中。

实训2 配置 DHCP 服务器

【实训目的】

1）熟悉 Windows Server 2008 的 DHCP 服务器的安装。

2）掌握 Windows Server 2008 的 DHCP 服务器配置。

3）熟悉 Windows Server 2008 的 DHCP 客户端的配置。

【实训环境】

已建好的以太网环境。

【实训内容】

1）在虚拟操作系统 Windows Server 2008 中安装 DHCP 服务器，并设置 IP 地址为 192. 168. 20. 240，子网掩码为 255. 255. 255. 0，网关和 DNS 分别为 192. 168. 20. 1 和 192. 168. 20. 2。

2）新建作用域名为 teacher. com，IP 地址范围是 192. 168. 20. 1 ~ 192. 168. 20. 254。

3）排除地址范围 192. 168. 20. 1 ~ 192. 168. 20. 6、192. 168. 20. 250 ~ 192. 168. 20. 254。

4）设置 DHCP 服务的租约为 24 h。

5）将 IP 地址 192. 168. 20. 251 保留为 FTP 服务器地址。

6）在 Windows XP 上测试 DHCP 服务器运行情况，用 ipconfig 命令查看分配的 IP 地址及 DNS、默认网关等信息是否正确。

实训 3　配置 DNS 服务器

【实训目的】

1）熟悉在 Windows Server 2008 中安装 DNS 服务器。

2）掌握在 Windows Server 2008 中配置 DNS 服务器的正向区域和反向区域。

3）掌握 Windows Server 2008 中 DNS 客户机的配置方法及测试命令。

【实训环境】

已建好的以太网环境。

【实训内容】

1）运行安装了 Windows Server 2008 的虚拟机，设置 IP 地址为 202. 158. 1. 1，子网掩码为 255. 255. 255. 0，DNS 为 202. 158. 1. 1，网关设置为 202. 158. 1. 254，为其安装 DNS 服务器，域名为 student. com。

2）配置 DNS 服务器，创建 student. com 正向查找区域。

3）新建主机 aa，IP 地址为 202. 158. 1. 100，别名为 tom，指向 aa，MX 记录为 mail，邮件优先级为 10。

4）创建 student. com 反向查找区域。

5）在该虚拟机的宿主操作系统 Windows XP 系统中，配置成为该 DNS 服务器的客户端，并用 ping、nslookup、ipconfig 等命令测试 DNS 服务器是否正常工作。

实训 4　本地用户和组的管理

【实训目的】

1）熟悉 Windows Server 2008 各种账户类型。

2）熟悉 Windows Server 2008 用户账户的创建和管理。

3）熟悉 Windows Server 2008 组账户的创建和管理。

【实训环境】

实训 1 中已建立好的以太网环境。

【实训内容】

1）在域控制器 class. com 上建立本地域组 student，域账户 user1、user2、user3、user4、user5，并将这 5 个账户加入到 student 组中。

2）设置用户 user1、user2、user3 首次登录时修改密码。

3）设置用户 user4、user5 的登录时间为周一至周五晚 18 点至第二天早上 8 点以及周六、日全天。

4）将 Windows Server 2008 内置账户 Guest 加入到本地域组 student 中。

实训5　文件夹的共享及权限设置

【实训目的】

1）掌握 Windows Server 2008 共享文件夹/文件的创建。

2）掌握 Windows Server 2008 共享文件夹/文件的管理域使用。

【实训环境】

实训1已建立好的以太网环境。

【实训内容】

1）在域控制器 class.com 的本地某磁盘驱动器（分区格式为 NTFS）上新建一个文件夹 MyTest，并将其设为共享文件夹。

2）设置用户对共享文件夹 MyTest 的访问权限：user1、user2 的访问权限为“完全控制”，user3、user4、user5 的访问权限为“读取”。

3）在域内的计算机 D 上，将域控制器上的共享文件夹 MyTest 映射为该计算机的 K 盘驱动器。

5.5　本章习题

1. 填空题

(1) 活动目录存放在________中。

(2) Windows Server 2008 服务器的 3 种角色是________、________、________。

(3) 独立服务器上安装了________就可以升级为域控制器。

(4) 账户的类型分为________、________、________。

(5) ________是一个用于存储单个 DNS 域名的数据库，是域名称空间树状结构的一部分，它将域名空间分区为较小的区段。

(6) 如果要针对网络号为 192.168.20 的 IP 地址来提供反向查找功能，则此反向区域的名称必须是________________________。

(7) DHCP 采用________模式，有明确的客户端和服务器角色的划分。

(8) DHCP 服务器的主要功能是：动态分配________。

(9) DHCP 服务器安装好后并不是立即就可以给 DHCP 客户端提供服务，它必须经过一个________步骤。未经此步骤的 DHCP 服务器在接收到 DHCP 客户端索取 IP 地址的要求时，并不会给 DHCP 客户端分派 IP 地址。

(10) 用户将一个文件从自己的计算机发送到 FTP 服务器的过程叫做________，反之叫做________。

2. 选择题

(1) 在设置域账户属性时，(　　) 项目不能被设置。

A. 账户登录时间　　　　B. 账户的个人信息

C. 账户的权限　　　　　D. 指定账户登录域的计算机

(2) 下面关于域的叙述中正确的是 (　　)。

A. 域就是由一群服务器计算机与工作站计算机所组成的局域网系统

B. 域中的工作组名称必须都相同，才可以连上服务器

C. 域中的成员服务器是可以合并在一台服务器计算机中的

D. 以上都对

(3) 下列（　　）账户名不是合法的账户名。

A. abc_1234　　　　B. windows book

C. dictionar *　　　　D. abdkeofFHWKLLOP

(4) 下面（　　）用户不是内置本地域组成员。

A. Account Operator　　　　B. Administrator

C. Domain Admins　　　　D. Backup Operators

(5) 下列说法中正确的是（　　）。

A. 网络中每台计算机的计算机账户唯一

B. 网络中每台计算机的计算机账户不唯一

C. 每个用户只能使用同一用户账户登录网络

D. 每个用户可以使用不同用户账户登录网络

(6) 要实现动态 IP 地址分配，网络中至少要求有一台计算机的网络操作系统中安装（　　）

A. DNS 服务器　　　　B. DHCP 服务器

C. IIS 服务器　　　　D. PDC 主域控制器

(7) DNS 提供了一个（　　）命名方案。

A. 分级　　　　B. 分层

C. 多级　　　　D. 多层

(8) DNS 顶级域名中表示商业组织的是（　　）。

A. gov　　　　B. com

C. org　　　　D. mil

(9) 常用的 DNS 测试命令包括（　　）。

A. nslookup　　　　B. hosts

C. debug　　　　D. trace

(10) 在 Windows 操作系统中，可以通过（　　）命令查看 DHCP 服务器分配给本机的 IP 地址。

A. ipconfig/all　　　　B. ipconfig/find

C. ipconfig/get　　　　D. ipconfig/see

3. 简答题

(1) 简述网络操作系统的含义。

(2) 在活动目录中如何创建共享文件夹?

(3) 动态 IP 地址分配方案有什么优、缺点? 简述 DHCP 服务器工作过程。

(4) 磁盘管理在 Windows Server 2003 中有哪些新特性?

(5) 客户机向 DNS 服务器查询 IP 地址有哪 3 种方式?

第 6 章　局域网性能与安全管理

6.1　设置本地安全策略

安全策略是指在一个特定环境中，为保证提供一定级别的安全保护所必须遵守的规则。安全策略包括严格的管理、先进的技术和相关的法律。安全策略决定采用何种方式和手段来保证网络系统的安全。本地安全策略设置的作用是保证本地计算机的安全，主要包括账户策略设置、本地策略设置、公钥策略设置、软件限制策略、IP 安全策略。系统管理员可以通过本地安全策略的设置来保护计算机的安全。Windows Server 2008 在“管理工具”中提供了“本地安全策略”控制台，可以集中管理本地计算机的安全设置原则。使用管理员账户登录到本地计算机，打开“本地安全策略”窗口，如图 6-1 所示。

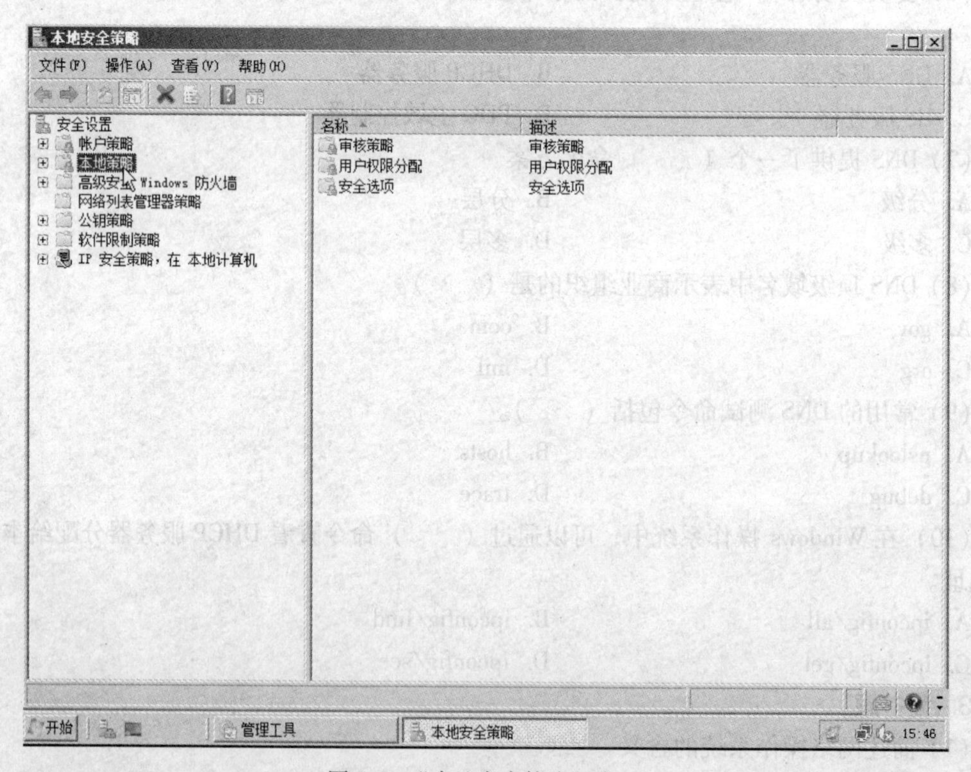

图 6-1　“本地安全策略”窗口

1. 账户策略

账户策略包含两项：密码策略与账户锁定策略。

(1) 密码策略

通过对本地计算机密码的有效设置，可以抵挡黑客的恶意攻击。密码策略主要包括密码必须符合复杂性要求、密码长度最小值、密码最长使用期限、密码最短使用期限、强制密码历史等。

1）密码必须符合复杂性要求，所谓“复杂性要求”指的是账户设置的密码要复杂到一定的程度，避免使用某些扫描工具就可以得到系统管理员的密码。通过单击“账户策略”下的“密码策略”选项，就可以查看“密码策略”的众多策略选项，然后双击右窗格中的“密码必须符合复杂性要求”，就可以打开其属性对话框，最后选择“已启用”选项即可，如图 6-2 所示。

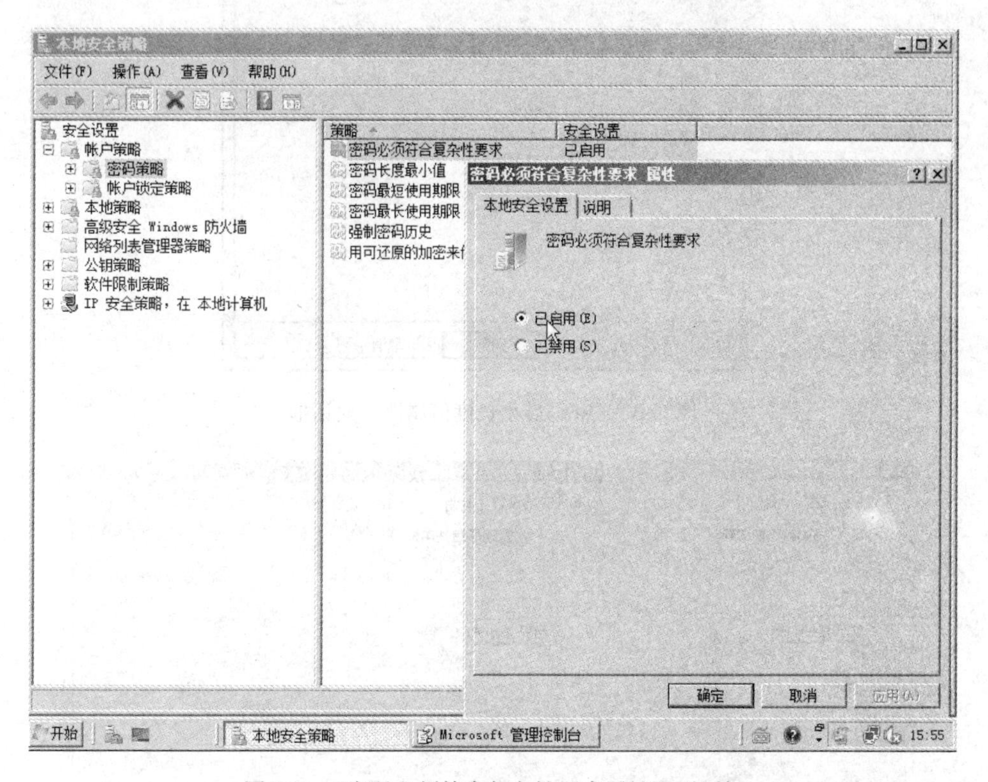

图 6-2 “密码必须符合复杂性要求属性”对话框

从如图 6-2 所示的属性对话框的“说明”选项卡中，可以得出结论：启用该项目后，账户设置的密码内容不能包括全部或部分的账户名，长度至少为 6 个字符，并且不能全部使用英文字母或者数字（应该包括键盘上的各种字符），如“hi89^ * bol37”就是一个很复杂的密码。

2）密码最小长度值：设置密码可以包含的最少字符个数。该策略默认值是 0，即不需要设置密码。为了保护密码安全，最好设置为 1 ~ 14 个字符的值。双击“密码长度最小值”即可弹出其属性对话框，如图 6-3 所示。

3）密码最长、短使用期限：指在系统要求用户更改密码之前，最长、短可以使用的天数。将最长存留期设为 0，即密码永不过期。最佳操作是将最长使用期设置为 30 ~ 90 天，系统默认值是 42 天。若是将最短使用期设置为 0，则表示可以立即更改密码。一般情况下，最短使用期应该设置成小于最长使用期。分别双击“密码最长使用期限”、“ 密码最短使用期限”就可以出现它们的属性对话框，如图 6-4 所示。

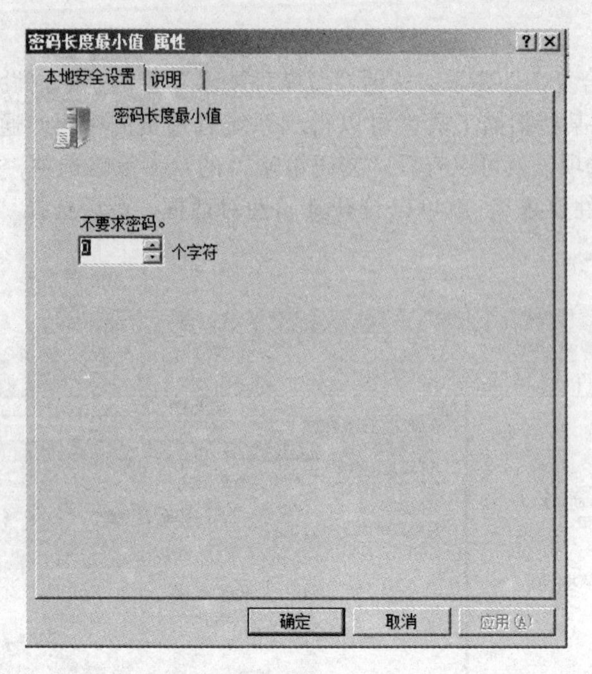

图 6-3 “密码最小长度值属性”对话框

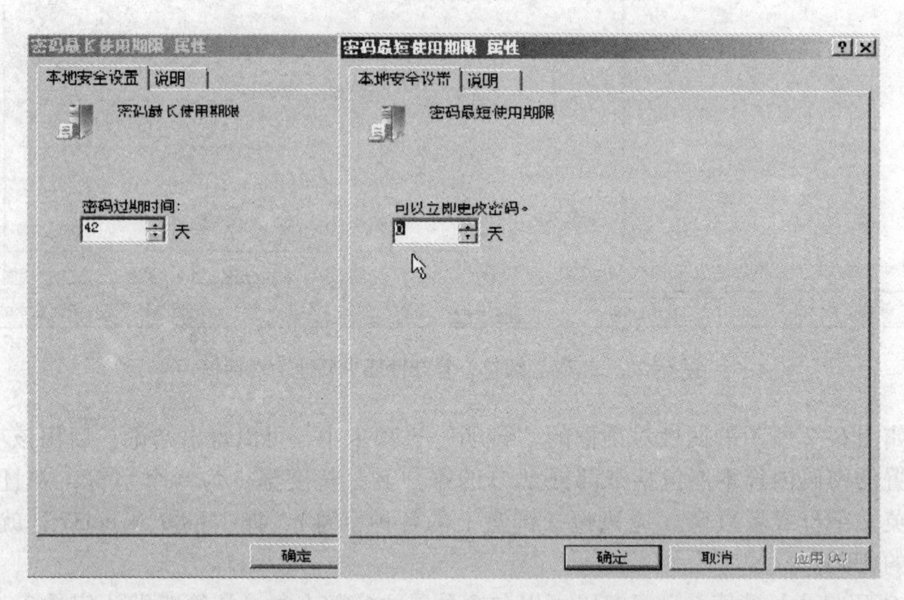

图 6-4 “密码最长使用期限属性”和“密码最短使用期限属性”对话框

“强制密码历史”使用户能够通过确保旧密码不被连续重新使用来增强安全性。还有其他策略与用户关系不是很紧密，这里就不赘述了。

(2) 账户锁定策略

在系统启动时，通过账户锁定设置可以确定当密码输入错误多少次后自动锁定账户，以及锁定的时间。该策略包括复位账户锁定计数器、账户锁定时间、账户锁定阈值 3 个策略。

1) 复位账户锁定计数器：此安全设置确定在登录尝试失败计数器被复位为 0（即 0 次失败登录尝试）之前，尝试登录失败之后所需的时间（分钟），即自动解锁时间，可用范围是 1 ~ 99999 min。如果定义了账户锁定阈值，此重置时间必须小于或等于账户锁定时间。

2）账户锁定时间：在解锁前，保持锁定的分钟数。可用范围为 0 ~ 99999 min。若是设置为 0，则该账户只能等到管理员来解除对它的锁定了。如果定义了账户锁定阈值，则账户锁定时间必须大于或等于重置时间。

3）账户锁定阈值：设置允许错误的次数。有效设置登录尝试失败次数为 0 ~ 999 之间的值。如果将值设置为 0，则永远不会锁定账户。

单击“账户锁定策略”出现上述 3 种策略，双击右边的任一种策略都会出现其相应的属性对话框，如图 6-5 所示。

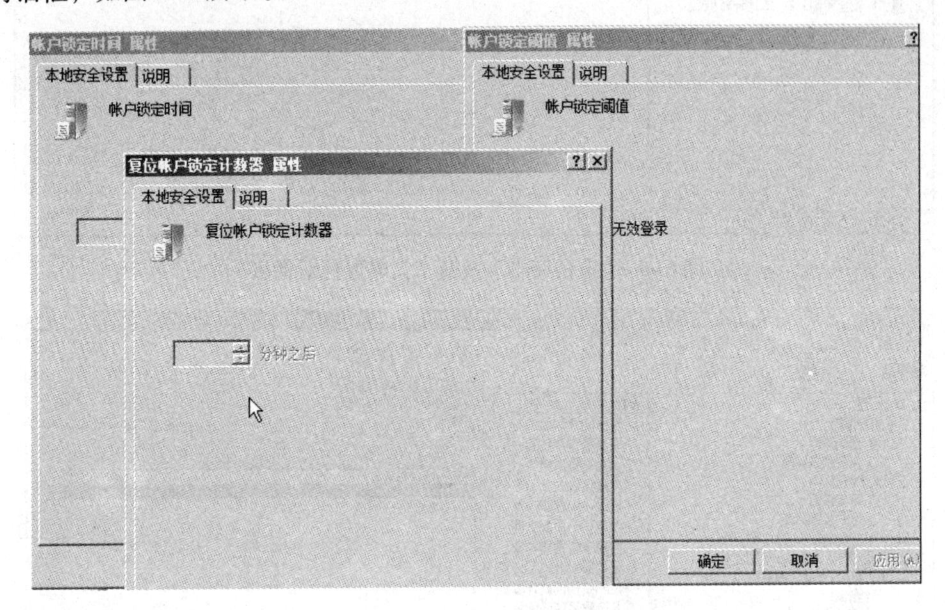

图 6-5 “账户锁定策略”及其子策略属性对话框

2. 本地策略

本地策略包含 3 项：审核策略、用户权限分配、安全选项，其中用户权限分配尤为重要。

1）审核策略：该策略主要用于决定系统的各项操作是否被允许。例如，审核登录事件，就是用于决定用户能否登录或注销计算机。在双击右边任意子策略后，就可以通过其属性对话框来决定该操作是“成功”还是“失败”了。审核策略包含了诸多子策略，如图 6-6 所示。

2）用户权限分配：计算机系统将各项任务设置为默认的权限，例如，系统自动定义 Administrators 和 LOCAL SERVICE 两个用户组可以更改系统的时间。但是，在实际工作中，系统管理员可能需要添加新的用户或是删除某些用户，那么就可以通过属性框来操作。双击右侧窗格中的子策略，在弹出的“更改系统时间属性”对话框中，通过单击“添加用户或组”或“删除”按钮，可以将该项目的使用权限赋予或取消。一般情况下，系统管理员最好保持默认的权限，但是如果发现自己的账户有异常、应该有的权限丢失了的话，就可以通过这组策略重新设定用户的相关权限。这组策略涉及的内容比较多，具体情况如图 6-7 所示。

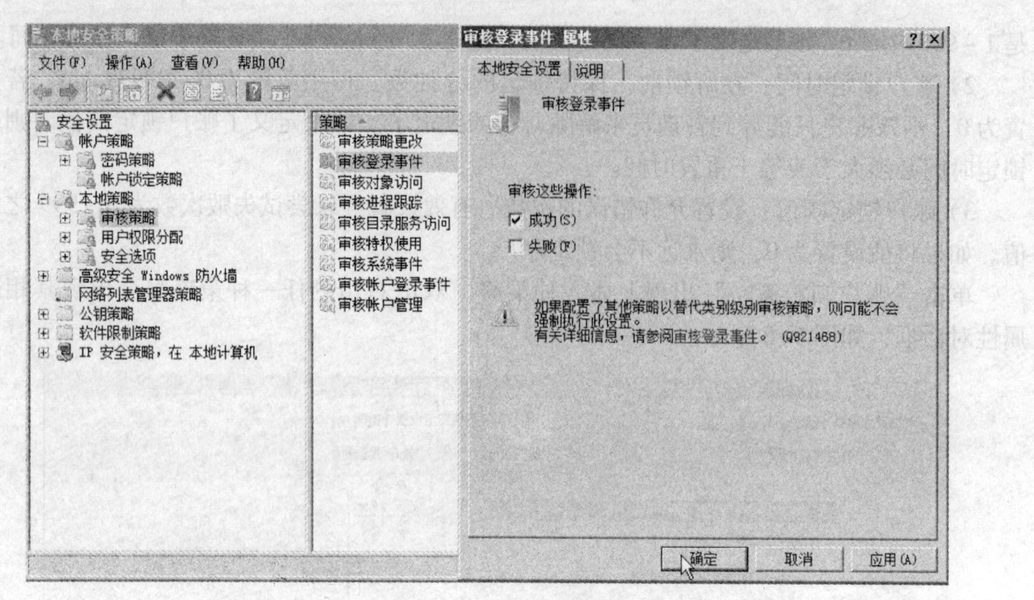

图 6-6 “审核策略”及其子策略属性对话框

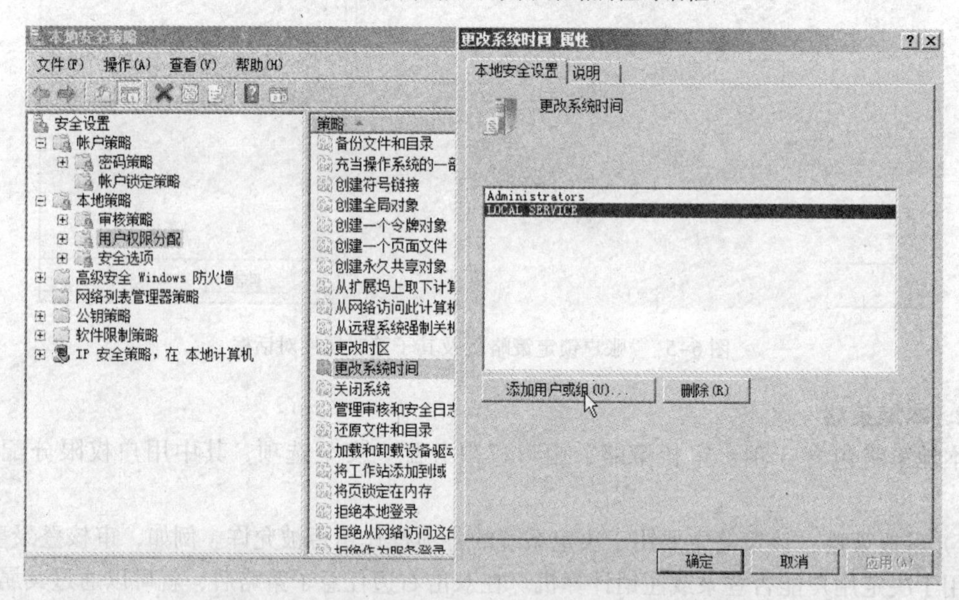

图 6-7 “用户权限分配”及其子策略属性对话框

3）安全选项：该设置对所有的账户都会生效，起到了保护系统安全的作用。一般情况下，保持默认即可。该策略内容比较多，具体的操作方法同上述内容相似。如果遇到不明白的地方，可以通过双击子策略，在其对应的属性对话框中选择“说明”来了解。

3. 高级安全 Windows 防火墙策略

该策略用来配置高级安全 Windows 防火墙，保障系统的安全。

4. 公钥策略

该策略的作用是解密其他账户加密的文件或文件夹。

5. 软件限制策略

该策略可以设置禁止运行某些类型的文件。

6. IP 安全策略

该策略在网络访问时起作用。

最后 4 种策略，一般情况下用不到，所以保持默认状态就可以。

6.2 性能监视的优化

Windows Server 2008 包含了一个全新的性能检测工具：Windows 性能诊断控制台，它整合了 Windows Server 2003 版独立的性能日志与警告服务器性能顾问、性能监视器及系统监视器等工具。新的工具为定制数据收集及事件跟踪会话提供了一个图形化的界面，同时新的工具还包括了一个可用监视器，用于跟踪系统发生的变化，并且通过一个图形化的界面展示这些变化给系统稳定性带来的影响。

6.2.1 可靠性和性能监视器

Windows 可靠性和性能监视器包括 3 个监视工具：资源视图、性能监视器和可靠性监视器。数据收集和日志记录是使用数据收集器集来执行的。

启动 Windows 可靠性和性能监视器的方法有很多，可以通过“开始”菜单中的“程序”子菜单中的“管理工具”选项中的“可靠性和性能监视器”打开，也可以通过“开始”菜单中的“运行”命令，在弹出的对话框中输入命令“perfmon”打开，还可以通过“控制面板”中的“管理工具”选项中的“可靠性和性能监视器”打开。

1. 资源视图

资源视图中包括了 CPU、磁盘、网络和内存 4 个方面的监控视图列表，如图 6-8 所示。

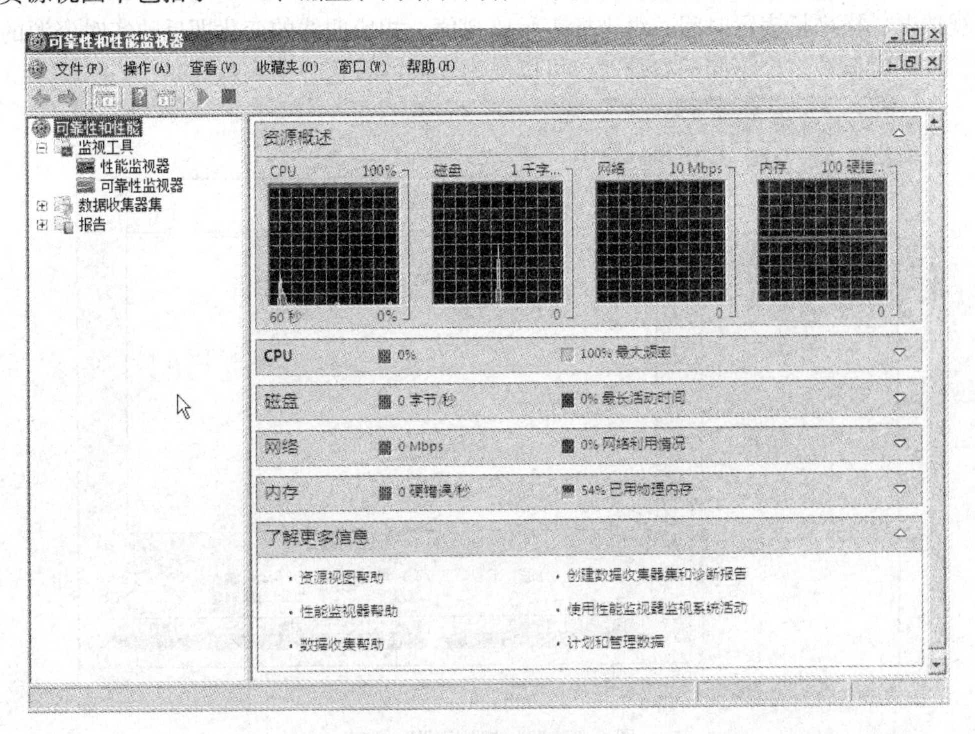

图 6-8 “资源视图”界面

1）CPU：绿色标注显示当前正在使用的 CPU 容量的总百分比，蓝色标注显示 CPU 最大频率。监视 CPU 是为了看它能否高效地处理计算机中运行的任务，以及是否已过载，以确定是否存在处理器瓶颈。常用的 CPU 计数器有：% Processor Time、Interrupts/sec、System：Processor Queue Length、Server Work Queue、Queue Length。

2）磁盘：绿色标注显示当前的总输入/输出流量，蓝色标注显示最高活动时间百分比。监视磁盘是为了获取计算机输入/输出的统计信息。常用的磁盘计数器有：% Disk Read Time、% Disk Write Time、% Idle Time、Disk Read Bytes/sec、Disk Write Bytes/sec。

3）网络：绿色标注显示当前总网络流量（以 Mbit/s 为单位），蓝色标注显示使用中的网络容量百分比。通过监视网络的流量或使用情况可以发现网络瓶颈，网络瓶颈直接影响用户使用。影响网络性能的因素有很多，监视时可根据环境确定监视对象。如果确定已经形成网络瓶颈，可进行网络分段、限制部分协议的使用、改进路由器等物理层构件等。常用网络计数器："任务管理器"的"联网"选项卡、Network Interface：Bytes Sent/sec、Network Interface、Bytes Total/sec、Server、Bytes Received/sec。

4）内存：绿色标注显示当前每秒的硬错误，蓝色标注显示当前使用中的物理内存百分比。在计算机系统中，内存不足是引起严重性能问题的最常见原因。监视内存有助于评估可用的内存数量和页面调度水平，观察内存不足所带来的影响以及确定是否存在问题。内存方面的主要问题包括：内存瓶颈、过多的页面调度、内存泄漏。常用的内存计数器有：Pages/sec、Available Bytes、Page Faults/sec、Committed Bytes、Pool Nonpaged Bytes。

2. 性能监视器

单击"监视工具"下的"性能监视器"，即可查看系统性能监视器的情况。通过单击工具栏上的显示按钮可以切换显示方式，即线条、直方图条、报告。图 6-9 通过线条显示性能监视情况，横坐标表示时间，纵坐标表示监视值，相应曲线的变化即反映实时资源的运行情况，在同时监视多个不同的参数时，可以使用不同的颜色分别表示。

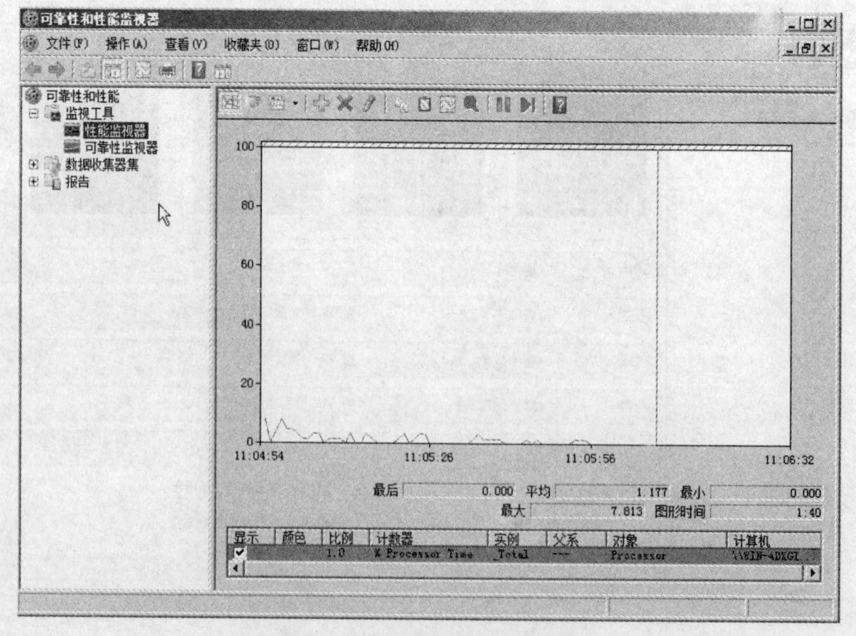

图 6-9 "性能监视器"界面

性能监视器提供即时的性能检测。除了系统默认的性能监视器，系统管理员还需要根据实际情况即时添加新的计数器到系统监视器中。操作的步骤很简单，即在“可靠性和性能监视器”窗口的右侧窗格中单击鼠标右键，在弹出的快捷菜单中选择“添加计数器”，出现如图 6-10 所示的对话框。

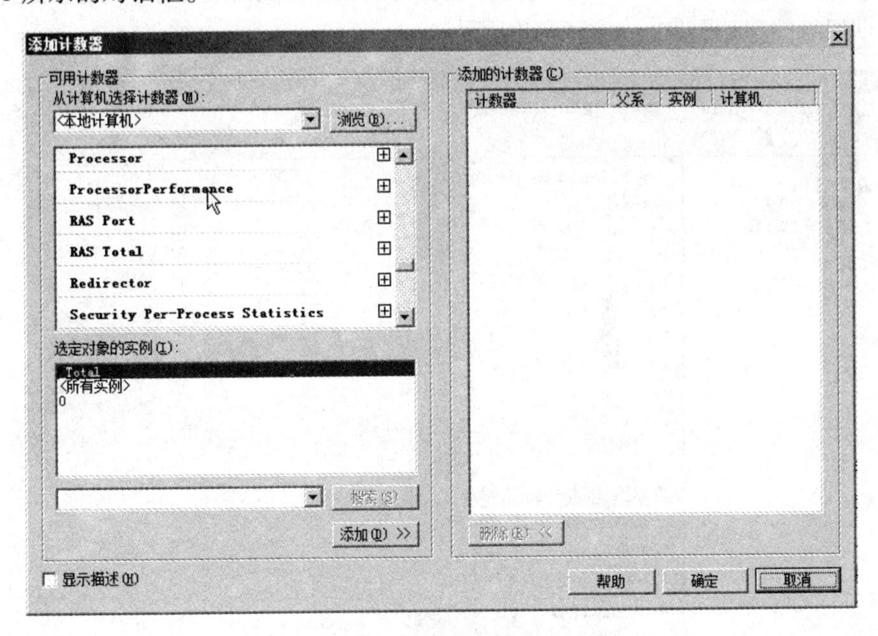

图 6-10 “添加计数器”对话框

在“添加计数器”对话框中，系统管理员可以根据需要选择计数器添加到指定的系统对象中。如果操作人员对于某个计数器有疑问，可以选中对话框左下角的“显示描述”复选框。在“可靠性和性能监视器”窗口的右侧窗格中单击鼠标右键，在弹出的快捷菜单中选择“属性”，出现如图 6-11 所示的对话框。

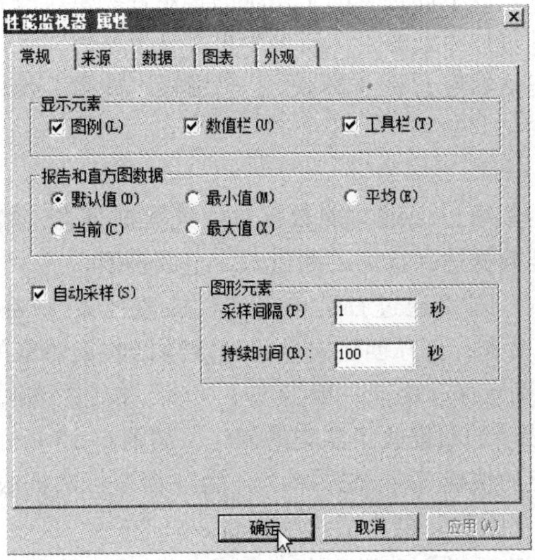

图 6-11 “性能监视器属性”对话框

操作人员可以根据需要，在“性能监视器属性”对话框中选择对应的选项，来改变显示的计数器状态。例如，改变显示元素或是图形采样的时间间隔。

3. 可靠性监视器

可靠性监视器可以保留一年的系统稳定性和可靠性事件的历史记录。系统稳定性图表显示了按日期组织的滚动图表，如图 6-12 所示。

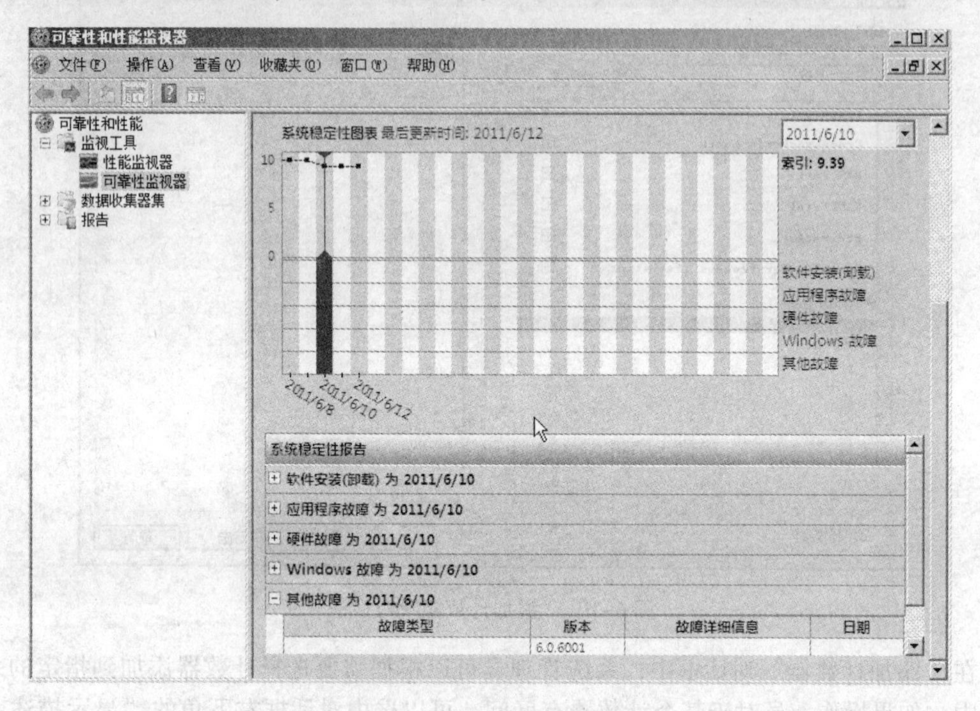

图 6-12 “可靠性监视器”界面

“系统稳定性图表”的上半部分显示了稳定性指数的图表。在该图表的下半部分，有 5 行数据会跟踪可靠性事件，该事件将有助于系统的稳定性测量，或者提供有关软件安装和删除的相关信息。当检测到每种类型的一个或多个可靠性事件时，在该日期的列中会显示一个图标。可靠性事件主要包括软件安装（卸载）、应用程序故障、硬件故障、Windows 故障和其他故障。

4. 数据收集器集

通过创建数据收集器集可以记录性能数据，生成数据日志，然后可在性能监视器中查看，当某个计数器的性能数据达到指定的阈值时，生成警报。

创建数据收集器集时，可以通过右键单击“性能监视器”，在弹出的快捷菜单中选择“新建 - 数据收集器集”命令，打开创建向导，确定数据收集器集的名称，单击“下一步”按钮，如图 6-13 所示；确定保存路径，单击“下一步”按钮，如图 6-14 所示；确认身份，单击“完成”按钮，完成新的数据收集器集的创建，如图 6-15 所示。找到新建的数据收集器集，单击右键，在弹出的快捷菜单中选择“开始”命令，数据收集器集即开始工作，如图 6-16 所示；同时，在“报告”处生成诊断报告。

创建数据日志，需要先手动创建数据收集器集。打开“数据收集器集”子项目，右键单击“用户定义”，在弹出的快捷菜单中选择“新建数据收集器集”命令，启动创建向导；

选择“手动创建”，单击“下一步”按钮，如图6-17所示；根据需要选择“数据日志”的类型，即“性能计数器”、“事件跟踪数据”、“系统配置信息”，如图6-18所示，如果用户只是想创建数据日志，单击“完成”按钮即可，否则单击“下一步”按钮继续设置。

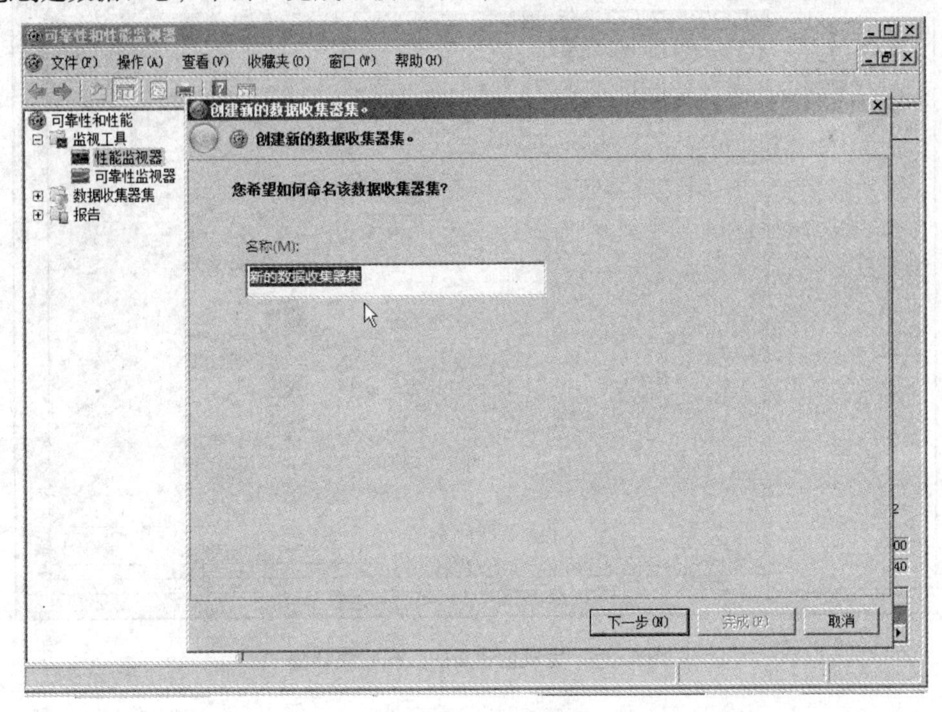

图6-13　创建新的数据收集器集

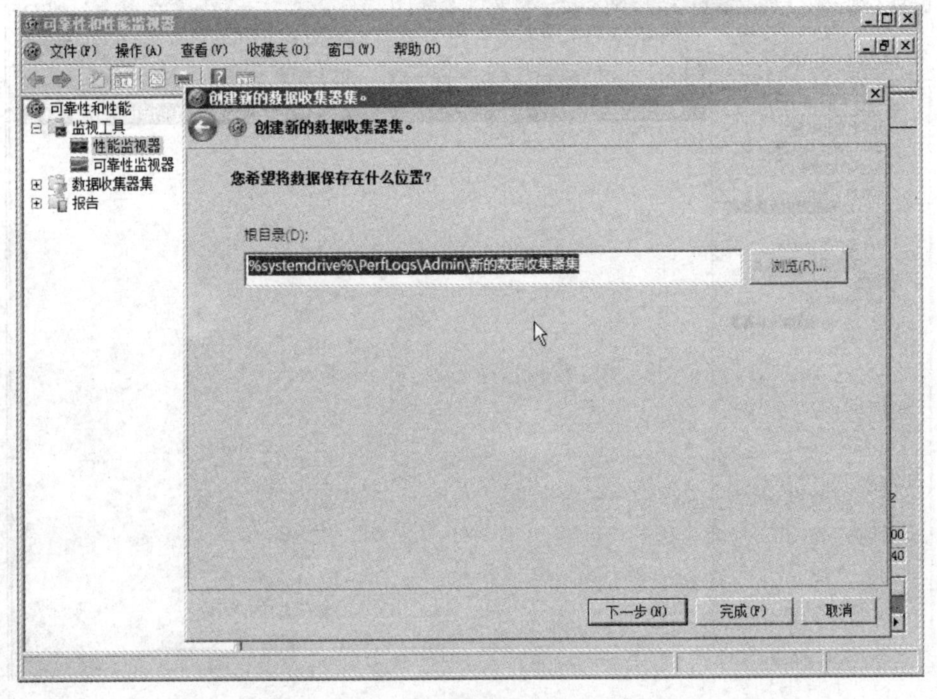

图6-14　确定保存路径

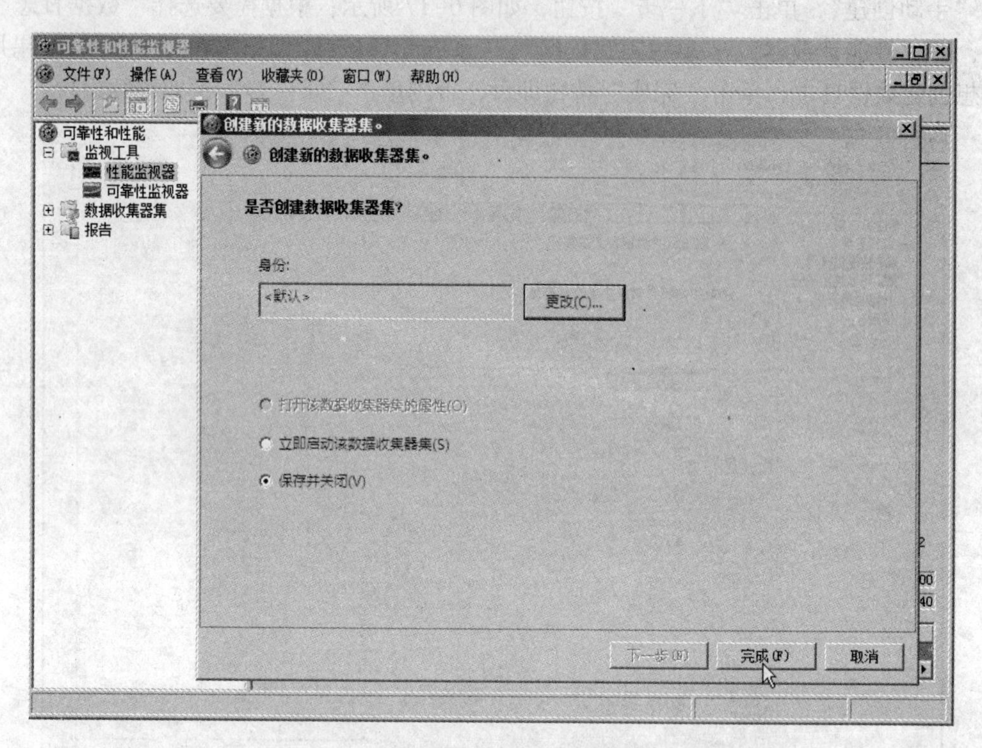

图 6-15　完成创建新的数据收集器集

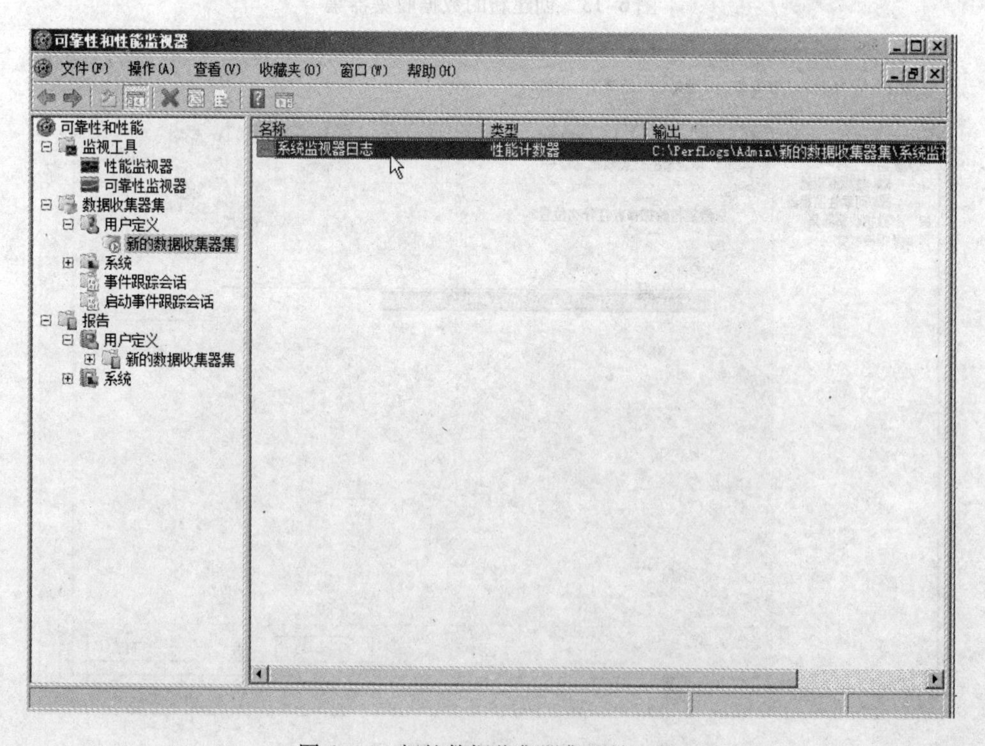

图 6-16　新的数据收集器集开始工作

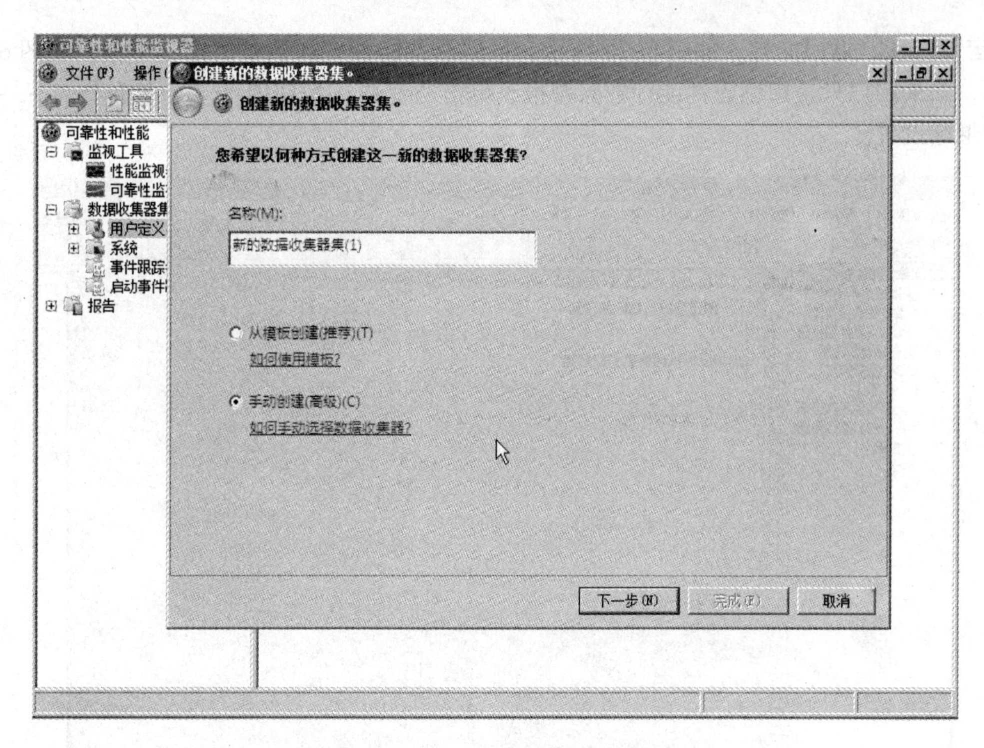

图 6-17　手动创建数据收集器集

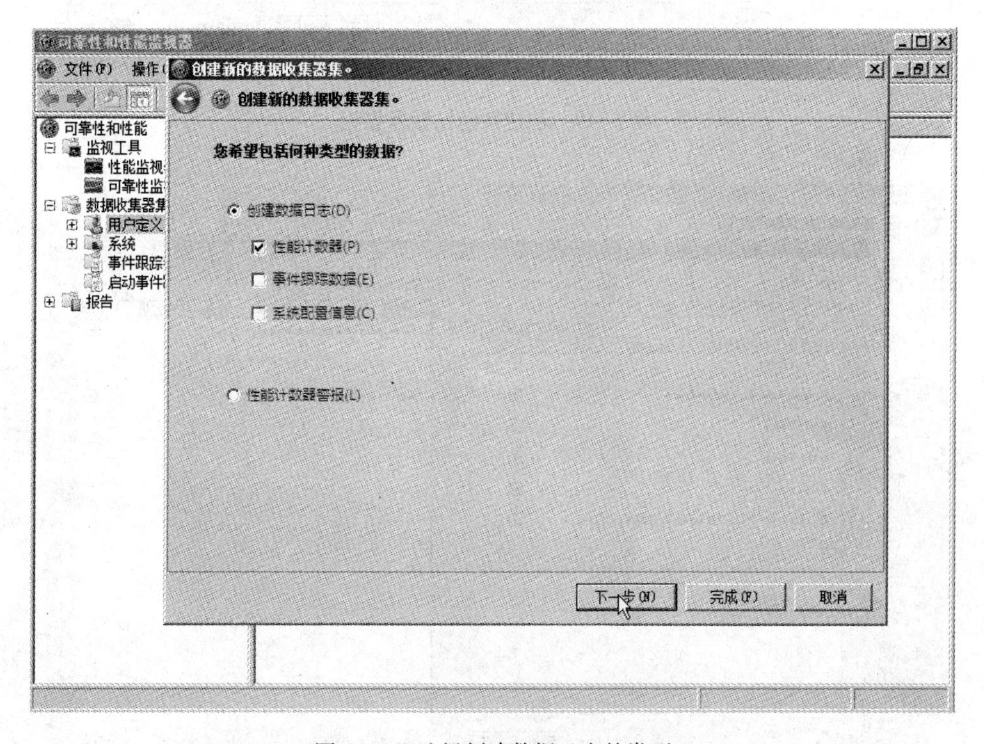

图 6-18　选择创建数据日志的类型

利用手动创建向导创建数据收集器集后，选择“性能计数器警报”，单击“下一步”按钮，如图 6-19 所示；单击“添加”按钮，打开“添加的计数器”界面，添加计数器，单击

“确定”按钮，返回向导，如图6-20所示；根据所选的性能计数器值定义警报，如图6-21所示，如果用户只是想创建性能计数器警报，单击“完成”按钮即可，否则单击“下一步”按钮继续设置。

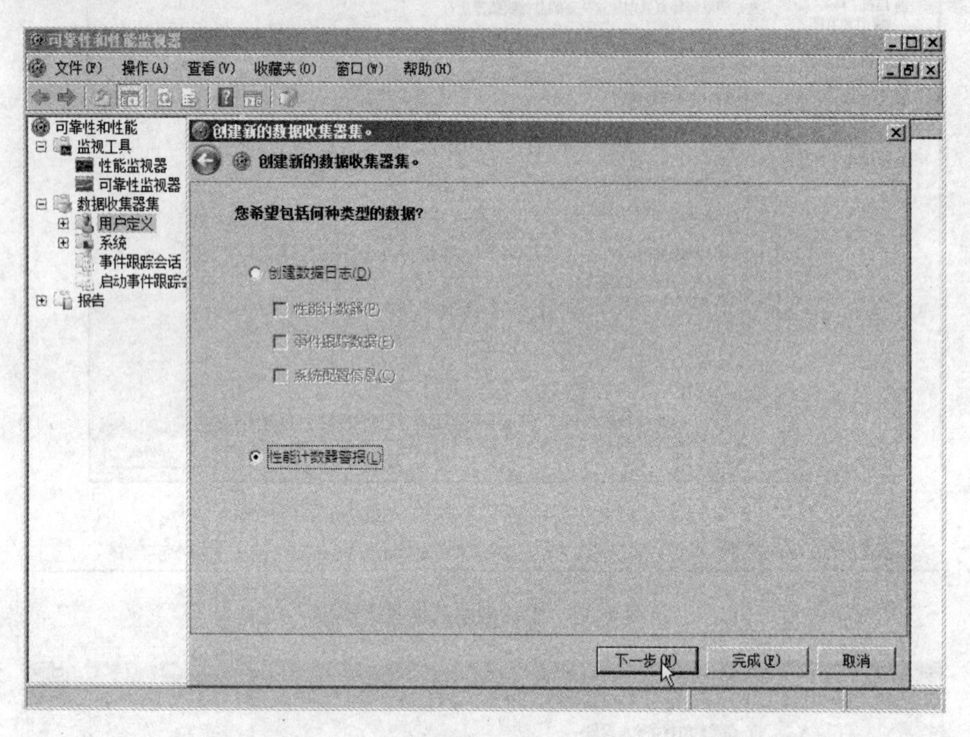

图6-19　创建性能计数器警报

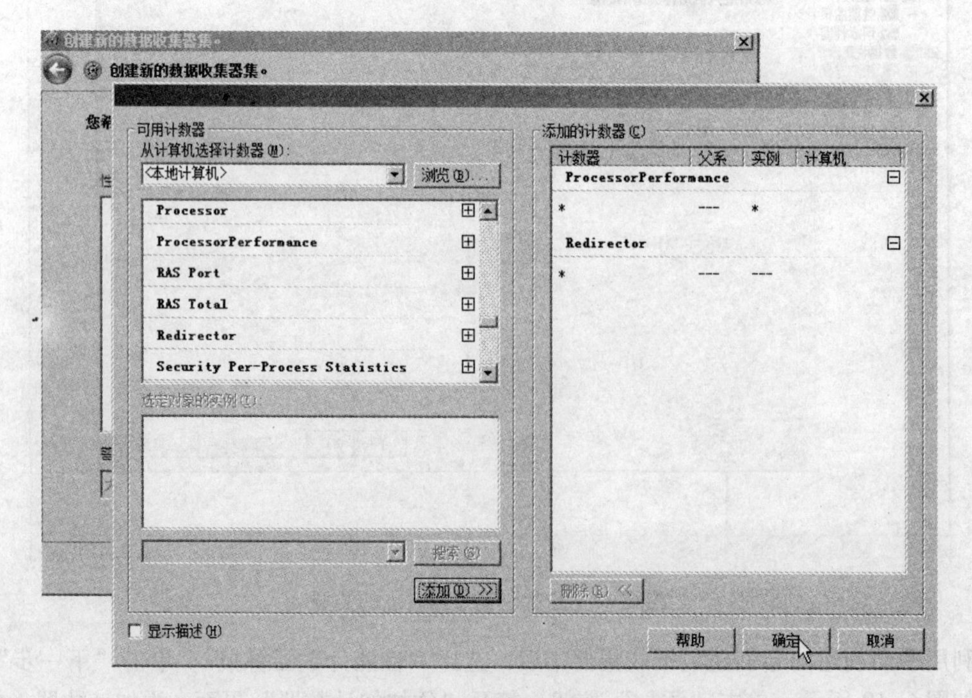

图6-20　添加计数器

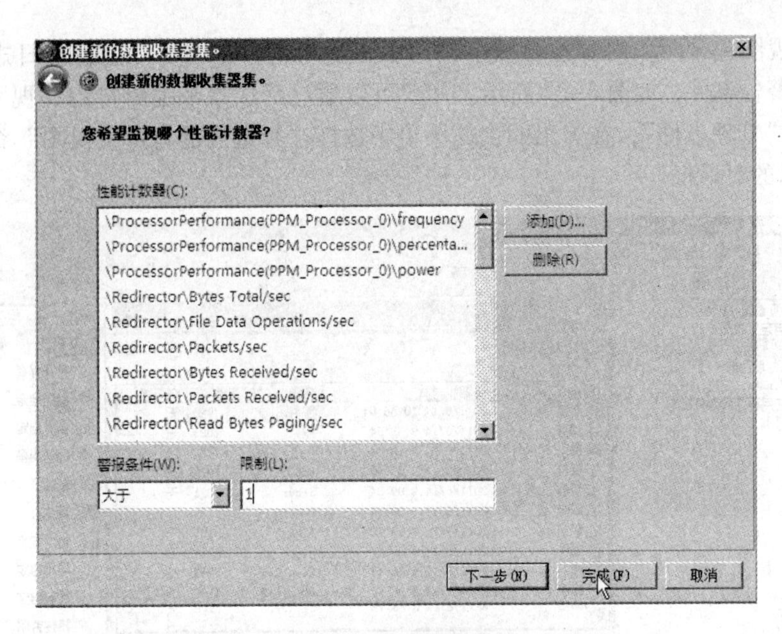

图 6-21　设置警报条件

6.2.2　事件查看器

事件查看器可以审核系统事件和存放系统、安全及应用程序日志等，是解决系统问题的最佳工具之一。

在 Windows Server 2008 中通过单击“开始”菜单中的“管理工具”子菜单中的“事件查看器”可以打开“事件查看器”窗口，或者单击“开始”菜单中的“运行”，在弹出的对话框中输入“eventvwr”后，单击“确定”按钮，也可以打开“事件查看器”窗口，如图 6-22 所示。

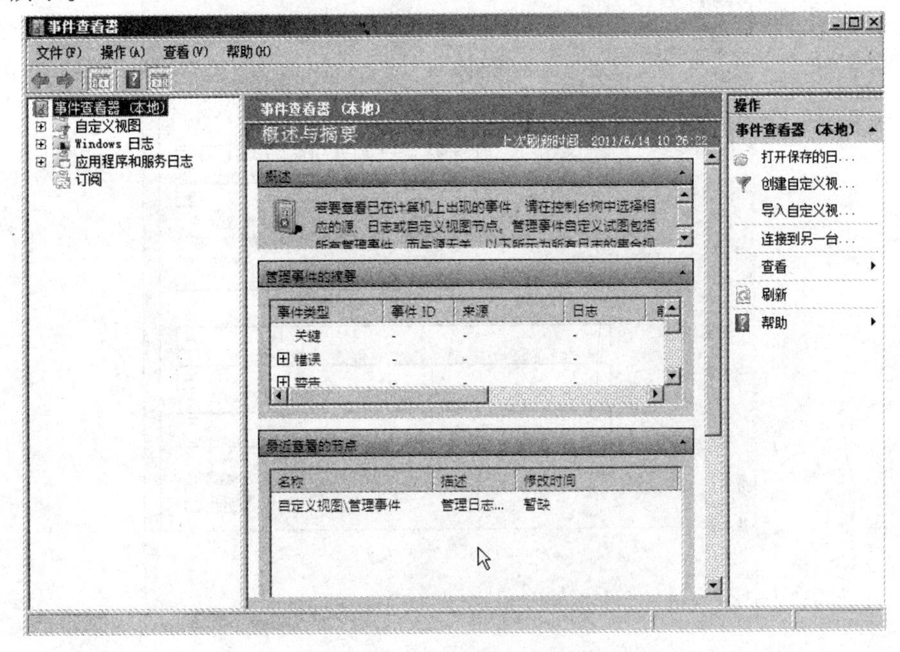

图 6-22　“事件查看器”窗口

自定义视图包含两项内容：管理事件和服务器角色。管理事件是管理日志中的所有关键、错误和警告事件，如图 6-23 所示。用户可以通过筛选器来编辑自定义视图，具体做法是右键单击“管理事件”，在弹出的快捷菜单中选择“筛选当前自定义视图”命令，打开如图 6-24 所示的对话框。

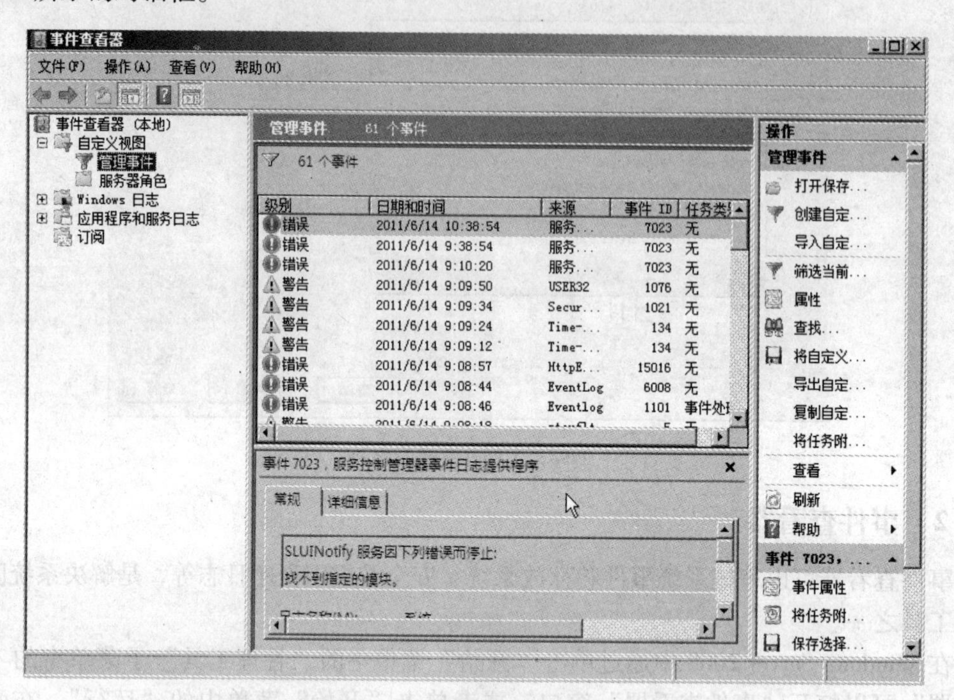

图 6-23 “管理事件”界面

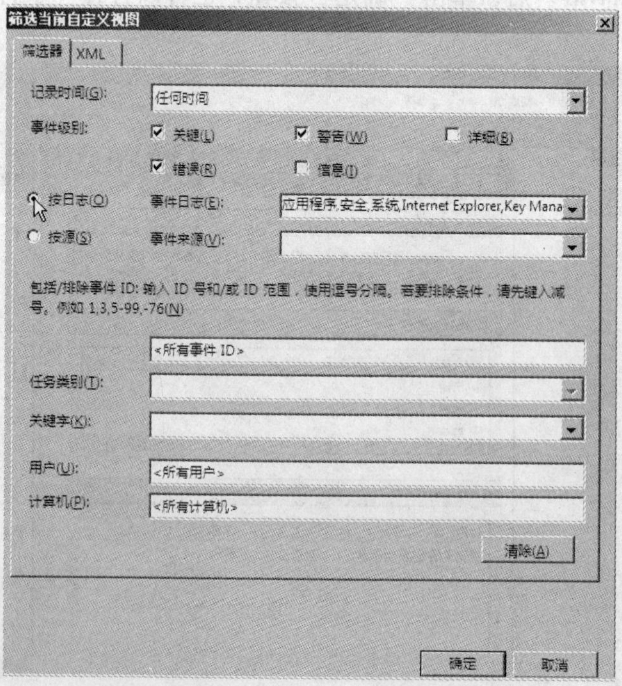

图 6-24 “筛选当前自定义视图”对话框

Windows 日志包含 5 项内容：应用程序、安全、安装程序、系统、转发的事件。用户可以选择窗口右侧的操作，删除不需要的日志信息，如图 6-25 所示。“安全”主要记载了审核成功的日志，右键单击事件的属性，在弹出的属性对话框中可以查看事情的详细信息，如图 6-26 所示。

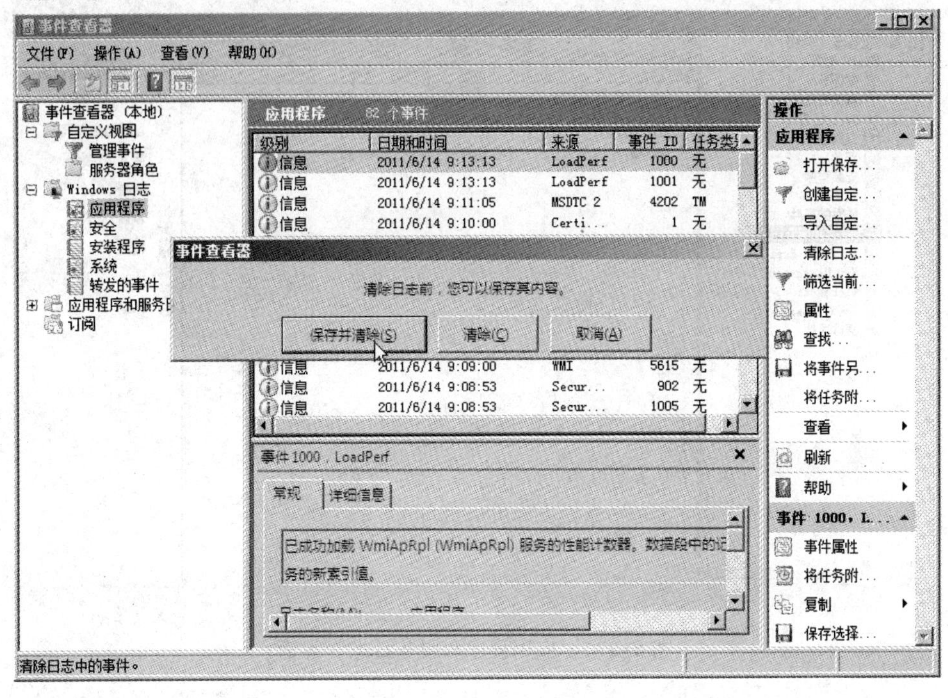

图 6-25 清除日志

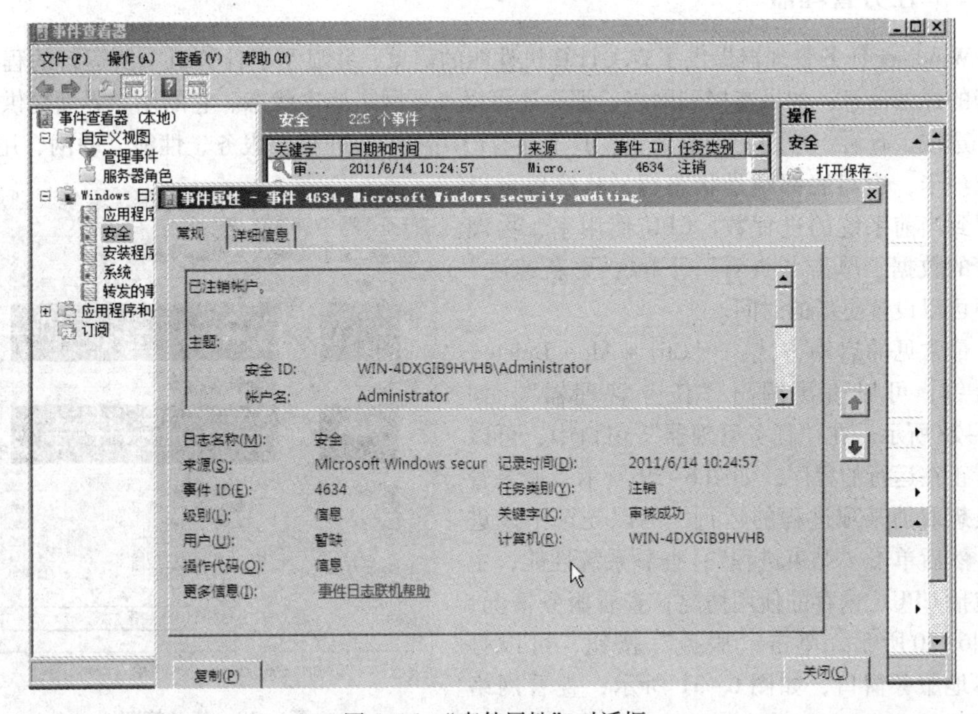

图 6-26 “事件属性”对话框

打开“应用程序和服务日志”界面，可以查看IE浏览器、Microsoft、硬件事件等的详细信息，如图6-27所示。

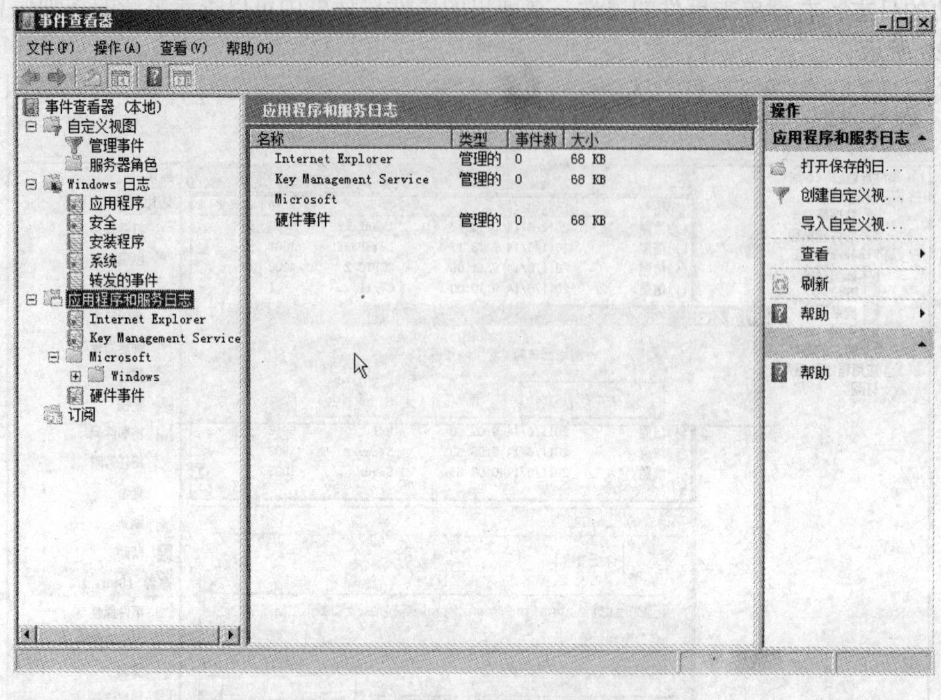

图6-27 “应用程序和服务日志”界面

6.2.3 任务管理器

Windows任务管理器提供了有关计算机性能的信息，并显示了计算机上所运行的程序和进程的详细信息；如果连接到网络，那么还可以查看网络接连状态。它的用户界面提供了文件、选项、查看、帮助4个菜单项，其下还有应用程序、进程、服务、性能、联网、用户6个选项卡，窗口底部则是状态栏，从这里可以查看到当前系统的进程数、CPU使用率、物理内存的数据，单击“查看”下的“更新速度”选项可以设置更新的时间。

最常见的启动方式：〈Ctrl + Alt + Delete〉组合键，可以直接调出“任务管理器”，如图6-28所示。在“任务管理器”窗口中，可以查看正在运行的程序，如图6-29所示，如果管理员想取消某项进程的运行，可以先选中该进程，然后单击“结束进程”；查看系统性能，主要包括CPU、内存的使用情况；查看服务情况，如图6-30所示，单击“服务”按钮，可以打开本地服务窗口，如图6-31所示；查看网络联网状况，如图6-32所示；查看当前用户使

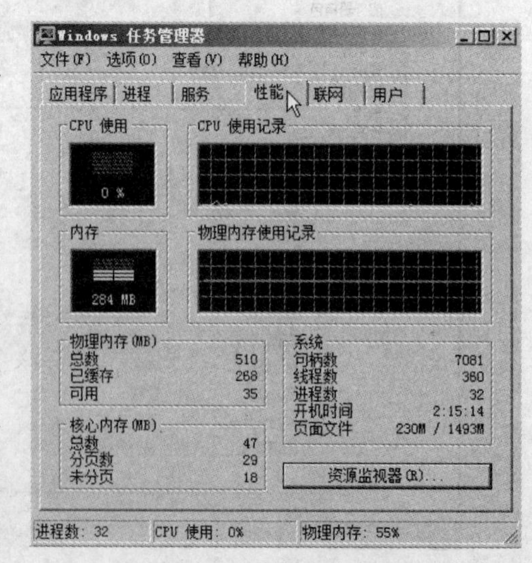

图6-28 任务管理器

用情况，如图 6-33 所示，如果管理员想阻止某个用户的使用，可以单击 Windows 任务管理器中的“断开”按钮。

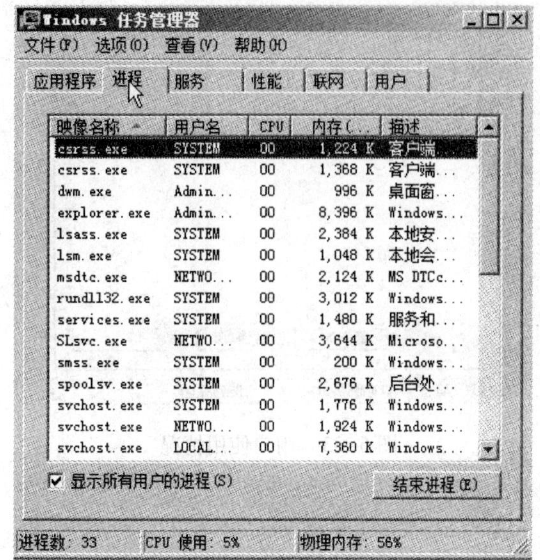

图 6-29 查看运行进程

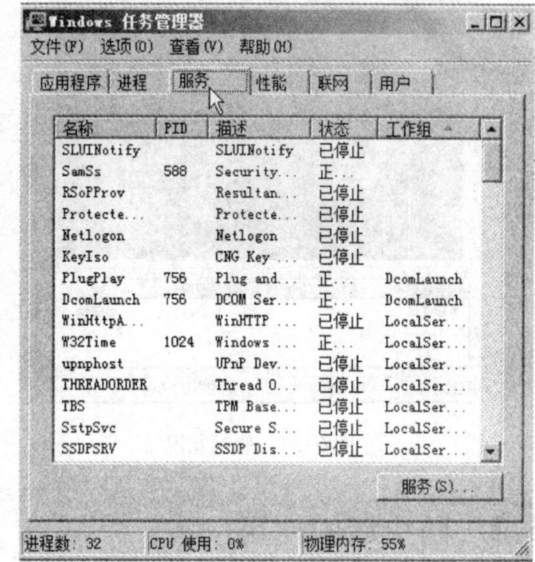

图 6-30 服务情况

图 6-31 本地“服务”窗口

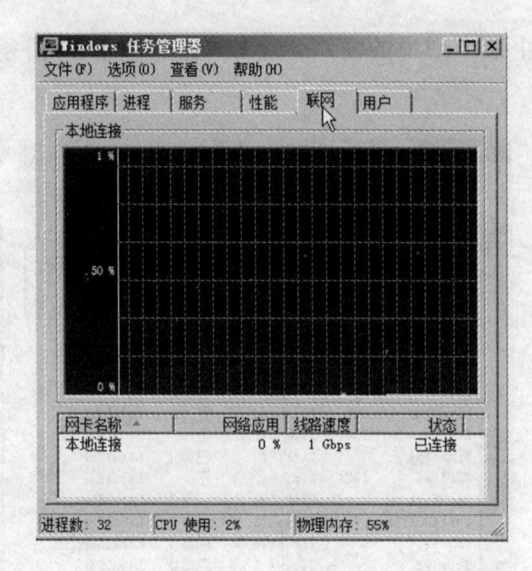

图 6-32 联网状况

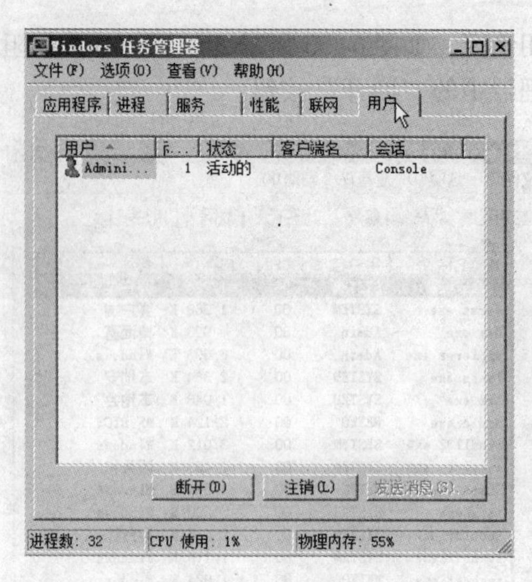

图 6-33 用户使用情况

6.3 防火墙的使用

6.3.1 防火墙概述

1. 防火墙的定义

防火墙是一个由软件和硬件设备组合而成，在内部网和外部网之间、专用网与公共网之间的界面上构造的保护屏障。它是计算机硬件和软件的结合，使 Internet 与 Intranet 之间建立起一个安全网关，从而保护内部网免受非法用户的侵入。防火墙主要由服务访问规则、验证工具、包过滤和应用网关 4 个部分组成。防火墙在网络中的逻辑位置如图 6-34 所示。

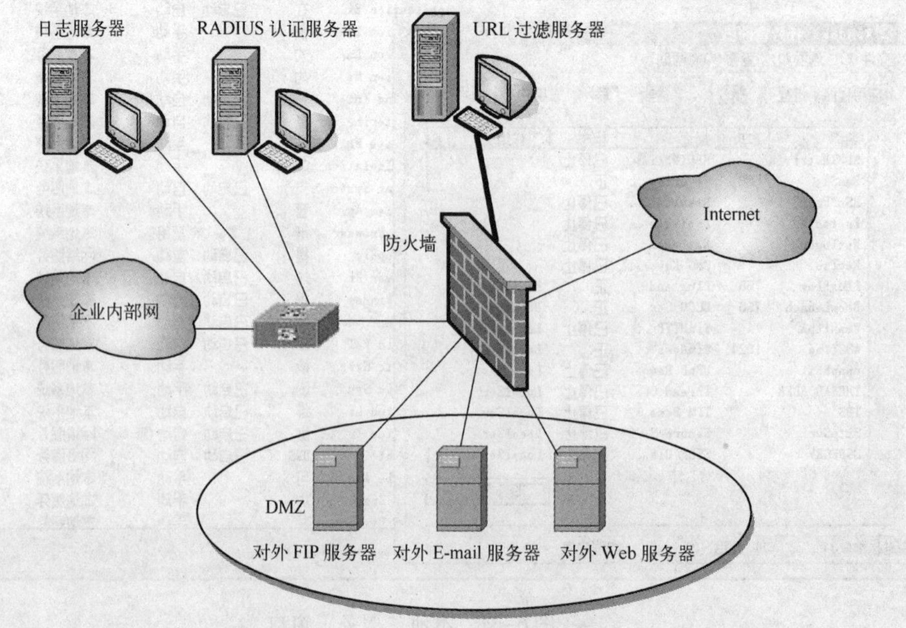

图 6-34 防火墙在网络中的逻辑位置

2. 防火墙的类型

根据防火墙所采用的技术不同，可以将它分为 3 种基本类型：包过滤型、代理型和监测型。

（1）包过滤型

包过滤型产品是防火墙的初级产品，其技术依据是网络中的分包传输技术。网络上的数据都是以“包”为单位进行传输的，数据被分割成为一定大小的数据包，每一个数据包中都会包含一些特定信息，如数据的源地址、目标地址、TCP/UDP 源端口和目标端口等。防火墙通过读取数据包中的地址信息来判断这些“包”是否来自可信任的安全站点，一旦发现来自危险站点的数据包，防火墙便会将这些数据“拒之门外”。系统管理员也可以根据实际情况灵活制定判断规则。

（2）代理型

代理型防火墙也可以称为代理服务器，它的安全性要高于包过滤型产品，并已经开始向应用层发展。代理服务器位于客户机与服务器之间，完全阻挡了二者间的数据交流。从客户机来看，代理服务器相当于一台真正的服务器；而从服务器来看，代理服务器又是一台真正的客户机。当客户机需要使用服务器上的数据时，首先将数据请求发给代理服务器，代理服务器再根据这一请求向服务器索取数据，然后再由代理服务器将数据传输给客户机。由于外部系统与内部服务器之间没有直接的数据通道，外部的恶意侵害也就很难伤害到企业内部网络系统。

（3）监测型

监测型防火墙是新一代的产品，它的技术实际已经超越了最初的防火墙定义。监测型防火墙能够对各层的数据进行主动的、实时的监测，在对这些数据加以分析的基础上，监测型防火墙能够有效地判断出各层中的非法侵入。同时，这种监测型防火墙产品一般还带有分布式探测器，这些探测器安置在各种应用服务器和其他网络的结点之中，不仅能够检测来自网络外部的攻击，同时对来自内部的恶意破坏也有极强的防范作用。据权威机构统计，在针对网络系统的攻击中，有相当比例的攻击来自网络内部。因此，监测型防火墙不仅超越了传统防火墙的定义，而且在安全性上也超越了前两代产品。

3. 防火墙的功能

（1）防火墙是网络安全的屏障

防火墙能极大地提高内部网络的安全性，并通过过滤不安全的服务而降低风险。防火墙同时可以保护网络免受基于路由的攻击，如 IP 选项中的源路由攻击和 ICMP 重定向中的重定向路径。

（2）防火墙可以强化网络安全策略

通过以防火墙为中心的安全方案配置，能将所有安全软件（如密码、加密、身份认证、审计等）配置在防火墙上。与将网络安全问题分散到各个主机上相比，防火墙的集中安全管理更经济。

（3）对网络存取和访问进行监控审计

如果所有的访问都经过防火墙，那么，防火墙就能记录下这些访问并作出日志记录，同时也能提供网络使用情况的统计数据。当发生可疑动作时，防火墙能进行适当的报警并提供网络是否受到监测和攻击的详细信息。

（4）防止内部信息的外泄

通过利用防火墙对内部网络的划分，可实现内部网重点网段的隔离，从而限制了局部重点或敏感网络安全问题对全局网络造成的影响。使用防火墙就可以隐蔽内部细节，如 Finger、DNS 等服务。Finger 显示了主机的所有用户的注册名、真名，以及最后登录时间和使用 shell 类型等。防火墙同样可以阻塞有关内部网络中的 DNS 信息，这样主机的域名和 IP 地址就不会被外界所了解。

除了安全作用，防火墙还支持具有 Internet 服务特性的企业内部网络技术体系 VPN。通过 VPN，将企事业单位分布在各地的 LAN 或专用子网有机地连成一个整体，不仅省去了专用通信线路，而且为信息共享提供了技术保障。

6.3.2 安装天网防火墙软件

天网防火墙可以有效地控制个人用户计算机的信息在互联网上的收发。用户自己可以通过设定一些参数，从而达到控制本机与互联网之间的信息交流，阻止和杜绝一些恶性信息对本机的攻击，比如 ICMPflood 攻击、木马信息等。

1. 安装天网防火墙

1）从天网防火墙官方网站上下载最新版的软件，然后打开天网防火墙个人版安装程序，执行安装程序，出现如图 6-35 所示的界面。

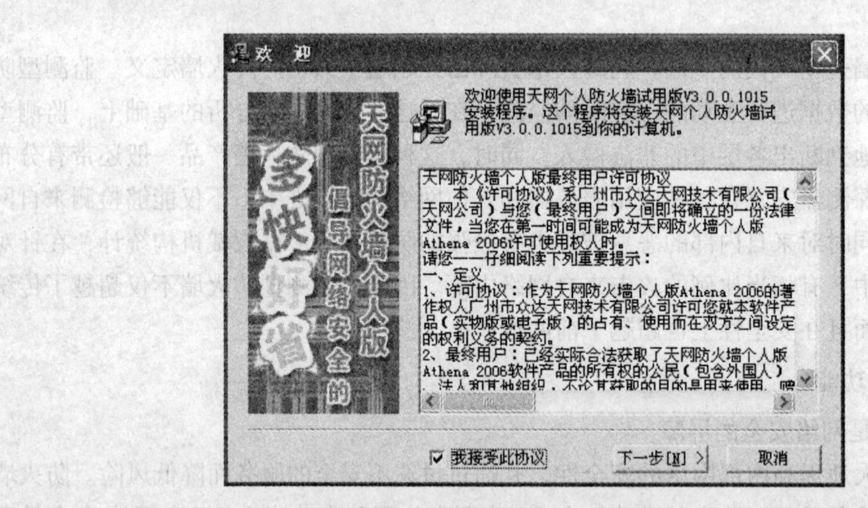

图 6-35　防火墙安装欢迎界面

2）选择安装的路径，天网防火墙个人版预设的安装路径是 C:\Program Files\SkyNet\Firewall 文件夹，也可以通过单击右下角的“浏览”按钮来自行设定安装的路径，如图 6-36。

3）在设定好安装的路径后，程序会提示建立程序组快捷工具栏方式的位置，如图 6-37 所示，选择“下一步”按钮就可以进入开始安装界面，如图 6-38 所示。

4）单击“下一步”按钮，系统开始复制文件到指定的路径，如图 6-39 所示。

图 6-36　防火墙安装路径

图 6-37　建立程序组

图 6-38　开始安装界面

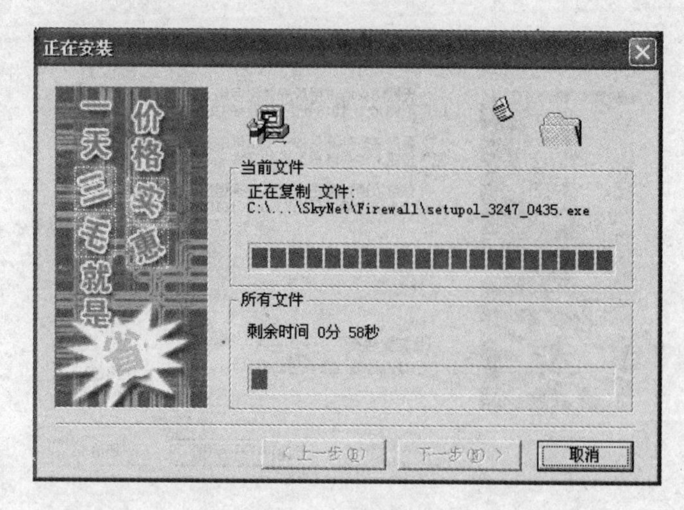

图 6-39 复制文件

5）程序复制完毕后，弹出防火墙设置向导帮助用户合理地设置防火墙，如图 6-40 所示。然后，用户需要按照程序设计好的步骤开始设置适合自己使用的防火墙规则。

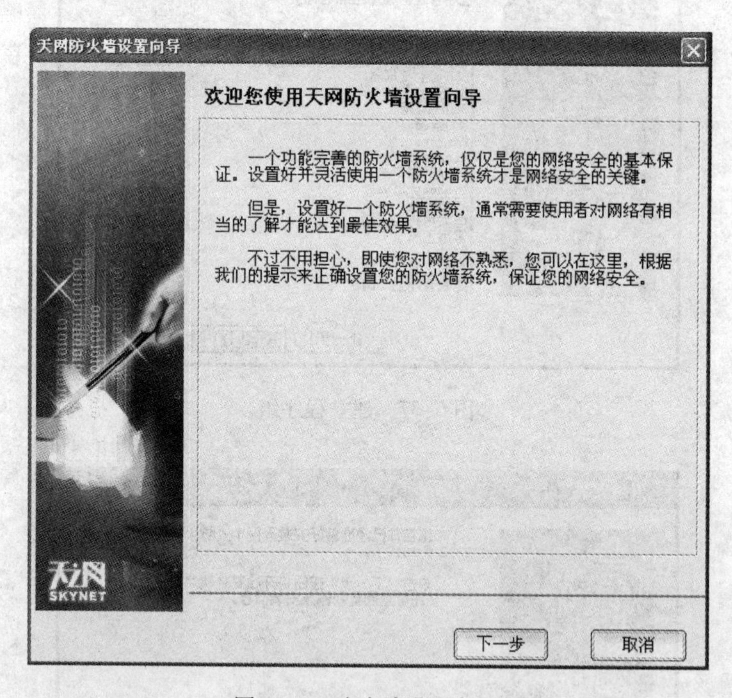

图 6-40 防火墙设置向导

6）单击“下一步”按钮，用户需要根据自己的需要设置防火墙的安全级别，如图 6-41 所示。选定合适的安全级别后，单击“下一步”按钮，出现“局域网信息设置”界面。如果用户所使用的计算机在一个局域网中，那么就需要在最后一个文本框中输入相应的网址，如图 6-42 所示。再单击“下一步”按钮，打开“常用应用程序设置”界面，如图 6-43 所示，一般情况下，单击“下一步”按钮就可以了。

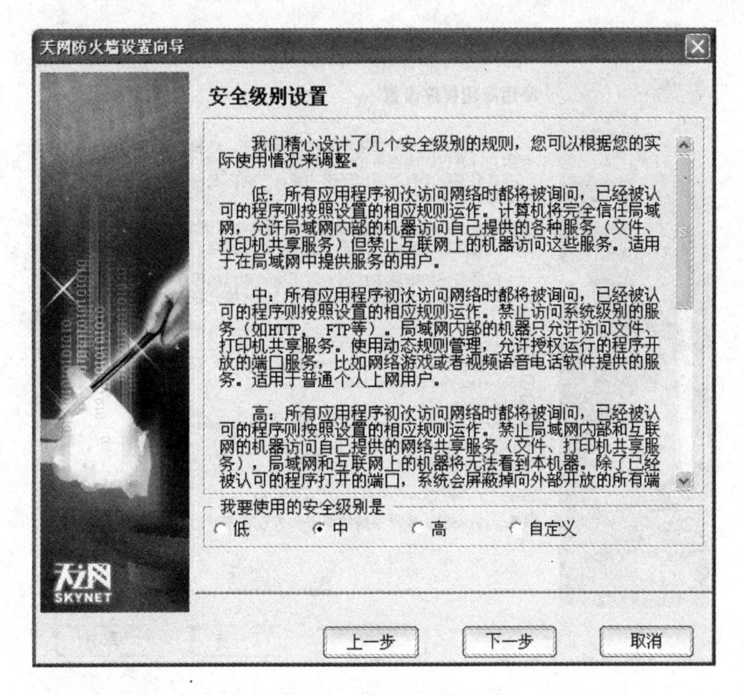

图 6-41　安全级别设置

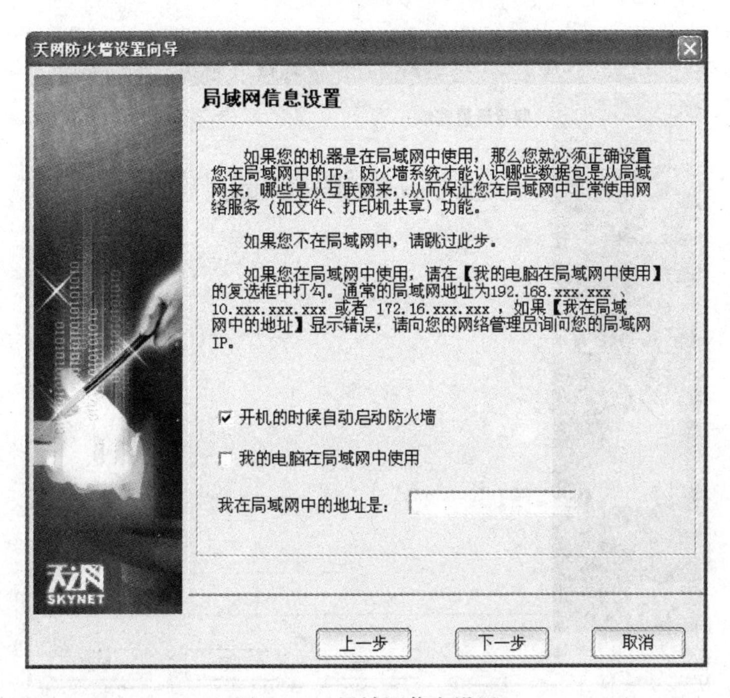

图 6-42　局域网信息设置

7）在上述设置完成后，向导设置就完成了，会弹出相应的对话框，如图 6-44 所示。单击“结束”按钮，弹出“安装已完成”对话框，如图 6-45 所示。单击“完成”按钮，系统会提示：必须重新启动计算机，防火墙安装才会生效，如图 6-46 所示。用户需要重新启动计算机，完成程序安装。

图 6-43　常用应用程序设置

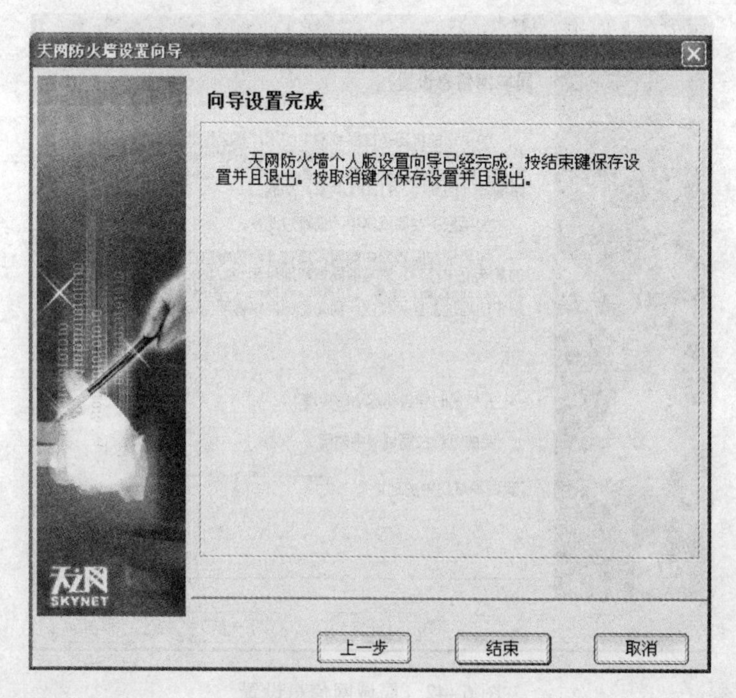

图 6-44　向导设置完成

2. 设置天网防火墙

天网防火墙提供了应用程序规则管理、自定义 IP 规则设置、系统设置、安全级别设置等功能。用户可以根据自己的安全需要对天网防火墙进行合理的设置。

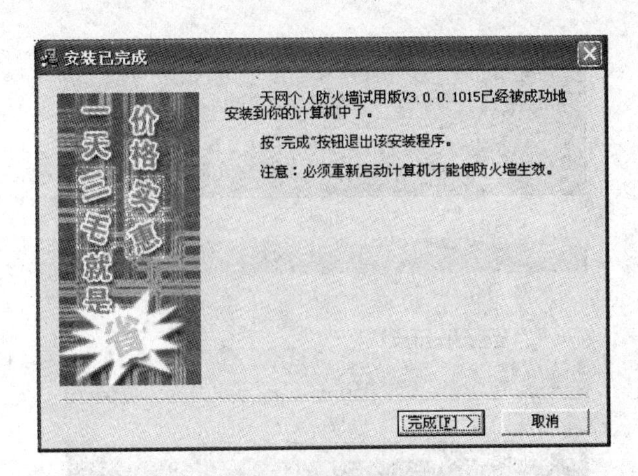

图 6-45　安装完成界面

（1）系统设置

在防火墙的控制面板中单击“系统设置”按钮，即可展开防火墙系统设置界面，如图 6-47 所示。在系统设置中包含启动设置、规则设定、界面选择、局域网设置、密码设置、应用程序权限设置、在线升级设置、日志管理、入侵检测设置等项目。

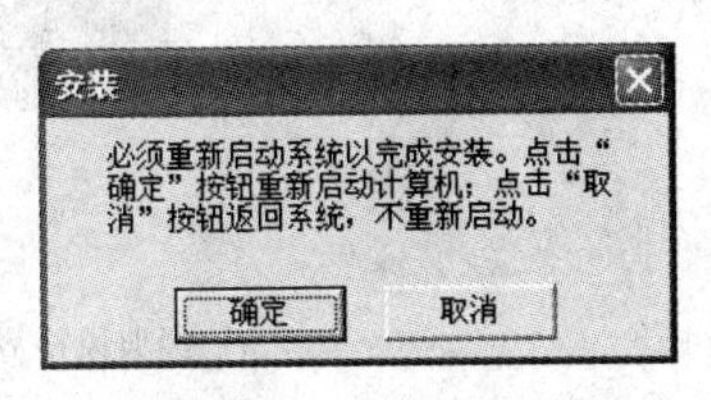

图 6-46　系统提示对话框

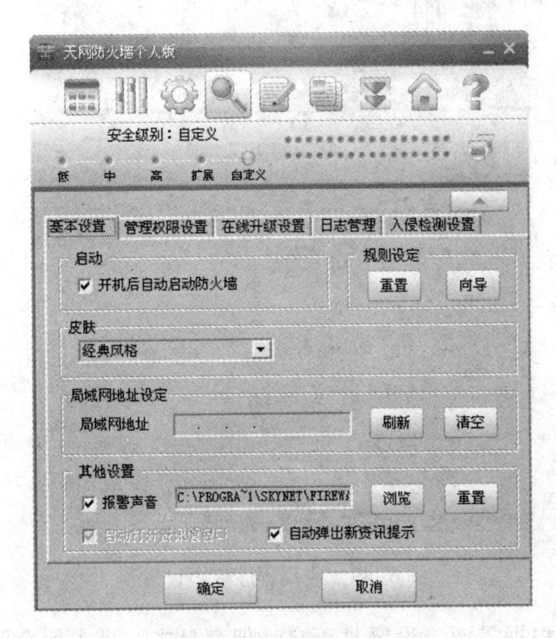

图 6-47　系统设置

界面选择：天网防火墙提供了经典风格、天网 2006 风格和深色优雅风格 3 种皮肤供用户选择，选择后单击“确定”按钮即可生效，如图 6-48 所示。

应用程序权限设置：选中该选项后，所有的应用程序对网络的访问都默认为通行不拦截，如图 6-49 所示。

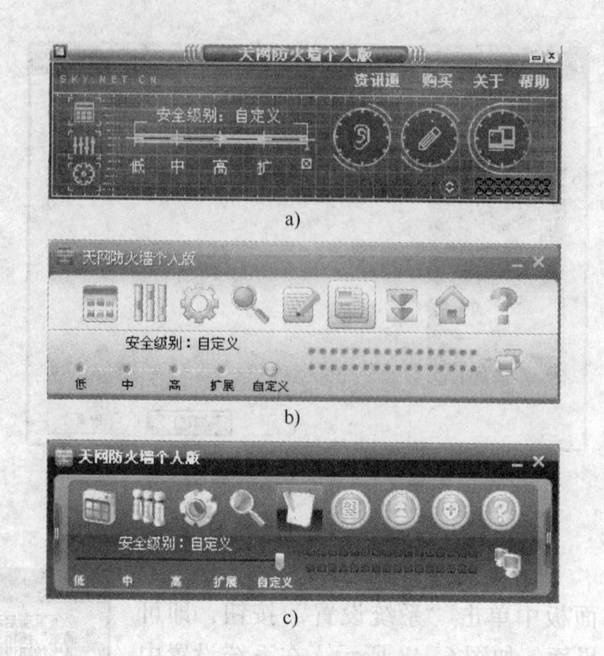

图 6-48　防火墙的界面

a）经典风格界面　b）天网 2006 风格界面　c）深色优雅风格界面

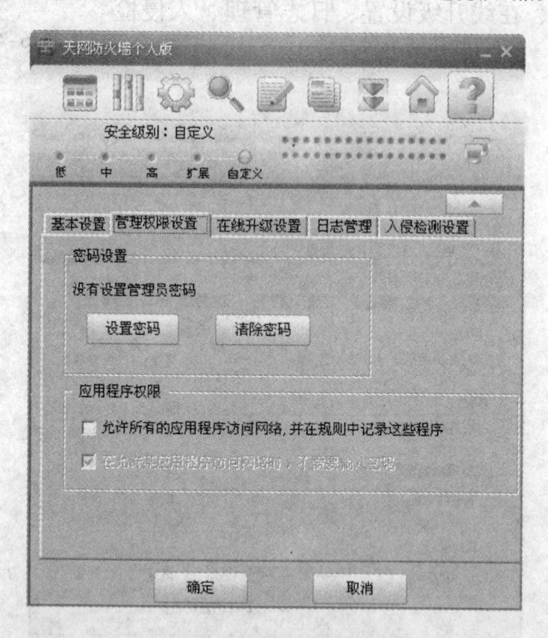

图 6-49　应用程序权限设置

日志管理：用户可根据需要，设置是否自动保存日志、日志保存路径、日志大小，如图 6-50 所示。其中，系统默认的日志保存路径是 C:\PROGRA Program Files ~ 1\SKYNET\FIREWALL\Log，也可以重新设置保存路径。

入侵检测设置：选中“启动入侵检测功能”复选框，在防火墙启动时入侵检测开始工作，不选则关闭入侵检测功能。当开启入侵检测时，检测到可疑的数据包时防火墙会弹出入侵检测提示窗口，如图 6-51 所示。

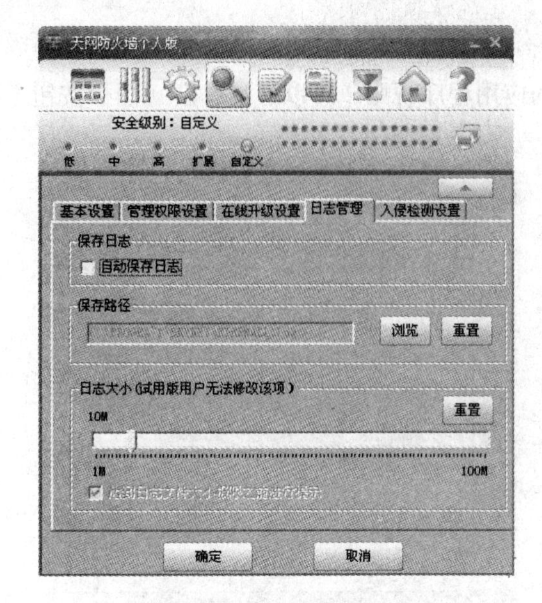

图 6-50　日志管理

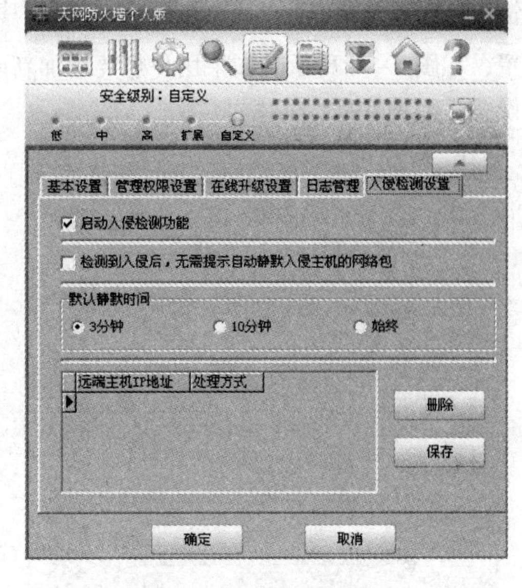

图 6-51　入侵检测设置

选中“检测到入侵后，无须提示自动静默入侵主机的网络包”复选框，当防火墙检测到入侵时则不会弹出入侵检测提示窗口，它将按照用户设置的默认静默时间，禁止此 IP 地址，并记录在入侵检测的 IP 地址列表中。

用户可以在“默认静默时间”中设置静默时间为 3 min、10 min 或始终静默。

在入侵检测的 IP 地址列表中用户可以查看、删除已经禁止的 IP 地址，单击“保存”按钮后删除生效。

（2）应用程序规则设置

应用程序访问网络权限设置功能能够很好地保护计算机不受病毒或者木马的攻击。因为当任何程序第一次连接到网络时，防火墙都会弹出警告信息提示框，所以当病毒或是木马运行时，会自动弹出含有警告信息的提示框。如果用户发现不熟悉的异常程序要连接到网络时，就选择禁止，这样就可以很容易地切断病毒或木马与网络的联系。

例如，当第一次打开迅雷软件时，防火墙就会弹出拦截界面，如图 6-52 所示。在该界面中，选中“该程序以后都按照这次的操作运行”复选框并单击“允许”按钮，该程序就会自动加入到应用程序列表中，如图 6-53 所示，防火墙以后就不会再弹出警告界面了。如果不选中复选框，防火墙以后会继续截获该应用程序数据包，并弹出警告界面。

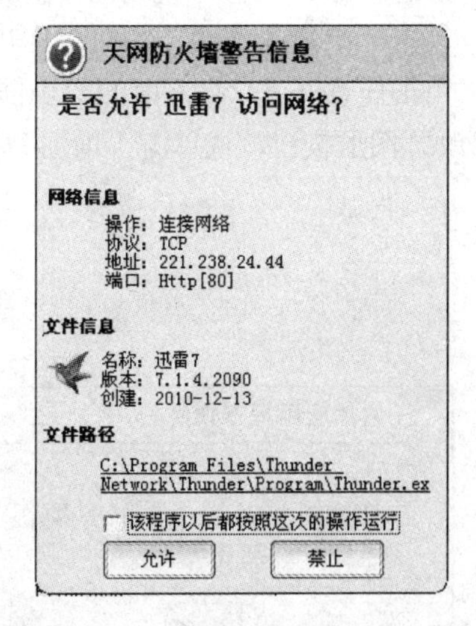

图 6-52　“天网防火墙警告信息”界面

在应用程序设置窗口中，每个应用程序右侧都有 3 个选项：绿色的对勾表示允许该应用程序访问网络，蓝色的问号表示该应用程序每次访问网络的时候会出现询问“是否让该应用程序访问网络”的对话框，红色的叉号表示禁止该应用程序访问网络。用户可以根据实际情况选择相应选项，如果用户单击应用程序右侧的“选项”按钮，还可以对其进行高级设置，如图 6-54 所示。如果用户想要增加新的应用程序规则，可以通过单击图标按钮进行设置，如图 6-55 所示。

图 6-53　应用程序规则设置

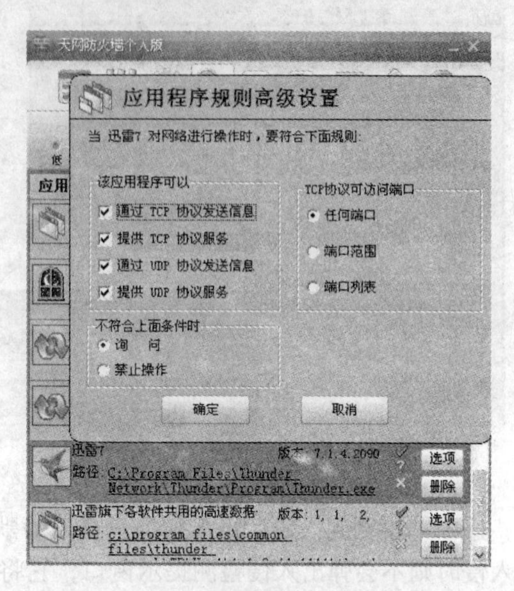

图 6-54　应用程序规则高级设置

（3）IP 规则管理

IP 规则是针对整个系统的数据包检测，不管哪一个应用程序，只要有通信数据包的接收和发送，都要通过 IP 规则的审查。

单击“IP 规则管理”按钮，打开“自定义 IP 规则”界面，如图 6-56 所示。在该界面中，单击任意一项，在下面的列表框中就会出现该规则的相应说明。选择一条规则后单击“修改”图形按钮或单击“增加”图形按钮，就会激活编辑窗口，如图 6-57 所示。

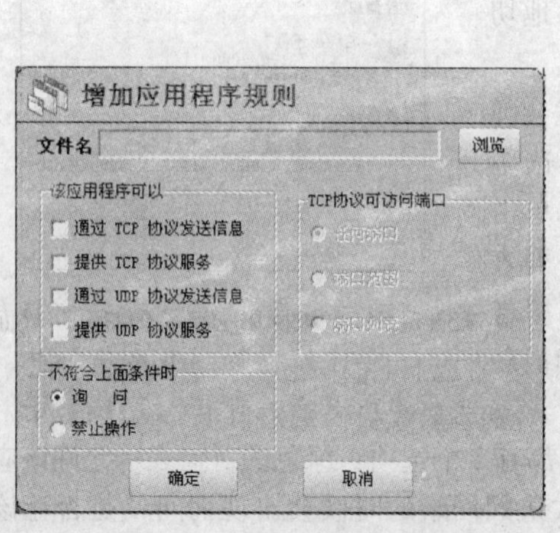

图 6-55　增加应用程序规则

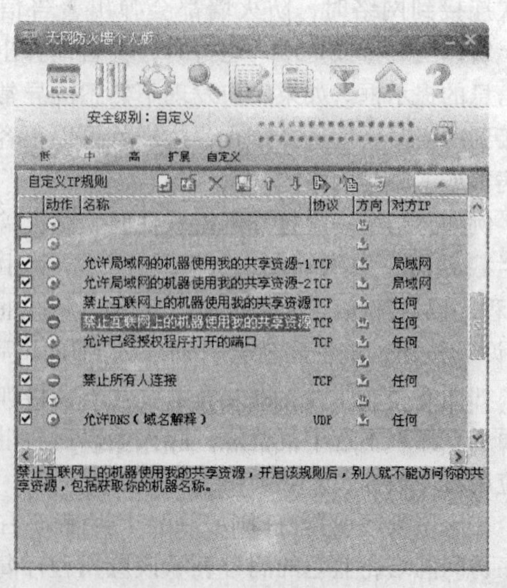

图 6-56　自定义 IP 规则

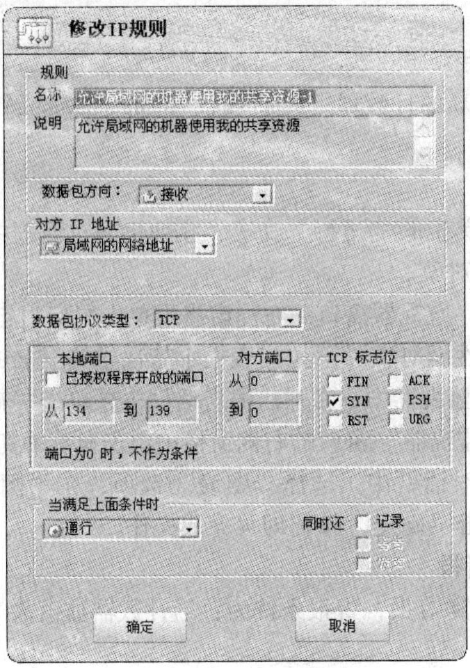

修改IP规则

规则

名称　允许局域网的机器使用我的共享资源-1

说明　允许局域网的机器使用我的共享资源

数据包方向：接收

对方 IP 地址

局域网的网络地址

数据包协议类型：TCP

本地端口　已授权程序开放的端口　从 134　到 139

对方端口　从 0　到 0

TCP 标志位　FIN　ACK　SYN　PSH　RST　URG

端口为0 时，不作为条件

当满足上面条件时

通行　同时还　记录　警告　发声

确定　取消

图 6-57　修改 IP 规则

在“修改 IP 规则”界面中，可以输入修改后的名称、说明、IP 地址、数据包协议类型等。

在“数据包协议类型”中选择相应的协议。“TCP”要求输入本机的端口范围和对方的端口范围，如果只是指定一个端口，那么可以在起始端口处输入该端口，结束处输入同样的端口。如果不想指定任何端口，只要在起止端口都输入 0；“ICMP”规则要输入类型和代码，如果输入 255，表示任何类型和代码都符合本规则；“IGMP”不用填写内容。

在“当满足上面条件时”下拉列表框中设置当满足此规则的条件时，计算机作出的反应，可以选择“拦截”、“通行”或“继续下一条规则”，最后单击“确定”按钮。

添加 IP 规则与修改 IP 规则的界面内容相似，这里就不再赘述了。如果想要删除某条规则，只要选中该规则，然后单击“删除”图标按钮就可以实现。由于规则的优先级别越高（规则位置越靠上）就越早被实施，所以还可以通过单击“上移”图标按钮或“下移”图标按钮调整规则的顺序。

天网防火墙中还有许多其他的设置，因为其解释比较详细，所以用户可以根据自己的需要设置防火墙。

6.4　本章实训

实训 1　局域网性能监视

【实训目的】

1）了解局域网性能对象。

2）掌握性能监视器的安装与使用。

【实训内容】

1. 性能监视器的使用

查看性能对象并添加新的计数器（Processor、ICMP、System）到性能监视器中，并用直方图显示数据。

步骤：

1）单击“开始”菜单中的“运行”命令，在弹出的对话框中输入命令“perfmon”，打开性能监视器，查看性能对象。

2）在“可靠性性能”监视器窗口的右侧窗格中单击鼠标右键，在弹出的快捷菜单中选择“添加计数器”。在“性能对象”下拉列表框中依次选择“Processor”、“ICMP”、“ System”，并分别添加到性能监视器中，在弹出的对话框中，单击“确定”按钮。

3）在“可靠性性能监视器”窗口的右侧窗格中单击鼠标右键，在弹出的快捷菜单中选择“属性”。在“属性”对话框中，选择“图表”选项，在“图表”对话框中选择查看方式为“直方图”，最后单击“确定”按钮即可完成操作。

2. 设置性能计数器警报

为计数器 Processor 创建警报，警报条件为：当计数器数值大于 1 时，发出警报。

步骤：

1）打开“数据收集器集”下面的子项目，右键单击“用户定义”在弹出的快捷菜单中选择“新建数据收集器集”。

2）在“创建新的数据收集器集”对话框中，定义名称“设置警报”，选择“手动创建”，单击“下一步”按钮。

3）在“创建新的数据收集器集”对话框中，选择“性能计数器警报”，单击“下一步”按钮。

4）在“创建新的数据收集器集”对话框中，单击“添加”按钮，打开“添加计数器”对话框，添加计数器 Processor，单击“完成”按钮，返回向导。

5）在“创建新的数据收集器集”对话框中，定义警报，即选择条件“大于”、数值“1”，单击“完成”按钮即可。

实训2　防火墙安装与设置

【实训目的】

1）了解防火墙的基本知识。

2）掌握防火墙安装与设置。

【实训内容】

1. 安装天网防火墙软件

步骤：

1）从天网防火墙官方网站上下载最新版的软件，然后打开天网防火墙个人版安装程序，执行安装程序。

2）选择安装的路径，天网防火墙个人版预设的安装路径是 C:\Program Files\SkyNet\Firewall 文件夹，也可以通过单击右下角的“浏览”按钮来自行设定安装的路径。

3）在设定好安装的路径后，程序会提示建立程序组快捷工具栏方式的位置，选择“下一步”按钮就可以进入到开始安装界面。

4）单击“下一步”按钮，系统开始复制文件到指定的路径。

5）程序复制完毕后，弹出防火墙设置向导帮助用户合理地设置防火墙。

6）单击“下一步”按钮，选定合适的安全级别后，单击“下一步”按钮，出现“局域网信息设置”界面。如果用户所使用的计算机在一个局域网中，那么就需要在最后一个文本框中输入相应的网址。再单击“下一步”按钮，打开“常用应用程序设置”界面，一般情况下，单击“下一步”按钮就可以了。

7）在上述设置完成后，向导设置就完成了，会弹出相应的对话框，单击“结束”按钮，弹出“安装已完成”对话框，单击“完成”按钮，系统会提示：必须重新启动计算机，防火墙安装才会生效。用户需要重新启动计算机，完成程序安装。

2. 设置天网防火墙软件

（1）系统设置

在防火墙的控制面板中单击“系统设置”按钮，即可打开防火墙系统设置界面。可将系统界面设置成经典风格，设置自动保存日志并将日志的大小修改为20 MB，选中“检测到入侵后，无须提示自动静默入侵主机的网络包”且静默时间设置10 min。

方法：

1）界面设定：天网防火墙提供了经典风格、天网2006风格和深色优雅风格3种皮肤供用户选择，选择“经典风格”后单击“确定”按钮即可生效。

2）日志管理：在“日志管理”界面单击“自动保存日志”按钮，用鼠标拉动滚轴设置日志大小为20 MB，最后单击“确定”按钮。

3）入侵检测设置：在“入侵检测设置”界面，单击“检测到入侵后，无须提示自动静默入侵主机的网络包”选项，然后选择静默时间为10 min，最后单击“确定”按钮。

（2）应用程序规则设置

在防火墙的控制面板中单击“应用程序规则”按钮，即可打开防火墙应用程序规则设置窗口。可将Internet Explorer设置成“不提供UDP协议服务”，并且在“不符合上面条件时”禁止操作。

方法：

从“应用程序访问网络权限设置”中找到“Internet Explorer”，单击其右侧“选项”按钮，在弹出的对话框中不要选中“提供UDP协议服务”，选中“不符合上面条件时”下面“禁止操作”的选项，最后单击“确定”按钮。

（3）IP规则管理

在防火墙的控制面板中单击“IP规则管理”按钮，弹出“自定义IP规则”对话框。可增加新的规则以阻止“msblast冲击波蠕虫病毒”，它使用TCP 135端口，通过拦截使用该端口的数据包，来禁止msblast蠕虫病毒的入侵。在拦截该病毒的同时，还要记录、警告并发声。

方法：

1）在“自定义IP规则”窗口，单击“增加规则”按钮，在弹出的对话框中输入名称：禁止msblast蠕虫病毒入侵。

2）在“说明”文本框中输入：msblast 冲击波蠕虫病毒使用 TCP 135 端口，通过拦截使用该端口的数据包，可以禁止 msblast 蠕虫病毒的入侵。“数据包方向”选择“接收”，“对方 IP 地址”选择“任何地址”。

3）“数据包协议类型”选择“TCP”，“本地端口”设定为：从 135 到 135。

4）“在满足上面条件时”选择“拦截”，同时选中“记录”、“警告”、“发声”3 个选项。设置完成后单击“确定”按钮，如图 6-58 所示，即可在 IP 规则列表框中看到刚才增加的“禁止 msblast 蠕虫病毒入侵”规则，如图 6-59 所示。最后保存该规则。

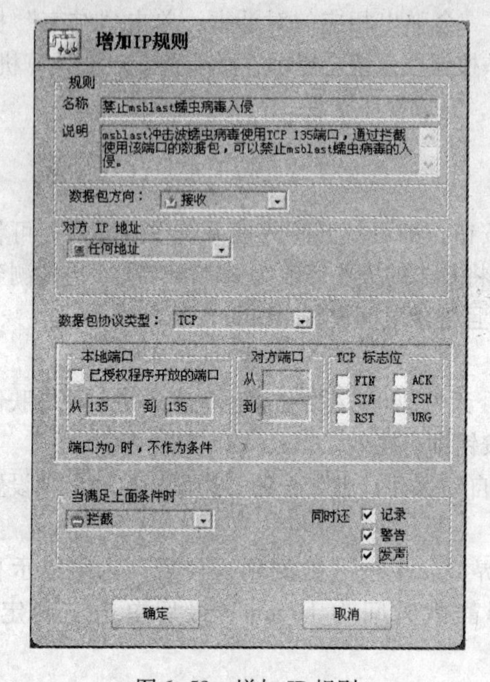

图 6-58　增加 IP 规则

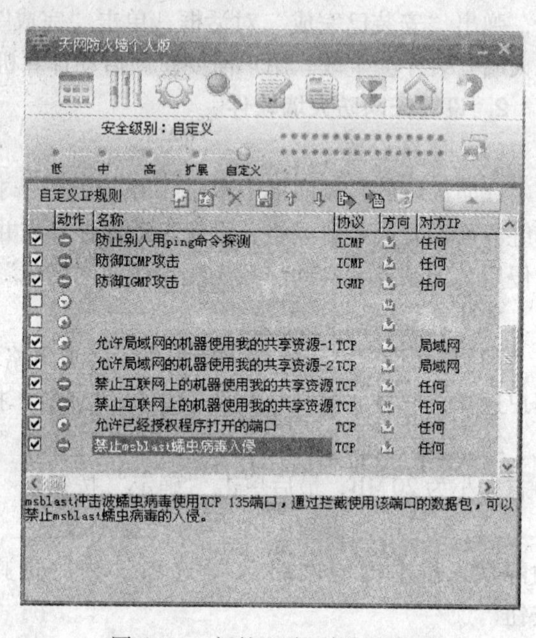

图 6-59　新的 IP 规则设置成功

6.5　本章习题

1. 填空题

（1）账户策略包含 2 项，分别是________和________。

（2）写出任意 5 个计数器：____________________。

（3）防火墙主要由________、________、________和________4 个部分组成。

2. 选择题

（1）如果使用大量的连接请求攻击计算机，使得所有可用的系统资源都被消耗殆尽，最终计算机无法再处理合法用户的请求，这种手段属于（　　）攻击。

A. 拒绝服务　　B. 密码入侵　　C. 网络监听　　D. IP 欺骗

（2）在 Windows 的网络属性配置中，“默认网关”应该设置为（　　）地址。

A. DNS 服务器　　B. Web 服务器　　C. 路由器　　D. 交换机

（3）若 Web 站点的 Internet 域名是 www. tjdz. net，IP 为 192. 168. 1. 21，现将 TCP 端口改为 8080，则用户在 IE 浏览器的地址栏中输入（　　）后就可访问该网站。

A. http://192.168.1.21

B. http://www.tjdz.com

C. http://192.168.1.21:8080

D. http://www.tjdz.com/8080

3. 简单题

（1）账户策略包括哪几项内容？

（2）防火墙的基本功能是什么？

第7章　局域网故障排除与维护

7.1　局域网故障概述

由于网络协议和网络设备的复杂性，在网络维护过程中，经常会遇到各种各样的网络故障，如无法上网、局域网不通、网络堵塞甚至网络崩溃。在解决故障时，首先要熟悉一般局域网故障产生的原因，然后用故障排除的基本思路、网络故障诊断工具对故障进行定位，最后才能解决局域网故障。

7.1.1　局域网故障产生的原因

局域网在运行过程中，难免会出现各式各样的故障。归纳起来，导致局域网出现故障的原因主要有以下几点。

- 计算机操作系统的网络配置问题。
- 网络通信协议的配置问题。
- 网卡的安装设置问题。
- 网络传输介质问题。
- 网络交换设备问题。
- 计算机病毒引起的问题。
- 人为误操作引起的问题。

7.1.2　局域网故障排除的基本思路

局域网故障排除的基本思路就是按OSI参考模型从物理层开始依次向上分析排查，首先检查物理层硬件设备相互连接及线路本身的问题，然后检查数据链路层的网络设备的接口配置问题和网络层网络协议配置问题；再检查传输层的设备性能或通信阻塞问题，以此类推，逐步分析排查，直到找到并解决问题为止。在实际应用过程中，可以按照下面的思路来一步步解决问题。

1. 观察故障现象，对故障原因位置进行预测

遇到网络故障时，先要仔细观察故障现象，如网络设备的电源指示灯亮不亮，网卡、交换机、路由器、光模块和光收发器等设备的端口指示灯亮不亮，数据传输指示灯是否闪烁等，不同的故障类型一般会表现为不同的故障现象。平时也要注意观察，记住设备正常和异常两种状态下指示灯的情况。

除了观察以外，还应该向知情者询问故障现象是什么时候出现的，当时网络是哪些人在使用，正在进行什么操作，网络设备和配置有什么改动没有，以前是否出现过这样的故障，带着这些疑问来了解问题，才能对故障原因、故障位置有个初步的预测，进而“对症下药”排除故障。

2. 进行分析排查，锁定故障范围

在比较大的局域网中，由于线路复杂、设备众多，有的网络故障不好排查，这个时候就要通过观察故障现象，进行测试、分析来锁定故障范围。一般先检查是不是硬件的问题，如果不是再检查软件的问题；如果是几台计算机之间不能通信，可以先检查是不是线路问题，再检查计算机有没有问题；另外，在划分了很多子网的大型局域网中，可以逐个子网进行分析排查，一步步缩小范围，直到找到故障点；还有就是用分段排查的思想，如某局域网网络情况是这样的，防火墙作为出口连接到ISP，内部端口连接核心交换机，核心交换机下再接很多接入层交换机，接入层交换机下接计算机，假如某台计算机不能上网了，先查该计算机到其接入层的交换机通不通，如果通，再查接入层交换机到核心交换机通不通，这样分段排查，就能很快找到故障点。

3. 替换法进一步确定故障

通过分析排查后，基本上可以锁定故障的原因和位置了，为了进一步确定故障原因，一般采取替换法进行测试。如怀疑某硬件设备有问题，可以找一个同型号或者可以通用的其他设备来替换，如果替换后，故障现象消失，那就可以确定该硬件设备有问题了，如果故障依旧，则需要重新分析检测。

4. 解决故障

找到故障原因和故障点后，解决故障就是水到渠成的事情了。网络硬件设备有故障的，一般就要换设备；线路有问题的就要重新做线头或者布线；计算机设置有问题或者网络协议错误的就要重新设置好；网络设备配置有问题的，重新配置就可以了，这些方法在后面有更详细的介绍。

5. 做好记录、总结经验

最后就是做好记录，总结经验了。这样一方面可以提高自己排除网络故障的水平，以后再出类似故障便好解决了；另一方面也是找出故障发生的原因，拟定相应的对策，采取必要的措施，避免类似故障再发生。

现在网络硬件产品的质量都还不错，所以通常网络建成后，大部分的网络故障都是由网络设置引起的，由网络设备硬件故障引起的较少，所以出现问题时，应重点排查网络设置问题。

7.2 常用故障诊断命令

当局域网出现问题后，使用故障诊断工具可以帮助用户快速确定问题所在的位置。本节将在Windows操作系统中使用一些网络命令，来对局域网故障进行诊断。

7.2.1 Ping命令的使用

Ping无疑是网络中使用最频繁的小工具，它主要用于确定网络的连通性问题。Ping程序使用ICMP（网际消息控制协议）来简单地发送一个网络数据包并请求应答，接收到请求的目的主机再次使用ICMP发回相同的数据，于是Ping便可对每个包的发送和接收时间进行报告，并报告无响应数据包的百分比，这在确定网络是否正确连接，以及网络连接的状况（包丢失率）时十分有用。

命令格式：

Ping [-t] [-a] [-n count] [-l size] [-f] [-i TTL] [-v TOS] [-r count] [-s count] [[-j host -list] | [-k host -list]] [-w timeout] target_name

参数含义如下。

-t：指定在中断前 Ping 可以向目标持续发送回响请求消息。用户可按〈Ctrl + Break〉组合键中断并显示统计信息。要中断并退出 Ping，则按〈Ctrl + C〉组合键。

-a：指定对目的 IP 地址进行反向名称解析。如果解析成功，Ping 将显示相应的主机名。

-ncount：指定发送回响请求消息的次数。默认值为 4。

-l size：指定发送的回响请求消息中“数据”字段的长度（以字节表示）。默认值为 32。size 的最大值是 65527。

-f：指定发送的回响请求消息带有“不要拆分”标志（所在的 IP 标题设为 1）。回响请求消息不能由目的地路径上的路由器进行拆分。该参数可用于检测并解决“路径最大传输单位”（PMTU）的故障。

-i TTL：指定发送回响请求消息的 IP 标题中的 TTL 字段值。其默认值是主机的默认 TTL 值。对于 Windows XP 主机，该值一般是 128。TTL 的最大值是 255。

-v TOS：指定发送回响请求消息的 IP 标题中的“服务类型”（TOS）字段值。默认值是 0。TOS 被指定为 0 ~ 255 的十进制数。

-r count：指定 IP 标题中的“记录路由”选项，用于记录由回响请求消息和相应的回响应答消息使用的路径。路径中的每个跃点都使用“记录路由”选项中的一个值。如果可能，可以指定一个等于或大于来源和目的地之间跃点数的 count。count 的最小值必须为 1，最大值为 9。

-s count：指定 IP 标题中的“Internet 时间戳”选项，用于记录每个跃点的回响请求消息和相应的回响应答消息的到达时间。count 的最小值必须为 1，最大值为 4。

-j host -list：指定回响请求消息使用带有 host -list 指定的中间目的地集的 IP 标题中的“稀疏资源路由”选项。可以由一个或多个具有松散源路由的路由器分隔连续中间的目的地。主机列表中的地址或名称的最大数为 9，主机列表是一系列由空格分开的 IP 地址（带点的十进制符号）。

-k host -list：指定回响请求消息使用带有 host -list 指定的中间目的地集的 IP 标题中的“严格来源路由”选项。使用严格来源路由，下一个中间目的地必须是直接可达的（必须是路由器接口上的邻居）。主机列表中的地址或名称的最大数为 9，主机列表是一系列由空格分开的 IP 地址（带点的十进制符号）。

-w timeout：指定等待回响应答消息响应的时间（以微秒计），该回响应答消息响应接收到的指定回响请求消息。如果在超时时间内未接收到回响应答消息，将会显示“请求超时”的错误消息。默认的超时时间为 4000（4 s）。

target_name：指定目的端，它既可以是 IP 地址，也可以是主机名。

Ping 命令返回的出错信息通常分为以下 4 种。

Unknown host（不知名主机）：这种出错信息的意思是，该远程主机的名字不能被命名服务器转换成IP地址。故障原因可能是命名服务器有故障，或者其名字不正确，或者网络管理员的系统与远程主机之间的通信线路故障。

Network unreachable（网络不能到达）：表示本地系统没有到达远程系统的路由，可用“netstat -r -n”检查路由表来确定路由配置情况。

No answer（无响应）：远程系统没有响应。这种故障说明本地系统有一条到达远程主机的路由，但却接收不到它发给该远程主机的任何分组报文。这种故障可能是远程主机没有工作，或者本地或远程主机网络配置不正确，或者本地或远程的路由器没有工作，或者通信线路有故障，或者远程主机存在路由选择问题。

Request time out（超时）：本地计算机与远程计算机的连接超时，数据包全部丢失。故障原因可能是到路由器的连接问题或路由器不能通过，也可能是远程计算机已经关机或死机。由于现在很多计算机都安装了防火墙软件，默认都关闭了ICMP应答，所以即使Ping不通，也不代表这台主机就关闭或死机了。

当网络出现故障无法连通时，在Windows操作系统中通过Ping不同的地址，然后查看返回的信息，可以判断网络的故障原因，见表7-1。

表7-1 通过Ping命令判断网络故障

Ping+地址	网络故障
Ping 127.0.0.1	127.0.0.1是本地循环地址，如果该地址无法使用Ping命令连通，则表明本机TCP/IP不能正常工作；如果连通了该地址，证明TCP/IP正常工作，则进入下一个步骤继续诊断
Ping 本机IP地址	假如本机IP地址为192.168.0.11，则执行命令Ping 192.168.0.11。如果网卡安装配置没有问题则能Ping通该地址；如果执行此命令后显示内容为Request time out或“请求超时”，则表明网卡安装或配置有问题。将网线断开再次执行此命令，如果显示正常，则说明本机使用的IP地址可能与另一台正在使用的计算机IP地址重复了。如果仍然不正常，则表明本机网卡安装或配置有问题，须继续检查相关网络配置
Ping 网关IP地址	假定网关IP地址为192.168.0.1，执行Ping 192.168.0.1命令，若能连通，则表明局域网中的网关正在正常运行；反之，则说明网关有问题
Ping 远程IP地址	Ping命令可以检测本机能否正常访问Internet。例如，本地网络服务提供商的IP地址为202.99.96.68，执行命令Ping 202.99.96.68，若能连通，表明运行正常，能够正常接入Internet；反之，则表明主机文件（windows/host）存在问题

7.2.2 Ipconfig命令的使用

Ipconfig命令能报告用户计算机中的拨号网络适配器和以太网卡的信息。利用Ipconfig命令可以查看和修改网络中的TCP/IP的IP配置信息和IP配置参数，如IP地址、网关、子网掩码等。尤其在计算机是从DHCP服务器中自动获得IP地址的网络中特别有用，可以查看计算机是否已经获取了地址。

命令格式：

```
Ipconfig [/? | /all | /renew [adapter] | /release [adapter] | /flushdns | /displaydns | /registerdns |
/showclassid adapter | /setclassid adapter [classid]]
```

参数含义如下。

/all：显示所有适配器的完整TCP/IP配置信息。

/renew [adapter]：更新所有适配器（如果未指定适配器）或特定适配器（如果包含了

adapter 参数）的 DHCP 配置。

/release [adapter]：释放所有适配器（如果未指定适配器）或特定适配器（如果包含了 adapter 参数）的当前 DHCP 配置并丢弃 IP 地址配置。

/flushdns：刷新并重设 DNS 客户解析缓存的内容。

/displaydns：显示 DNS 客户解析缓存的内容，包括从 local hosts 文件预装载的记录，以及最近获得的针对由计算机解析的名称查询的资源记录。

/registerdns：初始化计算机上配置的 DNS 名称和 IP 地址的手工动态注册。

/showclassid adapter：显示指定适配器的 DHCP 类别 ID。

/setclassid adapter [classid]：配置特定适配器的 DHCP 类别 ID。

7.2.3 Netstat 命令的使用

Netstat 命令是一个网络状态查询工具，利用该工具可以显示有关统计信息和当前 TCP/IP 网络连接的情况，用户或网络管理人员可以得到非常详尽的统计结果，如显示网络连接、路由表和网络接口信息，可以统计目前总共有哪些网络连接正在运行。

利用命令参数，可以显示所有协议的使用状态，这些协议包括 TCP、UDP 及 IP 等，另外还可以选择特定的协议并查看其具体信息，还能显示所有主机的端口号及当前主机的详细路由信息。

命令格式：

```
Netstat [-a] [-b] [-e] [-n] [-o] [-p proto] [-r] [-s] [-v] [interval]
```

参数含义如下。

-a：显示所有连接及计算机侦听的 TCP 和 UDP 端口。

-b：显示包含于创建每个连接或监听端口的可执行组件。

-e：显示以太网统计信息，如发送和接收的字节数、数据包数。该参数可以与 -s 结合使用。

-n：显示活动的 TCP 连接，不过只是以数字形式表现地址和端口号，却不尝试确定名称。

-o：显示活动的 TCP 连接并包括每个连接的进程 ID（PID）。可以在 Windows 任务管理器中的“进程”选项卡上找到基于 PID 的应用程序。该参数可以与 -a、-n 和 -p 结合使用。

-proto：显示 proto 所指定的协议的连接。在一般情况下，proto 可以是 TCP、UDP、TCP v6 或 UDP v6。如果该参数与 -s 一起使用（按协议显示统计信息），则 proto 可以是 TCP、UDP、ICMP、IP、TCPv6、UDPv6、ICMPv6 或 IPv6。

-r：显示 IP 路由表的内容。该参数与 route print 命令等价。

-s：按协议显示统计信息。在默认情况下，显示 TCP、UDP、ICMP 和 IP 等协议的统计信息。如果安装了 IPv6，就会显示 IPv6 上的 TCP、IPv6 上的 UDP、ICMPv6 和 IPv6 的统计信息。可以使用 -p 参数指定协议集。

-v：与 -b 选项一起使用时将显示包含于为所有可执行组件创建连接或监听端口的组件。

interval：重新显示选定统计信息，每次显示之间暂停时间间隔（以秒计）。

7.2.4 Tracert 命令的使用

Tracert 命令用来显示数据包到达目标主机所经过的路径，并显示到达每个结点的时间。该命令的功能同 Ping 类似，但它所获得的信息要比 Ping 命令详细得多，它把数据包所经由的全部路径、结点的 IP 地址及花费的时间都显示出来。该命令比较适用于大型网络。

命令格式：

Tracert [-d] [-h maximum_hops] [-j host-list] [-w timeout] target_name

参数含义如下。

-d：不解析目标主机的名字。

-h maximum_hops：指定搜索到目标地址的最大跳跃数。

-j host-list：按照主机列表中的地址释放源路由。

-w timeout：指定超时时间间隔，程序默认的时间单位是毫秒。

target_name：目标 IP 地址或主机名。

7.3 常见故障及处理方法

7.3.1 网卡故障及处理

网卡是计算机进行网络通信所必不可少的设备。网卡可能出现的故障主要有两类：硬故障和软故障。硬故障即网卡本身损坏，一般来说，更换一块新网卡即可。而软故障是指网卡硬件本身并没有损坏，通过升级驱动程序或修改设置仍可以正常使用。

硬故障就是指网卡的硬件本身是坏的，但这种情况一般在实际中发生的概率不是很大。用户在遇到不明原因的故障时应首先考虑后面介绍的网卡软故障，如无法解决再考虑硬故障。对于硬故障，首先应检查硬件部分的接触是否良好，例如，可能是灰尘屏蔽了网卡上的部分元件造成网卡工作不正常，或网卡与插槽连接金属部分存在氧化问题，导致接触不良。这种情况下，一般是将网卡取下，用干净的毛刷清扫一下网卡的表面的灰尘和用不产生静电的软布擦拭网卡与插槽连接的金属部分，或重新换个插槽再插一遍，然后确认一下是不是可以正常使用。如果还是不行的话，可以通过替换法来确认问题所在，把网卡插到别的机器上并安装好驱动程序试一下，如果正常应该是网卡硬件本身没有问题，再检查是不是插槽有问题等。否则，说明网卡硬件可能损坏，需要更换网卡了。

软故障主要包括网卡被误禁用、驱动程序未正确安装、网卡与系统中其他设备在中断号（IRQ）或 I/O 地址上有冲突、网卡所设中断与自身中断不同、网络协议未安装及病毒影响等。可以用鼠标右键单击“我的电脑”，然后依次选择“属性”→“硬件”→“设备管理器”→“网络适配器”。如果网络适配器前有一个红色的叉号，则说明网卡已经被禁用，单击相应的网络适配器，弹出菜单，选启用，然后再进行测试。如果网络适配器前方有一个黄色的惊叹号，则引起故障的原因主要有：

- 网卡与机器上其他板卡存在中断号及 I/O 地址冲突。

• 安装的网卡驱动程序与网卡不配套，不过这种可能性比较小。

对于第一种原因，一般可以通过将网卡或其他的板卡调换插槽来解决，也可在仍有空闲IRQ的前提下，修改网卡的属性，把“资源”中的“使用自动设置”去掉，然后手动设置IRQ，调整为空闲的那个IRQ即可。如果没有空闲的IRQ，则需禁止一个设备。用户可以根据实际情况选择一个用处不大的设备（如COM2），然后手动设置网卡IRQ。而某些网卡，即使网卡的中断号和其他设备的中断号不冲突，但是网卡本身有个中断号，如果两者不相同的话也是不能正常上网的，这个时候可以运行网卡本身的设置程序查看或修改网卡本身的中断号。

如果故障是由驱动程序安装引起的，则可先用鼠标右键单击该网络适配器，在弹出的菜单中选择“删除”命令，刷新后重新安装网卡，并为该网卡正确安装和配置网络协议，然后进行应用测试。

此外也有可能是病毒问题，某些蠕虫病毒会使计算机运行变慢，网络速度下降，甚至阻塞，造成网络瘫痪，让用户误以为网卡出了问题。对于这种情况，用户在大多数杀毒软件网站下载相对应的专门病毒查杀工具或参考其提供的手动移除病毒的方法将病毒从机器中清除即可。

7.3.2 双绞线故障及处理

目前，局域网中使用的传输介质主要是双绞线，一般为5类、超5类或6类双绞线。当网络传输介质出现故障时，大多数情况下无法直接从它本身查找到故障点，而要借助于其他设备（如网卡、交换机、测线器等）或操作系统来确定故障所在。双绞线常见故障及处理方法如下。

1. 双绞线连接错误

【故障现象】

两台计算机分别装有RJ-45接口的网卡需要直接相连，从局域网中任取一根网线连接，对网络进行多次配置后，两机之间仍无法通信。

【故障分析与处理】

经确认两台机器网卡的IP地址设置正确，都在同一网段内。在两台机器上使用Ping命令检查各自的IP地址也都能Ping通，说明TCP/IP工作正常。此故障的原因出在双绞线上，原因是所使用的双绞线是用于计算机与交换机之间连接的，其接线是按照直通方式制作的，而两机互连，要求连线按照交叉方式制作。将双绞线按照交叉方式重新制作后，两机即可实现互连。现在很多网络设备都可以自动识别直连线和交叉线。

2. 双绞线的连接距离过长

【故障现象】

某小型局域网建成后通信不畅，速度达不到预期速度，而且有时出现无法通信的现象。

【故障分析与处理】

双绞线的标准连接长度一直被确定为100 m，但在5类和超5类双绞线投入市场后，一些网络设备制造商在自己产品的宣传资料中称自己的双绞线产品实际的连接距离可以超过100 m，一般能够达到130～150 m。从理论上讲，确实有一些公司的双绞线可以在超过100 m的状态下工作，同时最高能够达到100 Mbit/s（5类）或155 Mbit/s（超5类）的最高数据传输速率，但值得注意的是，即使一些双绞线能够在大于100 m的状态下工作，但通信能力将会大打折扣，甚至可能会影响网络的稳定性，一定要慎用。此类故障可通过增加中继器解决。

3. 访问速度不稳定

【故障现象】

网络中某台计算机访问局域网的速度时快时慢，不是很稳定。

【故障分析与处理】

出现这种现象一般是由于网线的具体接法或电磁干扰造成的，检查网线或重新调整布线通常能够解决问题。

7.3.3 交换机与路由器故障及处理

交换机是目前局域网中使用最为普及的网络设备，一旦它出现故障，整个网络便无法正常工作。交换机中一些常见的故障及处理方法如下。

1. 使用Ping命令超时

【故障现象】

计算机通过交换机与其他设备相连并在同一网段上，但是却Ping不通，显示为“Request time out”。

【故障分析与处理】

这种现象有可能是硬件故障，也可能是设置故障。首先检查交换机的显示灯、电源、连线是否正常，然后检查交换机是否设置了IP地址，如果设置了和其他设备不在同一网段的IP地址，应将其删除或设一个和其他设备在同一网段的IP地址。也有可能是VLAN设置的故障，连接交换机的几个端口属于不同的VLAN，所以不通，需要将设置的VLAN去掉或者修改到同一VLAN中。最后用替换法检查交换机本身是否已损坏。

2. 一个端口正常，另一个端口显示红灯

【故障现象】

某用户想要实现快速以太网通道（FEC）的功能，把两个交换机的两对端口用两条线同时相连，但却发现每个交换机始终是一个端口正常，另一个端口显示红灯。

【故障分析与处理】

一般来说，这种情况交换机是正常的，因为两个交换机是用两个端口相连，所以交换机认为是loop存在，它就自动断掉其中一根，将相应的端口Down掉（显示红灯的端口），解决方法是打开Spanning tree的功能（默认情况是打开的），让交换机知道这两个端口是FEC功能，逻辑上是一个端口。

3. 1000 Mbit/s的网卡连到交换机上时通信不正常

【故障现象】

计算机连在100 Mbit/s或1000 Mbit/s自适应的交换机上通信正常，但是将1000 Mbit/s的网卡连到交换机上时显示红灯，通信不正常。

【故障分析与处理】

这种情况可能是因为配置不当引起的，交换机的端口很可能被强制成100 Mbit/s，在连到1000 Mbit/s的情况下才会报错。解决方法：在端口配置下，将端口速度恢复成自适应或强制成 1000 Mbit/s。

4. 交换机设置了若干个 VLAN 后无法通信

【故障现象】

交换机设置了若干个 VLAN，在同一 VLAN 内的机器不在同一网段，无法通信。在不同 VLAN 内的机器在同一网段，无法通信。

【故障分析与处理】

出现这种现象的原因是同一个 VLAN 只能在同一网段内，不同网段不可以划在同一个 VLAN，否则交换机会报错。不同 VLAN 之间应属于不同的网段，如果不通过路由功能，不同 VLAN 之间不可以通信。

5. 交换机端口无响应

【故障现象】

将某工作站连接到交换机后，无法 Ping 通其他计算机，查看桌面上“本地连接”图标显示网络不通。或者是在某个端口上连接的时间超过了 10s，超过了交换机端口的正常反应时间。

【故障分析与处理】

采用重新启动交换机的方法，一般能解决这种端口无响应的问题，但端口故障则需要更换接入端口。

6. 所有计算机都不能正常与网内其他计算机通信

【故障现象】

某交换机连接的所有计算机都不能正常与网内其他计算机通信。

【故障分析与处理】

这是典型的交换机死机现象，可以通过重新启动交换机的方法解决。如果重新启动后，故障依旧，则检查一下那台交换机连接的所有计算机，看逐个断开连接的每台计算机的情况，慢慢定位到某台故障计算机。

7. 交换机的某个端口变得非常缓慢

【故障现象】

有网络管理功能的交换机的某个端口变得非常缓慢，最后导致整台交换机或整个堆叠都慢下来。通过控制台检查交换机的状态，发现交换机的缓冲池增长得非常快，达到了 90% 或更多。

【故障分析与处理】

首先应该使用其他计算机更换这个端口上的原来的连接，看是否由这个端口连接的那台计算机的网络故障导致，也可以重新设置出错的端口并重新启动交换机。个别时候，可能是这个端口损坏了。

7.3.4 资源共享故障及处理

资源共享是局域网用户使用最多的功能之一，但由于网络设置不当，常常会造成资源共享故障，让用户无法访问网络中的共享资源。故障现象主要包括以下几种情况。

1. 网上邻居中看不见其他所有主机

如果打开计算机的网上邻居后，只能看见本机自身但上网没有什么问题的话，那就意味着本机的计算机浏览器服务没有正常运行。计算机浏览器服务的作用就是随时探测和维护局域网内计算机列表。为了开启这个服务，需要右键单击“我的电脑”，在出现的快捷菜单中单击“管理”命令，在打开的“计算机管理”窗口中选择“服务和应用程序”→“服务”，然后双击右侧的“Computer Browser”服务，如图 7-1 所示。如果启动失败的话，建议最好重装系统。

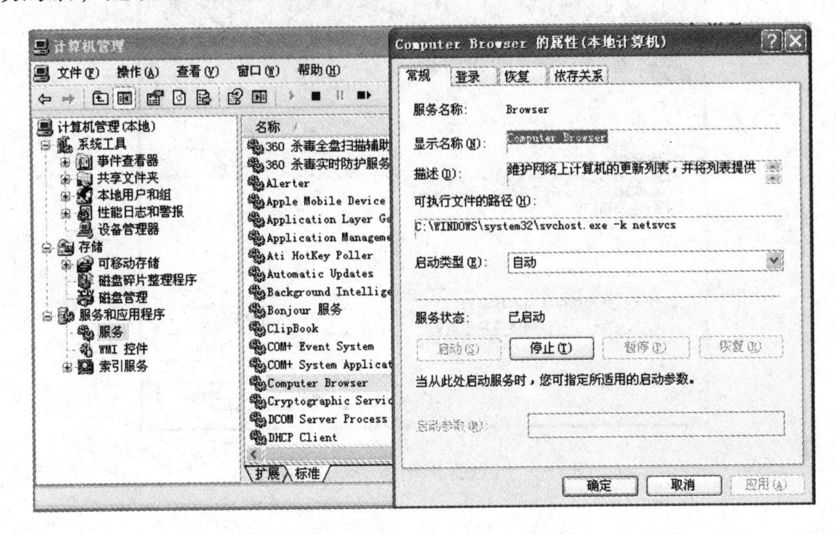

图 7-1　Computer Browser 服务

2. 网上邻居中看不见某台特定主机

网上邻居中任何设备都能看见，偏偏看不见自己要连接的那台计算机，直接输入 IP 地址连接又显示“无法找到网络路径”。这种症状通常是由对方计算机上的防火墙或子网掩码设置出错导致的。Windows 防火墙和某些防火墙软件很可能将所有共享一并过滤掉，如果是因为这个原因，直接暂时关掉或者重新配置一下防火墙就可以了。

子网掩码错误则比较隐蔽。下面举一个例子，假设局域网包括“192.168.0. *”和“192.168.1. *”两段地址，那么子网掩码就应该设置为“255.255.254.0”。倘若将 IP 地址为“192.168.0.2”的子网掩码设置成了“255.255.255.0”，那这台计算机就只能被“192.168.0. *”段的计算机在网上邻居中找到了。不过这个问题很容易排除，只需要按照网络管理员的要求检查一下子网掩码就能解决。

3. 网上邻居能看见，但显示“无法找到网络名”

现在系统优化软件比较多，在优化系统时往往也就顺便把默认共享给关掉了。这就会导致其他机器在网上邻居中能找到本机但连接时显示“无法找到网络名”的错误。

解决这个问题需要进行两步操作。首先需要重装“Microsoft 网络的文件和打印机共享”，在如图 7-2 所示的“本地连接属性”对话框中选中“Microsoft 网络的文件和打印机共享”复选框，单

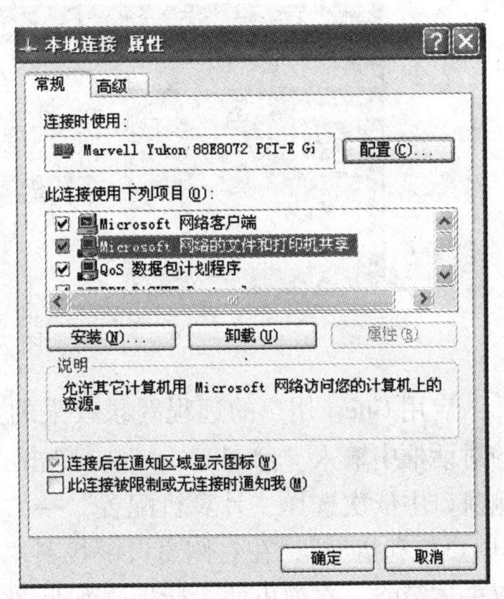

图 7-2　“本地连接属性”对话框

击“卸载”按钮，然后再单击“安装”按钮，在弹出的对话框中选择“服务”，单击“添加”按钮，在如图 7-3 所示的对话框中选中“Microsoft 网络的文件和打印机共享”，单击“确定”按钮即可。

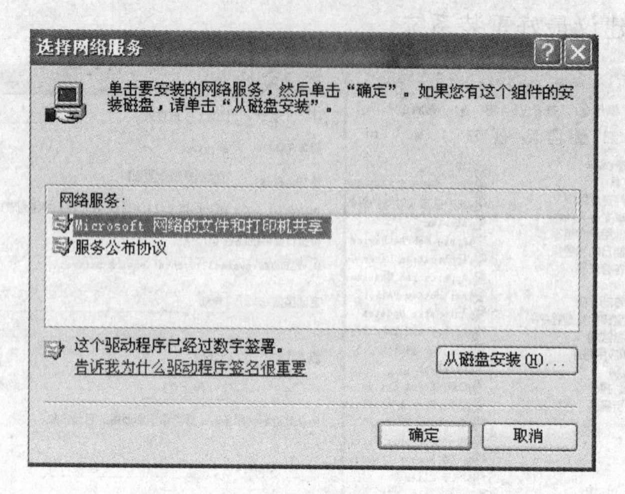

图 7-3 “选择网络服务”对话框

安装完毕后，还需要执行“开始”→“运行”命令，在弹出的对话框中输入“net share IPC $”并单击“确定”按钮，这样就恢复了本机的默认共享。

4. 网上邻居能看见，但显示“未授权用户请求登录类型”

根据 Windows XP 系统的规定，系统中提供给网上邻居服务使用的 Guest 用户默认密码为空。出现“未授权用户请求登录类型”的提示有 3 种可能原因：系统管理员禁用了 Guest 用户、Guest 的远程登录权限被禁用、空密码用户的登录权限被禁用。

要启用 Guest 用户，可在“控制面板”中单击“用户账户”图标，然后单击 Guest 用户的图标，在打开的如图 7-4 所示的窗口中单击“启用来宾账户”按钮即可。

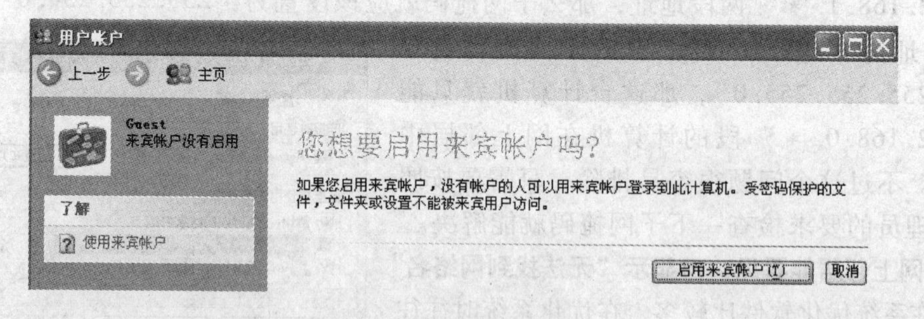

图 7-4 启用来宾账户

启用 Guest 用户的远程登录权限的方法如下：执行“开始”→“运行”命令，在弹出的对话框中输入“gpedit. msc”并单击“确定”按钮，打开“组策略”编辑器；接下来在左侧窗口中依次选择“计算机配置”→“Windows 设置”→“安全设置”→“本地策略”→“用户权利指派”，在右侧窗口中找到“拒绝从网络访问这台计算机”策略，如图 7-5 所示。双击该策略，在弹出的对话框（如见图 7-6 所示）中选中它，然后单击“删除”按钮，再单击“确定”按钮即可。

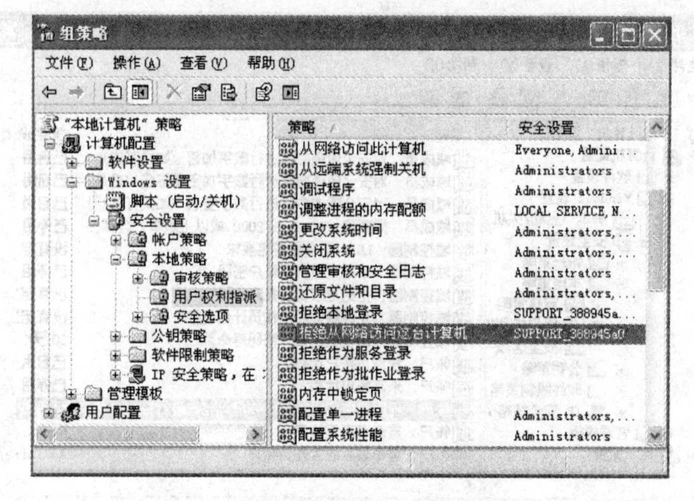

图 7-5 “组策略”编辑器

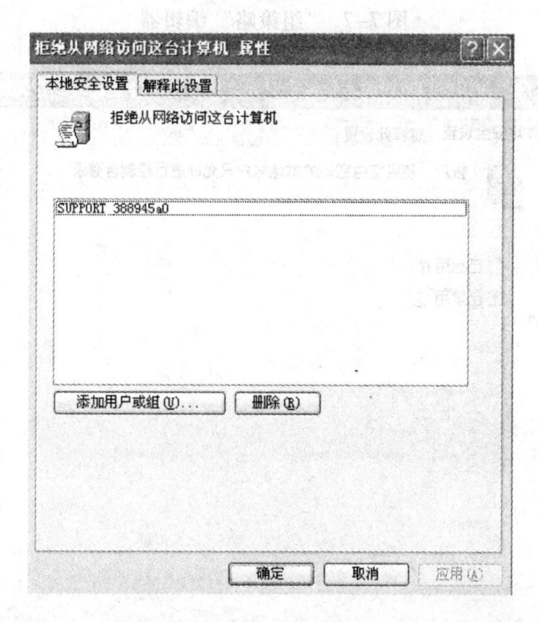

图 7-6 “拒绝从网络访问这台计算机”策略属性

接下来，在“组策略”编辑器中再依次选择“计算机配置”→“Windows 设置”→“安全设置”→“本地策略”→“安全选项”，在右侧窗口中可以看见一个名为“账户使用空白密码的本地账户只允许进行控制台登录”的策略，如图 7-7 所示。双击该策略，在弹出的对话框中选中“已禁用”单选按钮，如图 7-8 所示，再单击“确定”按钮即可。

组策略设置就是修改注册表中的配置。当然，组策略使用了更完善的管理组织方法，可以对各种对象中的设置进行管理和配置，远比手工修改注册表方便、灵活，功能也更加强大。

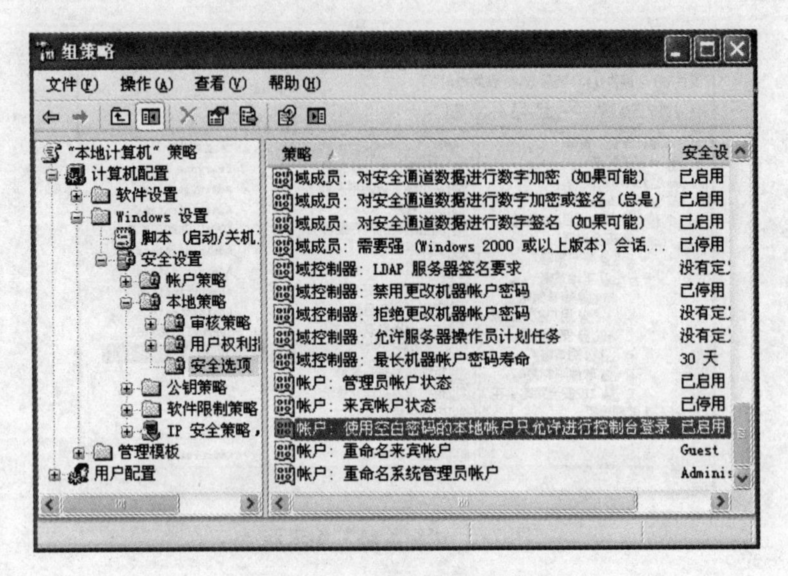

图 7-7 “组策略”编辑器

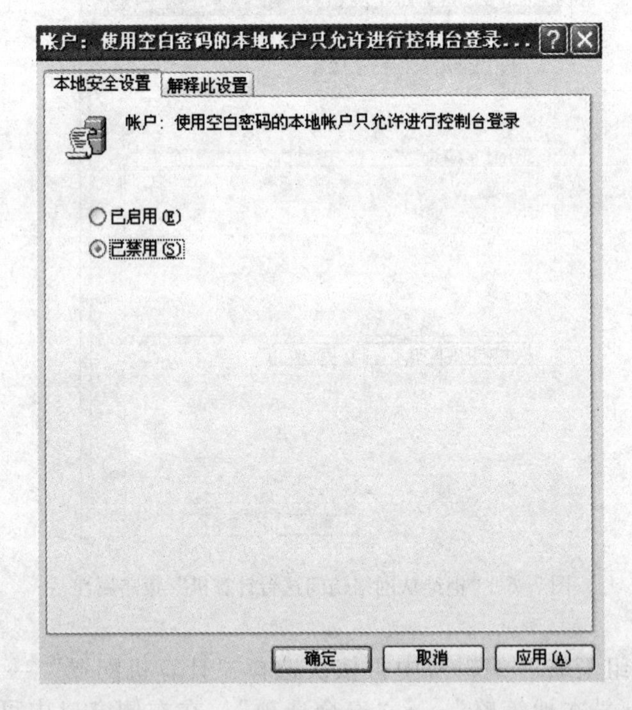

图 7-8 禁用“使用空白密码的本地账户只允许进行控制台登录”

7.3.5 无线网络故障及处理

解决有线网络故障的方法大多都可以应用于解决同类型的无线网络故障，但由于无线网络设置与设备的特殊性，有些故障需要特殊处理才能解决。当一个无线网络发生问题时，应该首先从几个关键问题入手进行排错。一些硬件的问题会导致网络错误，同时错误的配置也会导致网络不能正常工作。

1. 硬件排错

当只有一个接入点及一个无线客户端出现连接问题时，可能会很快地找到有问题的客户端。但是当网络非常大时，找出问题的所在可能就不是那么容易了。

在大型的无线网络环境中，如果有些用户无法连接网络，而另一些客户却没有任何问题，那么很有可能是众多接入点中的某个出现了故障。一般来说，通过查看有网络问题的客户端的物理位置，就能大概判断出是哪个接入点出现了问题。

当所有客户端都无法连接网络时，问题可能来自多方面。如果网络只使用了一个接入点，那么这个接入点可能有硬件问题或者配置有错误。另外，也有可能是由于无线电干扰过于强烈，或者是无线接入点与有线网络间的连接出现了问题。

要确定无法连接网络问题的原因，首先需要检测一下网络环境中的计算机是否能正常连接无线接入点。简单的检测方法是，在有线网络中的一台计算机中 Ping 无线接入点的 IP 地址，如果无线接入点响应了这个 Ping 命令，那么证明有线网络中的计算机可以正常连接到无线接入点。如果无线接入点没有响应，有可能是计算机与无线接入点间的有线连接出现问题，或者无线接入点本身出现了故障。要确定到底是什么问题，可以尝试从无线客户端 Ping 无线接入点的 IP 地址，如果成功，说明刚才那台计算机的网络连接部分可能出现了问题，如网线损坏。如果无线客户端无法 Ping 到无线接入点，那么证明无线接入点本身工作异常，可以将其重新启动，等待大约 5 min 后再通过有线网络中的计算机和无线客户端，利用 Ping 命令查看它的连接性。

如果从这两方面 Ping 无线接入点依然没有响应，那么证明无线接入点已经损坏或者配置错误。此时可以将这个可能损坏了的无线接入点通过一段可用的网线连接到一个正常工作的网络，还需要检查它的 TCP/IP 配置。之后，再次在有线网络客户端 Ping 这个无线接入点，如果依然失败，则表示这个无线接入点已经损坏，应该更换新的无线接入点了。

2. 配置问题

无线网络设备本身的质量一般还是可以信任的，因此最大的问题根源一般来自设备的配置上，而不是硬件本身。下面介绍几种常见的由于错误配置而导致的网络连接故障。

（1）测试信号强度

如果可以通过网线直接 Ping 到无线接入点，而不能通过无线方式 Ping 到它，那么基本可以认定无线接入点的故障只是暂时的。如果经过调试，问题还没有解决，那么可以检测一下接入点的信号强度。虽然对于网络管理来说，现在还没有一个标准的测量无线信号强度的方法，但是大多数无线网卡厂商都会在网卡上包含某种测量信号强度的机制。

（2）尝试改变频道

如果经过测试，发现信号强度很弱，但是最近又没有做过搬移改动，那么可以试着改变无线接入点的频道并通过一台无线终端检验信号是否有所加强。由于在所有的无线终端上修改连接频道是一项不小的工程，因此首先应该在一台无线终端上测试，证明确实有效后才可以大面积实施。

（3）检验 WEP 密钥

检查 WEP 加密设置。如果 WEP 设置错误，那么也无法从无线终端 Ping 到无线接入点。不同厂商的无线网卡和接入点需要用户指定不同的 WEP 密钥。例如，有的无线网卡需要用户输入十六进制格式的密钥，而另一些则需要用户输入十进制的密钥。同样，有些厂商采用的是 40 位和 64 位加密，而另一些厂商则只支持 128 位加密方式。

要让 WEP 正常工作，所有的无线客户端和接入点都必须正确匹配。很多时候，虽然无线客户端看上去已经正确地配置了 WEP，但是依然无法和无线接入点通信。在面对这种情况时，一般需要将无线接入点恢复到出厂状态，然后重新输入 WEP 配置信息，并启动 WEP 功能。

（4）多个接入点的问题

很多新型的无线接入点都自带 DHCP 服务器功能。一般来说，这些 DHCP 服务器都会将 192.168.0.x 这个地址段分配给无线客户端。设想一下，假如有两个无线接入点同时按照默认方式工作。在这种情况下，每个接入点都会为无线客户端分配一个 192.168.0.x 的 IP 地址。由此产生的问题是，两个无线接入点并不能区分哪个 IP 是自己分配的，哪个又是另一个接入点分配的。因此，网络中早晚会产生 IP 地址冲突的问题。要解决这个问题，应该在每个接入点上设定不同的 IP 地址分配范围，以防止地址重叠。

（5）注意客户列表

有些接入点带有客户列表，只有列表中的终端客户才可以访问接入点，因此这也有可能是网络问题的根源。这个列表记录了所有可以访问接入点的无线终端的 MAC 地址，从安全的角度来说，它可以防止那些未经认证的用户连接到自己的网络。通常这个功能是没有激活的，但是，如果用户不小心激活了客户列表，这时由于列表中并没有保存任何 MAC 地址，因此无论其他的如何设置，所有的无线客户端都无法连接到这个接入点了。

7.3.6 ADSL 上网故障及处理

ADSL 是利用电话线实现高速宽带上网的，目前普通家庭和小型局域网中大多采用这种方式上网。下面介绍 ADSL 上网的一些常见故障和处理方法。

1. 不能拨号建立连接

遇到这种故障时，先要检查账号、密码是不是输入错误，以及网卡驱动是否正确安装且设置为自动获取 IP 地址和 DNS，然后检查网卡是否被启用。另外需要检查计算机网卡与 ADSL Modem 之间的网线是不是连接好了，指示灯亮不亮，如果不亮，则可能是网线故障或者网线没接好，也可能是网卡故障。

2. 接电话时上网就掉线

上网过程中有时会因接电话而掉线，这一般是 ADSL 语音分离器的线接错而引起的。语音分离器，一般有 LINE、PHONE、ADSL 等接口，其中 LINE 接口是接进户的电话线，PHONE 接口接电话机，ADSL 接口接 ADSL Modem。其次检查各个接头是否插紧，接触是否良好，插槽内是否有灰尘等。可以清除灰尘，插紧接头再试，如果故障还存在，那也可能是 ADSL 语音分离器本身的故障，可以考虑换一个。

3. 根据 Modem 的指示灯判断故障

现在以一款中兴 ADSL Modem 为例，如图 7-9 所示，介绍如何根据 Modem 的指示灯来判断故障，面板上有 5 个指示灯，Power 表示电源，DSL 表示与 ADSL 电话线连接，Internet 表示与 ADSL 电话线传输状态，Ethernet 表示与计算机线路连接，最右侧一个指示灯表示与计算机进行数据传输的状态。如果电源指示灯不亮的话，那肯定是电源问题，没有通电；DSL 指示灯不亮时，可以试试电话是否可以打通，另外可能因为 Modem 与语音分离器没有连接好，可以换一根电话线缆试试，如果故障依旧，则需要联系宽带维护人员来检查处理了；Ethernet 指示灯不亮表示未和计算机建立连接，可能是网卡或网线的故障；最后一个指示灯不亮表示与计算机之间没有数据通信。

图 7-9　中兴 ADSL Modem

7.4　本章实训

实训 1　Windows 操作系统常见故障诊断命令使用

【实训目的】

1）掌握 Windows 操作系统常见网络命令的使用方法。

2）学会运用网络命令对网络故障进行诊断。

【实训环境】

一台配有 Windows 操作系统并已接入 Internet 的计算机。

【实训内容】

1）使用 Ipconfig 命令查看本机的网络配置信息。

2）根据查看到的本机网络配置信息，使用 Ping 命令测试表 7-1 中列出的不同 IP 地址，模拟网络出现故障时出现的测试结果。

3）进行一些网络应用，同时使用 Netstat 命令观察当前本机网络状态信息。

4）使用 Tracert 命令跟踪当前本机连接 www. baidu. com 的路径。

实训 2　小型常用局域网故障处理

【实训目的】

1）理解局域网故障排除的基本思路。

2）掌握小型常用局域网故障的处理方法。

【实训环境】

ADSL 宽带连接，ADSL Modem、无线路由器各一台，连接两台以上计算机的局域网环境。

【实训内容】

1）设置局域网资源共享，对几种可能出现的故障进行模拟。

2）通过有线终端和无线终端两种不同的方式对无线路由器的无线设置进行配置，模拟无线网络故障及处理。

3）对ADSL宽带上网设备进行连接，观察ADSL Modem、无线路由器的指示灯工作状态，判断并处理ADSL上网故障。

7.5 本章习题

1. 选择题

(1) 一台计算机突然无法接入局域网，绝对不可能的原因是下列哪种？(　　)

A. 服务器网卡损坏　　B. 交换机损坏

C. 网卡损坏　　D. 网线接触不良

(2) 某计算机网卡通过网线接入交换机端口，现网卡灯不亮，最不可能的故障原因是。(　　)

A. 网卡故障　　B. 交换机端口坏

C. 网线故障　　D. 计算机上未安装协议

(3) Ping某个IP地址，希望返回的结果中能显示该IP地址所对应的主机名，应使用哪个参数？(　　)

A. -t　　B. -r　　C. -a　　D. -f

(4) 可以使用下列哪个命令从DHCP服务器中为计算机租借IP地址？(　　)

A. Ping　　B. Ipconfig　　C. Netstat　　D. Tracert

2. 填空题

(1) ________是内置于Windows操作系统的TCP/IP应用程序之一，用于显示本地计算机的IP地址配置信息。

(2) Ping命令使用________协议来简单地发送一个数据包并请求应答。

(3) 如果想持续不断地Ping某台计算机，应使用的参数是________。

(4) 使用Tracert命令时，如果不想显示中间主机的主机名，应使用的参数是________。

参 考 文 献

[1] 裴有柱．计算机网络技术与实训教程［M］．北京：机械工业出版社，2010.
[2] 马立新，等．局域网组建、管理与维护［M］．北京：机械工业出版社，2010.
[3] 赵松涛．局域网组建与管理［M］．北京：人民邮电出版社，2006.
[4] 倪伟．局域网组建、管理及维护基础与实例教程［M］．2 版．北京：电子工业出版社，2007.
[5] 杨威，贾祥福，杨陟卓．局域网组建、管理与维护［M］．北京：人民邮电出版社，2009.
[6] 陶再平，吕侃徽．局域网组建与管理实训教程［M］．大连：大连理工大学出版社，2010.